河 流 伦 理 丛 书

黄河水利委员会组织编写　侯全亮　主编

U0805991

河流生命论

叶　平　著

黄河水利出版社

内容提要

本书是水利部黄河水利委员会“维持黄河健康生命”系列研究课题之一，内容包括河流的自然生命和文化生命两部分。第一章至第五章论述河流的自然生命，包括河流自然生命概念的确证、河流自然生命之水、河流自然生命的脉动、维持河流自然生命的健康、河流自然生命的意义；第六章至第八章论述河流的文化生命，包括河流文化生命的概念及其本质、河流文化生命发展的社会规律、河流文化生命的意义。可供河流伦理研究工作者、环境保护宣传工作者、高等院校相关专业的师生及广大社会读者阅读、参考。

图书在版编目（CIP）数据

河流生命论/叶平著. —郑州：黄河水利出版社，2007.9
(河流伦理丛书/侯全亮主编)
ISBN 978-7-80734-294-6

Ⅰ. 河…　Ⅱ. 叶…　Ⅲ. 河流-生态伦理学-研究　Ⅳ. P343.1

中国版本图书馆 CIP数据核字(2007) 第 150065 号

出 版 社：黄河水利出版社
地址：河南省郑州市金水路 11 号　邮政编码：450003
发行单位：黄河水利出版社
发行部电话：0371-66026940　传真：0371-66022620
E-mail：hhslcbs@126.com
承印单位：河南第二新华印刷厂
开本：890 mm ×1 240 mm　1/32
印张：9.25
字数：266 千字　印数：1—5 000
版次：2007 年9 月第 1 版　印次：2007 年 9 月第 1 次印刷

书号：ISBN 978-7-80734-294-6 / P · 77　定价：28.00 元

序一

河流是人类及众多生物赖以生存的基础，也是哺育人类历史文明的摇篮。然而，由于长期以来人类对河流无节制地开发利用，加之自然因素的影响，致使当今全世界范围内许多河流都面临生存危机。作为世界上最为复杂难治的河流，黄河的生存危机尤为突出。流域经济社会日益增长的用水需求一再突破黄河生命的底线，人与河争水、与水争地的局面越来越严峻，由此带来的水资源紧缺、河槽萎缩、河道断流、生态恶化、水污染加剧等一系列问题，又反过来严重制约着流域经济社会的可持续发展。

新时期如何重新审视人类与河流的关系，怎样才能实现人与自然的和谐相处？2004 年新年伊始，黄河水利委员会正式提出了“维持黄河健康生命”的治河新理念，并开始着手研究构建相应的治河体系。这不仅是自然科学的一个重大命题，而且也是社会科学和人文科学的一个重大命题。历史和现实的经验告诉我们，人类在开发利用河流的同时，只有顺应自然规律，关爱河流，尊重河流，保护河流，流域经济社会才能持续发展，民族文化才能永续延伸。因此，黄河水利委员会决定，把重塑人与河流关系的问题上升到伦理的层面来认识，并将其作为“维持黄河健康生命”理论框架的重要组成部分进行研究，通过河流伦理的构建，让全社会从伦理道德上认识到人与河流和谐相处的重大意义，并将其渗透到人类繁衍和成长的过程中，从而唤起更多的人自觉和积极地投身到“维持黄河健康生命”的行动之中。

河流伦理是一个包容性很强的概念，涉及面广、跨度大，具有学科边缘性和交叉性的特点。无论是对水利界，还是对人文、社科界来讲，它都是一门全新的课题。为此，黄河水利委员会联合清华大学、北京大学、复旦大学、南开大学、武汉大学和哈尔滨工业大学等高校从事人文及社会科学研究的专家学者对这一全新的课题展开了研究。为了夯实理论基础，该课题又分为7个子课题，从不同的方面来论证人与河流的伦理关系。经过专家学者们两年多艰辛的探索，形成了这套《河流伦理》丛书。它以辩证唯物主义哲学和科学发展观为指导，通过揭示当前中外河流暴发的空前危机，将人及其他有机体的生命概念引入河流，从人文科学、社会科学的多维视角，研究河流生命的内涵、权利、价值、河流伦理原则、河流立法依据、河流健康生命的维持等，从而把人与人之间的伦理关系拓展到人与河流的关系中，为实现人与河流和谐相处提供有力的理论支撑。

实践证明，在学科的接壤处，恰恰是新学科的生长点。我相信，通过对河流伦理体系的研究和构建，一是可以提高人们对于河流生命的科学认识水准，把握人与河流和谐相处的规律，规范人类自身的社会行为；二是在特定的时代背景下，可以对河流生命理念进行培育和弘扬，从而在治河实践中真正落实科学发展观；三是能够改善调控管理，将人与河流的关系，从以往改造、征服的关系转为和谐相处、共存共生的关系。

当然，我们还应该清醒地认识到，对河流伦理的研究非常具有挑战性。到目前为止，把道德关怀的对象扩展到河流（山川）等自然存在，中西方无论在理论界，还是在社会公众的心目中，都还存在很大争议，并且常常受到来自传统意识形态的质疑。对于这门全新的边缘学科，我们的研究工作才刚刚开始，要形成一套系统的理论还需要不断地去探索、去实践。

黄河水利委员会主任 

2007 年 8 月

序二

不管人们愿意，还是不愿意，也不管人类觉得幸运，还是感到悲哀，至少在如今的地球上，没有人力干预的、纯粹自然的领域再也找不到了；从大气到地心，从高山峻岭到汪洋大海，一切都刻上了人类的痕迹，打上了社会的烙印。人与河流的关系也是这样的，我们之间的命运早已紧紧地联系在了一起：你中有我，我中有你；人的生命离不开河流，而河流不但有自然生命，还有社会生命，甚至文化生命。研究和对待河流，不但要研究其自然层面，还要研究其人文层面，更必须研究二者之间交叉的层面。

面对着自然河流与社会文化河流之间如此错综复杂的关系，特别是人类对于自然总是处在积极主动的一方、影响力越来越强的这种形势，我们发现，有什么样的人，就有什么样的河流；甚至可以说，人们用什么思想和态度来对待河流，河流就会出现什么样子：

蛮荒时代的人，毫无力量，只能迷信天神和命运，匍匐在自然的威力下，于是出现了“夏日消融，江河横溢，人或为鱼鳖”的景象，这是狂放恣肆、任意纵横的河流。

进入文明社会以后，特别是近代以来，人的力量强大了，开始利用和改造河流，但是，人们也往往为了自己的眼前和局部利益，一刻不停地干扰她，甚至有意无意地破坏她，特别是由于私有制度和私有观念的束缚，河流往往被某些人当成私人的财产，随意利用和挥霍，甚至被毁坏和戕害。这些毁坏和戕害，有些是间接的，例如通过砍伐森林、排污升温、影响气候以破坏河流等；有些干脆就是直接地伤害和摧残河流，使之遭受种种创伤。包括我们的母亲河——黄河，早已不复往日的面貌，如今已是伤痕累累，水资源紧缺，河槽萎缩，河道断流，生态恶化，水污染加剧……她再也经受不住折腾了。

实践一再证明，只有能够掌握和控制自己的命运而又有科学头脑的人，只有能够以正确的世界观、价值观为指导善待河流的人，才能使人和河流真正融洽地结合成一个亲密的共同体，才能维持河流的健康生命。

新中国成立后，中国人民掌握了自己的历史命运，为黄河的治理创造了基本条件，但是，正确处理人与河流的关系，以科学的态度治理好黄河，却又是一个更困难、更艰巨的工作。进入新世纪以来，水利部黄河水利委员会以科学发展观为指导，立足于黄河的实践，吸取世界先进的科学文化，超脱以往“就黄河论黄河”和“就水利论水利”的狭隘眼界，以更加全面系统的观点来对待黄河。在他们眼里，黄河不但是自然的，而且是社会的历史的，是文化的，是一条系统完整的生命。他们深刻地提出，要以维持黄河的健康生命为己任，当好河流的代言人。为此，不但要从自然科学和技术方面研究黄河，还要从哲学社会科学方面研究黄河，把重塑人与河流关系的问题上升到伦理的层面来认识，以唤起人们自我警醒意识，珍惜河流、善待河流，自觉维护人水和谐，从而为“维持黄河健康生命”的治河理念奠定坚实的人文和社会基础。这一思路和做法，赢得了全国有关专家的高度重视和赞赏，他们纷纷参加进来，从各个角度开展对于河流伦理的深入研究，不但包括地质地理、天文水利，而且将历史学、社会学、哲学、文化学、法学、艺术学等等学科也吸纳进来，形成了以马克思主义哲学为指导的，多学科相结合的，纵横穿错、立体交叉的宏阔研究局面。

应该说，是日益严重的河流生命危机催生了“维持黄河健康生命”新理念，进而又进一步催生了河流伦理。这是黄河治理开发与管理现代化进程中一场观念上的革命。

正当以黄河水利委员会为核心的一批专家学者们思索研究维持河流的健康生命时，党中央提出了科学发展观，这不啻是一场及时的春雨，一轮清晨的红日。这一理论，说出了大家想说却又说不出来的话，而且更加深刻全面，“坚持以人为本，树立全面、协调、可持续的发展观，促进经济社会和人的全面发展”。这里的每句话、每个字，对于维持河流的健康生命来说，都是多么重要啊！我们这些关心和研究河流伦理的实际工作者和专家学者们，在继续认真地学习了科学发展观之后，指导方向更加明确，信心和勇气更加充足。我们更加自觉地认识到，维持河流的健康生命将是我们的终身使命，河流伦理将是我们的长远研究课题，而科学发展观更是维持河流健康生命的根本、河流伦理的支柱，是我们从事河流实践和理论研究工作的一面永恒旗帜。这里收集的，就是大家在学习和运用科学发展观的基础上，进行研究的一些成果和体会。我相信，这不过是一个开始，也可能还有许多不足之处。今后大家还会做下去，而且越做越好。

水是生命之源，每当我们唱起"一条大河波浪宽"的时候，立即就会想起我们的长江、黄河，想起许许多多生育养育我们的河流，她们是我们人类的母亲，至今还在用自己的乳汁哺育着我们成长。然而，她们如今的身体还好吗，还在健康地生存发展吗？这是我们每个河流的儿女们经常魂牵梦萦的事。以科学发展观作指导，研究河流伦理，尊重自然规律，善待每一条母亲河，让她永远健康地生活下去，这是我们的神圣义务。

中国伦理学会会长 陈瑛

2007 年 8 月

前言

河流生命概念的提出和论证，具有重大的现实意义和历史意义，是人类在新世纪提高环境意识和确立可持续发展的观念所必经的阶段和重要举措。

当我们跨入21世纪的时候，面对日益严重的全球生态环境问题，以及不断高涨的群众生态环境意识和环境保护运动，考察一个多世纪以来人类对待河流的基本信仰、道德态度和行为规范方面的变化，以及这种变化折射在人类生产方式、消费方式和水利资源利用方式上发生的一系列生态转向，包括人类经济、政治和文化生活在人与河流关系方面发生的历史性变革，都预示着今天我们正经历着一场史无前例的河流观念的革命，这场革命，是20世纪60年代发生的环境革命的延伸，也是1992年“世界环境与发展峰会”确定的《21世纪议程》中人与河流关系的深广发展，必将开辟人类对河流认识的新纪元，有力地推动和促进人与自然可持续发展的进程。

历史上的农业革命，是自发地利用水资源，并通过良种的选育和栽培技术的革新，为人类解决了生存问题，却没有解决社会发展问题；历史上的工业革命，是通过科学发现、技术创新与经济增长的正反馈效应，为人类解决了社会经济增长问题，却激化了人与河流的矛盾、人与自然的矛盾，酿成全球生态危机问题；今天的环境革命，将通过提出并确证一系列新概念，包括河流生命的概念，重新调整人与河流、人与自然的关系，由此导致社会、经济和环境的重新定位和调控，试图解决人类生存的合理性和人类社会可持续发展的方式问题。所以，河流生命概念顺应了环境革命发展的时代主题。

（1）顺应了人类生死观的转变。威胁人类生存的阴影，已经不是20世纪上半叶袭来的核战争，而是铺天盖地日益迫近的全球生态危机。我们这个时代的主题，也已经不是所谓“战争与革命”，而是伴随着“和平与发展”共生的“环境与发展”。“可持续发展战略”正在成为人类在新世纪走向未来的共识。河流生命是一个新概念，是人类走向可持续发展、调控河流这个“限制因子”提出来的新创意。

（2）顺应了群众运动观的转变。历史上无产阶级与资产阶级斗争展开的重大的群众运动，往往是由政治或经济问题引发的，而进入20世纪最后的25年，随着新技术革命和生态环境问题的全球扩展，世界经济、政治格局发生了急剧的变化，阶级斗争从“主角”的位置渐隐消散。可以预言，21世纪的重大群众运动主要表现为公众参与运动，可能主要是以生态环境问题为导火线，因为，在21世纪，生态环境问题无论在频率、规模，还是对人类生死存亡的重大影响方面，都会更加明显地暴露出来。这种群众性的环境运动，成为辅助政府或集团对自然关系上的决策科学化的重要手段，是新时代群众运动的典型特征。由此看来，河流生命概念不仅仅是停留在理论层面，它也直接联系着实践层面，成为正在兴起的一场"河流生命运动"，尤其是我国黄河的文化底蕴和深刻的民族象征，更会使之成为保护母亲河、保护母亲河的生命生生不息的强大的中华民族精神和行动。

(3)顺应了科学技术观的转变。科学技术的主导学科群，由20世纪末、21世纪初的物理学科群转向生物学科群和信息技术学科群，生物生态和人类生态、网络技术与信息安全、遗传工程和克隆技术、人类基因组信息控制技术和大尺度地球数字信息系统，以及河流与地质动态信息监控技术等领域，成为21世纪科学技术的带头学科领域。一方面，人类认识和改造自然的能力空前地增强，另一方面，由此而引发的显在或潜在的负面效应和风险也空前地增长。从而，加速带动整个自然科学与哲学社会科学的有机整合。河流生命概念，将生长出河流生命学，包括河流生命哲学、伦理学、社会学、经济学、文化学等章节。河流生命学是一个新学科，适应时代对学科发展方向的要求——不仅建设那些改造自然的学科，而且要求发展那些建设自然的学科，促进自然科学与哲学社会科学的整合，推动科学技术观念的生态转向。

(4)顺应了时代哲学的转变。支配人类精神生活的哲学，以往主要关注人际形而上的研究，但在接近20世纪末的25年间，生态危机迫使人类生态意识日益加强，哲学的主流在关注人和社会关系的同时，开始急剧地转向生态问题，人类日常生活生态和人与自然关系的生态领域，成为21世纪哲学研究的新的生长点。河流生命概念适应时代精神发展的方向，激发新的思维，有助于推进"哲学走向荒野"的进程，值得开发和展开广泛的研究。

(5)顺应了文化观的转变。影响人类行为的信念、态度和伦理规范，以往主要局限于地域性的、民族性的、阶级性的和国家性的方面，但20世纪下半叶以来，市场经济的全球化和生态问题的全球性特征，以及“只有一个地球”的生态事实，要求确立起全人类利益的观念，改变那种传统分立的文化，走向整合的文化。河流生命概念，倡导“像河流那样思考”，有助于形成“全人类整体利益”、“地球意识”，推动文化观念由个体论向整体论的变革。

21世纪是人类生态大调整的世纪。河流生命概念的提出就是调整人与河流关系的重要手段，其终极目的，不仅仅是追究对河流的利用方式，利用的合理不合理，更重要的是要确立一门河流生命学及其研究的社会建制，使河流生命学的理论研究、宣传教育和直接行动三位一体，并自觉地内化为一种人与河流关系的伦理，提升为对河流生命的道德义务和责任，推进人与河流相互依存意识和信念的养成。

河流生命是调节人与河流关系的一个新概念，包括河流的自然生命和文化生命。河流自然生命的定位和界定不是基于传统的生物学意义，而是依据生物圈的活性以及生态系统有机体的整合特征和不可分割的属性。河流自然生命的根和本是水，命脉是流动，发展是人与自然的协同进化。河流自然生命的特征表现为：源发自然性与建构自然性的统一、多样性与整体性的统一、稳定性与波动性的统一、内在目的性与外在工具性的统一。其本质是对河流认识上的观念革命，是恢复河流有机整体性，也是对河流自然生命的伦理提升。

河流自然生命分为天然河流自然生命、复合河流自然生命和人工河流自然生命，其中复合河流自然生命是本书研究的重点。复合河流生态系统是由河流的源头生态系统、河道生态系统、河岸工程系统、人类社会经济系统和河口生态系统构成，要保持复合河流自然生命的健康发展，就要认识到这些结构组分的整体性、作用的有限性、涨落的稳定性以及其相互作用结果的时滞性。

河流自然生命有其健康的存在方式，以此作为洞察地球生态世界的框架，具有三方面的意义：一是对地球的生命本源的意义和建构生态多样性的意义；二是对促进人类价值观转变、确立河流与人类相互依存的价值观的意义；三是对确立人与河流正当关系、扩展权利的范围的意义。

河流文化生命作为河流生命的一种形式，是客体见诸于主体，并形成主—客体统一的辩证认识方式和思维方式，其特点不是源于科学的理性分析和深刻的自然科学逻辑，而是根植于文化的进化，文明的发展，以及非理性的认识和语义学分析。具有象征性、民族性和文明的感召性。

河流文化生命是指河流作为人类精神生活的根源和对象，积极地启示、影响和塑造人类精神生活、文化历史和文明类型的能力。河流文化生命是人类文明史的一部分，它通过知、情、意、行四种机制产生，其表现形式主要在精神文化、物质文化和民俗民风之中。河流文化生命的哲学基础是“天人合一”，其本质表现为确立河流母亲的信仰。

河流文化生命发展的社会规律主要表现为：河流文化生命孕育人类早期文明，人类社会文明发展积淀河流文化生命。河流文化生命扩展了社会调控的范围，促进社会政治变革、经济变革和文化变革。

河流文化生命的本体论意义，既呈现在卡尔·波普尔的“三个世界”理论体系之中，属于第二和第三世界，又蕴含在实存与意识的统一过程中。河流文化生命的价值，主要体现在鉴史价值、审美价值、消遣价值、宗教价值、伦理学价值和哲学价值。河流文化生命的方法论意义，是倡导基于河流自然生命与河流文化生命相统一的原则、河流自然生命的整体性与河流文化生命的可持续性相统一的原则、对河流自然生命价值开发的合理性与河流文化生命的多样性相统一的原则，来认识、开发、改造、建设和恢复河流生命实体。

河流自然生命与文化生命的关系，归根结底属于物质和精神、客观与主观、存在与意识的关系。河流自然生命作为人类精神生活和意识的对象，是河流文化生命的本体基础。它影响着人类历史和文明产生，是河流文化生命存在和不断丰富的前提。河流的文化生命是河流自然生命的延续，人类以其特有的方式记载并融入人类的历史与文明。河流的文化生命与自然生命相互依存，成为人类独立的精神世界的组成部分。河流文化超越了自然河流本身的局限，其文化生命的内涵，也将随着人类生产力的不断提高、认识能力的不断增强，展示越来越丰富多彩的内容。

河流生命概念的提出直接来源于黄河治理的理论和实践。黄河水少沙多的特点，使黄河成为世界上最复杂、最难治理的一条河流。特别是20世纪90年代以来，由于流域地区经济社会的发展，黄河连年发生断流，不仅给那些依靠黄河生存的人民带来灾难，而且还直接造成湿地锐减，影响和威胁野生生物的生存。因此，黄河断流问题引起党中央、国务院的高度重视，引起了全国人民的极大关注。

对黄河进行全流域统一管理，包括制定水资源统一管理和水量统一调度办法，辅之以行政手段、工程手段、法律手段、科技手段和经济手段，确实是必要的，但是还不够，还要确立哲学和伦理学手段。即还必须有一个河流观念的根本转变并内化为统一行动的指南。

提出河流生命的概念，不仅仅是手段，而且是目的。适应了21世纪人类从“征服”自然转向协调自然的客观需要，也反应了我国河流决策者在思想理论上的两个转变：一是从眼前利益转变到长远利益；二是从单纯强调人类利益转向人与自然协调的地球生态整体系统的利益。这也表明我国水利工程实践已经走到理论的前面，向理论界特别是环境伦理学学术界提出了研究的课题。这是我国第一次由自然科学家发起，主动与人文社会科学界共同探索新兴交叉学科的有意义的尝试。

河流生命研究的任务之一，就是探索并发现既“益于人类生存”又“促进河流生态平衡”的人与河流的协同进化关系，唤醒人们对维持河流健康生命所需的基本水量的高度关注，特别是对那些潜在着的易被人们忽视的河流之源的湿地、草原、森林和其他生态环境的关注，使人们懂得要保持河流生命健康，就必须保护好河流生命生态系统及其源流的生态环境。

河流生命的研究，要彻底改变以往那种把河流仅仅视为水利，仅仅看做对人有利的资源，忽视或不顾水是地球生命之根，割裂水与其他生物唇齿相依关系的传统河流资源观。传统河流资源观，究其原因是由于目光短浅造成的。就如同美国生态伦理学之父利奥波德比喻的那样：“如果置身于人体内，仅仅观察到一立方厘米的肉体，那么，整个人体及其存在都是无法知晓的。”这种认识上的目光短浅，似乎是与人认识无生命自然界里的现象非常类似的。要改变这种认识，利奥波德用“像山那样思考”的隐喻，以突出机能整体性的思维方式——山上的动物、植物和微生物相互关联、相互依存是这种思维方式的实质。我们研究河流生命，要借鉴利奥波德的隐喻，“像河流那样思考”，确立河流之水的生命世界观。

(1)地球之水是不断流动着的有机体。人类的活动正在影响和干预地球之水的变化规律，特别是淡水河已经达到被破坏的临界水平。如我国的黄河、长江、黑龙江、松花江等。

(2)地球之水是有目的性的，这无论从现代控制论还是从地球生态系统本身的自组织特性都可以得到证明。其中水中的生物具有内在目的性。现在面临的问题是：如何把人类的目的与水之目的结合起来纳入人类决策考虑，这是一个悬而未决的问题。

(3)地球之水“有其自身的善”。地球上的事物都是有功用的,水圈是地球整体健康功能的组成部分,水总是趋向朝着阻力最小的方向运动。河流之水的流动都并入地球水循环、大气循环,总趋向于刺激生物生命、发展生物生命,其本身就是地球超级有机体的重要特征,维持或创立新的生态稳态。以往我们只看到我们人类的善,也只追求我们人类自己的善,忽视或不顾其他生物生命的善,更没有河流生命之善的意识和观念,这是导致河流生态危机和大自然“报复”的重要原因。

(4)我们理智健全的人类既是生物群落中的普通一员和公民,也是河流生命和生物圈负有义务与责任的道德代理人。人类的生物属性决定了人类的生存与其他生物一样都需要基本的生物和物理条件,都需要河流之水及其完整和健康;人类的社会属性又决定了人类与其他生物有本质上的不同,人类能认识各种事物的关系,能发现并运用规律同时也能肩负起人与河流协同进化的道德代理人的职责。我们基于这样一种对世界的总体看法,可以引发出河流生命健康的新观念。

确立河流生命健康的新观念,必然引发出一系列新的河流管理实践。因此需要研究和构建尊重河流生命健康的三大规范性实践意识。即所谓安全意识、公正意识和保护意识。

由此,相对传统的河流资源观和传统的河流工程观而言,河流生命的概念具有以下革命性特点:

第一,扩展了传统的河流世界观。从以往单纯人类世界观扩展到人类世界与其他生物世界相互依存的地球水生态世界。研究的对象从人与河流的资源关系扩展到生物与水的资源关系,进而到一切生命与水,包括人与地球之水的根源关系。

第二,确立河流生命的价值观,是人类伦理学的一场革命，是人类生态文化的新发展。伦理范围从人与人、人与社会到人与自然的关系。

第三，构建起对人与河流关系的一个评价体系和人类行为的基本原则。即一切事情，只要有助于河流生命的完整、稳定和美丽，就是对的；反之，就是错的。“益于人类，促进生态”是人与河流关系应当遵守的基本伦理原则。

河流生命的交叉科学研究方兴未艾。本书是阶段性的，研究也是初步的。任何新兴交叉学科的创立，都不可能以某一门学科包打天下，只有不同学科的鼎力协作，才能够加速河流生命学的建立。让我们共同努力！

作　者

2007年8月

目　录

序一　李国英
序二　陈　瑛
前言

绪论

第一节　河流自然生命研究的综述 …… 1
一、河流自然生命问题的提出 ……… 2
二、河流自然生命概念的讨论 ……… 3
三、河流自然生命的规律 …………… 12
第二节　河流文化生命的研究综述 … 15
一、河流文化生命问题的提出 ……… 15
二、河流文化生命的内涵探讨 ……… 16
三、河流文化生命与社会发展的研究 …………………………… 18
第三节　河流生命的研究内容 ……… 19
一、河流自然生命的图景 ………… 20
二、河流文化生命的意义 ………… 20
三、河流自然生命与文化生命的关系 …………………………… 21
第四节　河流生命研究的方法论 …… 21
一、协同的整体论 ………………… 23
二、进化的价值论 ………………… 27
三、“像河流那样思考” …………… 29
第五节　河流生命研究的整体框架和

技术路线 …………………………… 31
一、河流生命研究的整体框架 ………… 31
二、河流生命研究的技术路线 ………… 33

第一章　河流自然生命概念的确证

第一节　河流自然生命的定位 ………… 35
一、传统生命定义的问题 …………… 35
二、新生命定位的探讨 ……………… 36
三、河流自然生命定位的基点 ……… 45
第二节　河流自然生命的界定 ………… 52
一、核心是水 ………………………… 52
二、命脉是流动 ……………………… 56
三、发展是人与自然协同进化 ……… 60
第三节　河流自然生命的特征 ………… 64
一、源发自然性与建构自然性的统一 ……………………………… 64
二、多样性与整体性的统一 ………… 66
三、稳定性与波动性的统一 ………… 67
四、内在目的性与外在工具性的统一 ……………………………… 70
第四节　河流自然生命存在和演变的规律 ……………………………… 71
一、河流自然生命的系统存在方式 …… 71
二、河流生态系统的依存和作用 ……… 78
三、河流生态系统的结构适应运动的规律 ……………………………… 83
第五节　河流自然生命概念的意义 ……… 88
一、对河流认识上的观念革命 ……… 88
二、恢复河流的有机整体性 ………… 90

三、人与河流关系的伦理提升 ········ 92
本章小结 ························ 93

第二章 河流自然生命之水

第一节 水是一种奇异的活物质 ······ 95
一、水有一种装甲的分子键 ············ 96
二、水是万能的溶剂 ··················· 99
三、水的物态变化和温度特性 ······ 100
第二节 水是生命的源泉 ··············· 106
一、生命自水开端 ······················ 106
二、水与植物生命 ······················ 110
三、水与动物和人类生命 ············ 113
四、水是生命的限制因子 ············ 114
本章小结 ································· 117

第三章 河流自然生命的脉动

第一节 对地球水循环的认识 ········ 118
一、水循环发现的历史 ················ 118
二、水文循环 ···························· 120
三、水循环中的变态 ··················· 124
第二节 地下水库 ························ 127
一、地下水世界的认识 ················ 127
二、地下水的特殊情况 ················ 131
第三节 雕刻地球：冰川和雨滴的力量 ························ 137
一、冰川的力量 ························· 138
二、雨滴的力量 ························· 142
第四节 雕刻地球的河流 ··············· 144

一、对河流的理论认识 …………………… 144
二、河流的力量 ………………………… 147
本章小结 ………………………………… 157

第四章 维持河流自然生命的健康

第一节 河流自然生命的类型 ………… 158
一、天然河流的自然生命 …………………… 158
二、复合河流的自然生命 …………………… 165
三、人工河流的自然生命 …………………… 169
第二节 复合河流自然生命的健康 …… 169
一、复合河流自然生命结构的完整 …… 169
二、复合河流自然生命功能的健全 …… 171
第三节 建立维持河流自然生命健康的规范性实践意识 ……………… 175
一、构建尊重河流自然生命的安全意识 ……………………………… 175
二、尊重河流自然生命生态过程的公正意识 ……………………………… 176
三、尊重河流自然生命的保护意识 ……………………………… 176
本章小结 ………………………………… 178

第五章 河流自然生命的意义

第一节 河流自然生命对地球自然的意义 ……………………………… 179
一、本原意义 ……………………………… 179
二、建构意义 ……………………………… 180
第二节 河流自然生命对人的意义 …… 183

一、价值观转变的意义 …………… 183
二、有助于确立价值观 …………… 184
第三节 对人与自然正当关系的意义 …………………………… 186
一、确立与河流新型关系的意义 … 186
二、推动权利观念转变的意义 …… 188
本章小结 …………………………………… 190

第六章 河流文化生命的概念及其本质

第一节 河流文化生命的概念 ……… 191
一、河流文化生命的定位 ………… 192
二、河流文化生命概念的界定 …… 195
三、河流文化与河流文化生命 …… 196
四、河流文化生命的产生机制 …… 197
第二节 河流文化生命的主要表现形式 …………………………… 198
一、精神文化 ……………………… 198
二、物质文化 ……………………… 202
三、民俗民风 ……………………… 203
第三节 河流自然生命与河流文化生命的关系 …………………………… 204
一、依存关系 ……………………… 204
二、承继关系 ……………………… 204
三、互补关系 ……………………… 205
第四节 河流文化生命的本质 ……… 205
一、河流文化生命的哲学基础 …… 205
二、确立河流母亲的信仰 ………… 207
本章小结 …………………………………… 210

第七章 河流文化生命发展的社会规律

第一节 河流文化生命孕育人类早期文明 …………………………… 211
一、尼罗河文明 ………………………………… 212
二、幼发拉底河和底格里斯河文明 …… 213
三、印度河文明 …………………………… 213
四、黄河文明 ………………………………… 214
第二节 人类社会发展积淀河流文化生命 …………………………… 216
一、采集—狩猎社会对河流的神性膜拜 ………………………………… 216
二、农业社会对河流的敬畏与仇视 …… 217
三、工业社会对河流的肆意伤害 ……… 218
四、后工业社会对河流的尊敬与保护 ………………………………… 221
第三节 河流文化生命扩展了社会调控范围 …………………………… 224
一、河流文化生命与社会政治变革 …… 224
二、河流文化生命与社会经济变革 …… 228
三、河流文化生命与社会文化变革 …… 231
本章小结 …………………………………… 233

第八章 河流文化生命的意义

第一节 河流文化生命的本体论意义 …………………………… 235
一、河流文化生命与"三个世界"理论 ………………………………… 235

二、河流文化生命是实存与意识的统一 …………………………… 237
第二节　河流文化生命的价值论意义 ………………………… 238
一、鉴史价值 ………………………… 238
二、审美价值 ………………………… 239
三、消遣价值 ………………………… 240
四、宗教价值 ………………………… 241
五、伦理学价值 ……………………… 242
六、哲学价值 ………………………… 243
第三节　河流文化生命的方法论意义 ………………………… 243
本章小结 ………………………………… 246
结论 ……………………………………… 247
后记 ……………………………………… 253
参考文献 ………………………………… 259

绪 论

河流生命研究是国内外人与河流关系研究的一个新兴热点。本绪论从河流的自然生命和河流的文化生命两个方面概述国内外学者研究的基本观点、争论的焦点以及问题和出路,由此提出我们河流生命研究的内容和研究的方法论,以及研究的理论框架和技术路线。

第一节 河流自然生命研究的综述

河流,在地球自然界中是相对海洋而言,落在或涌出地表的水,由于重力的关系沿着洼沟斜坡向下逐渐汇集而成的流动水体。河流这种存在方式,是地球生命存在的必不可少的基本条件。河流自然生命是地球自然生命的重要组成部分,是人类生存和发展的基础。河流自然生命是一个新概念,提出这个概念具有特定的意义。

一、河流自然生命问题的提出

河流是地球上多样生态系统中最基本的存在形式之一。历史上人类及其社会生态系统的发生发展与河流相互依存，密不可分。如古中国人发源于黄河流域，古埃及人发源于尼罗河流域，古印度人发源于恒河流域，古巴比伦人发源于两河流域。这些早期人类社会生态系统，除中国外，其他三个都先后消失，留下来的是一片荒漠。不仅如此，由于人类工业和经济活动的巨大影响，至20世纪后半期，几乎全世界范围内的河流生态都不同程度地呈现单项或多项并发症：河流崩溃、尾闾消失、河槽淤塞、河床萎缩、河道断流、湿地退化、水质污染、洄游生物灭绝。有学者认为，除了美国科罗拉多河外，亚洲几条较大的河流——恒河、印度河、黄河、阿姆河、锡尔河，在一年中的大多数时候都不能入海❶。

特别是当时我国黄河的断流举世震惊。1997年黄河下游断流时间长达226天，断流河段上延至河南开封，长达704公里。自古以来咆哮入海的万里巨川、贯通三大高原四大地理台阶的历史长河一度成了时断时续、首尾分离的无尾河川；河流生态危机已经成为我们不得不关注的世界性问题。

河流生态危机的主要表现是河流的断流，从哲学上说，就是河流的死亡。但是，根据“一切产生出来的东西，终究都有死亡”这一论断，似乎河流的死亡是与河流的产生一样，是自然而然的事情。可是根据世界各国学者对河流生态危机问题的讨论，实质上河流死亡这个问题并不是如此“顺其自然”那样简单。首先，当代河流生态危机不是自然产生的，主要是晚近人类经济活动造成的。确实存在着人类对河流开发和利用的方式适当不适当的问题。其次，河流生态危机又不局限于实践层面的原因，还包括对实践有指导意义的人们的思想意识和对实践结果有直接影响的社会决策观念上的原因。第三，我国环境保护运动

❶ Sandra Postel. Entering an Era of Water Scarcity：The Challenges Ahead. Ecological Applications 10(August 2000)：941～948.

的不断深入和人民福利的不断提高，促进了生态哲学、环境伦理学和社会生态学的迅速发展，客观上，我国经济、社会和环境协调的可持续发展迫切需要转变传统的河流水资源观念，需要探索一条人与河流可持续发展的道路。尽管在西方水务实践中有人提出"与洪水共生(living with floods)"、"给河流以空间(room for the river)"、"生命之水(water for life)"等新观念，但都没有从环境伦理的高度认识人与河流关系的本质。黄河水利委员会提出河流生命的新概念，由此在理论上要论证的是"河流的生命图景"以及"地球生态系统维系河流经久不衰的根和本"是什么的问题，包括河流的价值和权利，在实践上要确证人类对待河流的基本伦理原则和规范，具有重要的意义。

河流生命是一个完整的、系统的概念，包括河流的文化生命和河流的自然生命。河流自然生命是河流文化生命的基础，河流自然生命概念的剖析研究又是充分理解河流生命概念和河流生命伦理体系的钥匙。

二、河流自然生命概念的讨论

河流自然生命是河流生命概念的核心概念之一。确证河流自然生命的科学概念，既需要认识河流生命的本质属性，也需要限定河流生命存在的方式，包括维持河流生命的基本水量以及保持河流生命健康的尺度。对这些问题的讨论，形成了关于河流自然生命概念的三个焦点。

(一)河流自然生命的概念

玛克·西奥(Mark Cioc)在《莱茵河》一书中描述道："一条河是一个有生命、有个性的生物实体，这并不完全与科学和常识观念相悖。在我们看来，河流是活生生的，有时狂野有时安静，它们永无休止，接纳大气沉降物，成为地球水循环的一个环节。重力和阳光给予河流能量，使它们像雕刻家一样改变了地壳的面貌。河水偶尔也会涌出河岸，毁坏商店和地下室。科学家用'年轻'、'成熟'、'衰老'来描述河流的生命循环。'死河'并不是说它干涸了，而是它不能维系生命。河流具有一种'新陈代谢'，一个世纪前，欧洲人相信河流的自净能力——吸收、中和大量有毒物质和废弃物——源自水下的岩石峭壁。现在知道了，河流清洁主要靠细菌的生物活动。所以河流并不真的是活的,只是文学想象。但它们运送了地球生命赖以生存的最主要物质:水。河流是物理化学世界和生物世界的集合,为动植物和人类提供生存空间。Richard White 对于哥伦比亚有句著名的话更为普遍使用:每条河流都是个'有机机器'。"❶玛克·西奥的河流生命观点是令人惊讶的:首先,他在2002 年就已经把河流看做有自然生命的,但是,他由于受生物生命传统框架的束缚,他又只承认河流自然生命是"文学的想象"、"有机机器"。这就如同物理学史上的教训那样:一些科学家已经走到发现的大门口,可是他们又退回来了。其次,河流不是生物实体,我们界定生命也是从超级有机体——河流生态系统的角度来进行的。再次,他所揭示的河流水循环、生和死的变化,以及河流是物理化学世界和生物世界的集合,为动植物和人类提供生存空间等观点,都是河流自然生命的重要特征。

2004 年 2 月 6 日,李国英在《光明日报》发表《我们该怎样"维持黄河健康生命"》这一文章中提到,"河流生命的核心是水,命脉是流动。河流生命的形成、发展与演变是一个自然过程,有其自身的发展规律,并对外界行为有着巨大的反作用力和规范性。"❷

2004 年 9 月,黄河水利委员会提出《河流伦理体系研究框架》,"河流生命"又在人与自然伦理关系的意义上成为核心伦理概念,并由此探讨了河流自然生命、河流文化生命以及河流的权利,认为这些新概念是值得研究的,并倡导确立河流伦理学课题。

李国英在"第二届黄河国际论坛"上发表的《维持河流健康生命——以黄河为例》论文,明确提出了构建河流生命的途径和根据,即在现代广义的生命科学构建中赋予河流生命的意义,其理由在于河流完全能体现生命运动过程中的物质、能量、信息三者的变化、协调和

---

❶ Mark Cioc. Rhine. University of Washington Press, 2002, Introduction.

❷ 李国英:《我们该怎样"维持黄河健康生命"》,《光明日报》2004 年 2 月 6 日。

统一。❶

孟祥文等在《确保下游不断流 恢复黄河健康生命》中也明确指出,“不能用生物生命的定义来判断河流是否有生命”,应该从河流具有生命的某些特征来界定。他们认为,河流生命表现为经历生长、发育和衰亡的演变特征,不断与外界进行物质和能量交换,自我修复等特征。❷

侯全亮、李肖强在《河流生命危机与河流伦理构建》一文中,根据河流形成、运转的自然规律,总结了河流自然生命的特征:河流“庞大水系,具有完整的生命形态”,是“开放的动态系统”,“与生物多样性共存共生,构成了一种互相耦合的生态和环境与生命系统”❸,构成河流自然生命的各个基本要素,分别显示了河流自然生命的不同指标。

国内学者对河流生命概念的科学探讨,其发生机制源于黄河和世界上不少著名河流的断流和即将断流的事实,提出了维持河流生命的基本水量的概念,以及对河流生命定义的特殊性和途径问题,即不能从传统的生物生命来限定河流,而应当扩展生物生命的概念,或者是从生物生命所具有的性质特征——活力,或者是从河流作为一个有机整体的生态系统加以限定。河流生命的核心是水,命脉是流动,保持河流生命的条件是维持其基本水量,这是维持河流生命的底线。

(二)维持河流自然生命的基本水量

2003 年 2 月,黄河水利委员会主任李国英,在全球水伙伴中国地区委员会高级圆桌会议上,提出确立“维持河流生命的基本水量”的科学概念,其中核心词,“河流生命”,不是以文学,也不是以诗歌的形式,而是作为一个科学概念与“维持河流生命的基本水量”的科学概念联

---

❶ 李国英:《维持河流健康生命——以黄河为例》,见《第二届黄河国际论坛论文集——维持河流健康生命》第一册,黄河水利出版社 2005 年版,第 4 页。

❷ 孟祥文,李希宁,孙丽娟:《浅论黄河健康生命的基本特征》,见《第二届黄河国际论坛论文集——维持河流健康生命》第一册,第 246 页。

❸ 侯全亮,李肖强:《河流生命危机与河流伦理构建》,《中国水利》,2005 年第 2 期。

系在一起提出讨论,其观点主要有下述三个方面[1]。

(1)维持黄河河流生命的基本水量具有迫切性。主要表现在:经济发展的用水要求日益迫切,灌溉面积逐渐扩大,用水量越来越多,除了用掉黄河已分配的可用水量,还用掉了输沙用水,随之出现了断流现象,致使主河槽淤积、萎缩加剧,河口生态遭到严重破坏。

(2)河流是有生命的。正是基于维持河流生命的概念,2002 年 7 月黄河水利委员会进行了一次调水调沙原型试验,主要目的之一是使下游河道的河槽不再继续淤积,把沉积在主河槽的泥沙冲刷到渤海里去,以维持河流的生命,这个试验目的已经达到,即用 26 亿立方米的水把黄河 6640 万吨的泥沙送到了渤海,但却没有使用汛限水位以下的水,而是使用了超过汛限水位的水量。

(3)在效果上遏制了黄河下游河道特别是主河槽萎缩的趋势,维持其生命存在,甚至对主河槽进行冲刷,增大其行洪能力。李国英强调,现在是到了提出"维持河流生命的基本水量"概念的时候了。张光斗院士在 2003 年 3 月 6 日致《人民黄河》的一封信中写道:"贵刊 2003 年第 2 期发表李国英主任的文章,《建立"维持河流生命基本水量"概念》,讲得很好,十分重要。维持河流生命基本水量,也就是河流的环境用水。"

2003 年 11 月 14 日,李国英进一步提出,今后在黄河水量的调度中,首先应确立"维持黄河生命基本水量"的原则,实行生态用水优先的"倒算账",并认为保持母亲河正常生命活力的基本水量是多少还有待于进一步研究论证,但有一点是可以肯定的,即这个水量至少要考虑三个方面的要求:一是通过人工塑造协调的水沙关系,使黄河下游主河槽泥沙达到冲淤平衡的基本水量;二是满足水质功能所要求的基本水量;三是满足河口地区主体生物繁殖率和生物种群新陈代谢对淡水补给要求的基本水量。他说,确立维持河流生命基本水量这个概念有着极其重要的意义,为盲目扩张的人类活动划出一道界限,将人类环境保

---

[1] 李国英:《建立"维持河流生命的基本水量"概念》。这是 2003 年 2 月 15 日,在"全球水伙伴中国地区委员会治水高级圆桌会议"上的发言(根据记录整理)。

护和生态建设活动提升到生态伦理的高度,并使人类社会与自然和谐相处的理想有了一个能够量化的技术指标。

刘晓燕在《黄河河流生命需水量》一文中,提出"河流生命需水量"的概念。认为在一定的水量和流量范围内,河流自身具有一定的适应能力和抵御破坏的能力,随着水量(流量)的下降,其抵御破坏的能力也逐渐下降。一旦河流水量低于某一极限值,河流系统就不能自控而产生恶变或崩溃,他把此极限值称为河流生命需水量。

在国外,虽然没有学者提出河流生命的科学概念,但却有学者提出"生态需水量"的概念问题。Gleick 在 1995 年提出了"基本生态需水量"的概念,他在其后的文章《水危机:持续用水的途径》(1998 年)[1]和《变化的水范例:21 世纪水资源发展展望》(2000 年)[2]中,又进一步将此概念同水资源危机与配置相联系。Falkenmark 在《在人口高速增长的背景下处理水缺乏问题》(2000 年)中提出了"绿水"的概念,提醒水资源的供给不仅要满足人类的需要,生态系统的需求也必须得到保证。[3]

"维持河流自然生命的基本水量"的概念,与"生态需水量"的概念有本质不同,其根本差异在于维持的是"河流生命",这个主题词不仅仅是一个自然科学的概念,也是人文社会科学的概念,对于鼓舞和号召人们认识和保护河流生命所需的基本水量,具有形象和鲜活的感染力。维持河流自然生命的基本水量是保护河流生命的底线,维持其基本的生态需水量和人类环境需水量,只有在此基础上才谈得上河流自然生命健康的问题。

(三)河流自然生命的健康

G. J. Scrimgeour 和 D. Wicklum 在《水生态系统健康和整体性:问

---

[1] Gleick. water in crisis: path to sustainable water use. Ecological Applications, 1998, 8(3): 571 ~ 579 .

[2] Gleick. The Changing Water Paradigm: A Look at Twenty – first Century Water Resource Development. Water International, 2000, 25(2): 127 ~ 138.

[3] Falkenmark. Coping with water scarcity under rapid population growth. Conference of SADC Minsters, 2000: 23 ~ 24.

题及其潜在的解决方法》中提出了“河流健康”的概念❶,是较早提出该概念的学者。在西欧,对河流健康的讨论,主要分为赞成派和怀疑派。赞成派有下述两种价值倾向。

一种倾向于河流的原始状态。Schofield 和 Davies 在《我们河流健康的测度》中,把河流自然生命健康定义为自然性❷。J. R. Karr 在《生态完整性和生态健康是不相同的》中也认为:“生态健康是一种生态系统的首选状态,在这种状态下,生态系统的整体性未受到损害,系统处于沉睡的、原始的和基准的状态。”❸ J. R. Karr 在《定义和衡量河流健康》中则把河流自然生命健康定义为:“与相同类型的未受干扰的(原始的)河流的相似程度,尤其是在生物完整性和生态功能方面。”❹ J. Simpson、R. Norris 和 L. Barmuta 等人把河流受扰前的原始状态当做健康状态,认为河流健康是指河流生态系统支持与维持主要生态过程,以及具有一定种类组成、多样性和功能组织的生物群落尽可能接近受扰前状态的能力。❺

而更多学者,则倾向于将人类社会因素考虑在河流健康的限定之中。D. J. Rapport 在《景观健康评估:整合社会目标和生物物理进程》中认为,在讨论生态系统健康时,不考虑社会、经济与文化的生态系统健康讨论是不科学的,生态系统健康问题是人类活动所导致的,也不可能存在于人类的价值判断之外。❻他在另一篇文章《生态系统健康:概念和前提任务》中认为,满足人类社会合理需求和生态系统本身自我

---

❶ G. J. Scrimgeour, D. Wicklum. Aquatic ecosystem health and integrity: problem and potential solution. Journal of North American Benthlogical Society, 1996, 15(2): 254 ~ 261.

❷ Schofield, Davies. Measuring the Health of our Rivers. The Australian Water Association, 1996.

❸ 28 J. R. Karr. Ecological integrity and ecological health are not same. National Academy Press, 1996: 97 ~ 109.

❹ J. R. Karr. Defining and Measuring River Health. Freshwater Biology, 1999(6): 41.

❺ J. Simpson, R. Norris, L. Barmuta. National River Health . Program AusRivAS. 1999.

❻ D. J. Rapport. Evaluating landscape health: integrating social goals and biophysical process. . J. Envir. Man, 1998: 1 ~ 15.

维持与更新的能力是生态系统健康包含的两方面内容。[1]

Meyer 在《河流健康：合并人类尺度来促进河流生态学》中认为，健康的概念中涵盖了生态完整性与对人类的服务价值，健康的河流除了要维持生态系统的结构与功能，还要包括生态系统的社会价值。[2] Fairweather 在《“河流健康”的环境指示情况：探究其隐喻》中认为，河流健康除包含活力、生命力、功能未受损害及其他表述健康的状态外，还应包含公众对河流的环境期望。[3] A. R. Ladson 和 L. J. White 在《衡量河流状况》中指出河流健康是一种河流管理工具。[4]

怀疑派的观点倾向，董哲仁认为主要有三个方面：一是无法确定河流健康的基准点。如果以自然河流为健康的基准点，现在地球上没有人迹影响的自然河流几乎不存在。用很少的自然河流作为非自然河流的普遍标准不仅在逻辑上不通，就是实践上也不可能恢复到自然河流。二是河流健康的概念在科学意义上是主观的、模糊的。有学者坚持认为，“健康是针对生物而言，不能简单应用于生态系统，因此，健康一词不具有明显的生态性质”（Ryder，1990）。还有学者认为，河流健康概念不具备客观性，其判别准则是由人们主观确定的，其结果是增加了任意性的机会。“具体的某些人会偏爱河流健康的某一种状态，而生态系统是不会偏爱自身的某一种状态的”（Jamieson，1995）。既然河流健康是由人们主观提出的判别准则，那么，在权衡人类对于水资源的开发利用与河流生态系统保护之间的利弊得失方面，“健康”的标准具有很大的主观任意性。Kapusta（1998）进一步提出警示：“作为政策目标的生态健康概念的滥用，会有潜在的风险。”三是河流健康是无法度量

---

[1] D. J. Rapport, G. Bohn, D. Buckingham. Ecosystem health：the concept, the ISEH, and the important tasks ahead. Ecosystemhealth，1999（5）：82 ~ 90.

[2] J. L. Meyer，Stream. health：incorporating the human dimension to advance stream ecology. Journal of the North American Benthological Society，1997（16）：439 ~ 447.

[3] P. G. Fairweather. State of environmental indicators of “river health”：exploring the metaphor. Freshwater Biology，1999（41）：221 ~ 234.

[4] A. R. Ladson, L. J. White. Measuring stream condition. John Wiley&Sons，2000：265 ~ 285.

的。一些学者认为,“因为‘河流健康’并不是河流生态系统固有的特性,所以河流健康无法用科学意义上的技术方法进行度量”(WicklumandDavies,1995)。也就是说,不能像水文测验或水化学分析方法那样去获得反映河流固有特征的相应参数。

事实上,河流健康概念并不是严格意义上的科学概念,它是河流管理的一种工具。“出于河流管理的目的,重点考虑在河流及流域上建立起一种基准状态,由这个基准出发,评估河流出现的长期变化,判断在河流管理过程中产生的影响”(LadsonandWhite,2000)。这种管理工具的作用还在于,可以通过建立一种协商机制,在河流的开发者、保护者及社会公众之间达成健康标准的共识,平衡水资源开发与环境保护之间的利益冲突。显然,这种考虑河流健康问题的出发点和基础是符合河流管理的宗旨和目的的——教育人,影响各种相关利益者,通过协商达成保护河流生命的各种意见的同一、统一。

把河流与健康联系起来,以衡量河流生态系统的功能良好状态,不是我国学者最早提出来的,而是欧洲和北美学者(20 世纪 80 年代)提出的。但是,把河流与健康同生命三者联系起来提出河流健康生命,则是我国黄河水利委员会的专家和学者的贡献。

李国英以黄河为例,对河流自然生命系统健康作出四点阐释:①确立河流自然生命健康概念的目的:“是要将水资源可持续利用和流域生态建设提升到压倒一切的高度,为盲目扩张的人类活动限定一个不可逾越的‘保护区’,建立人与自然和谐相处的可以量化的指标体系。”②“维持黄河健康生命”是一种新的治河理念,其初步理论框架为:“维持黄河健康生命”为黄河治理的终极目标。“堤防不决口,河道不断流,污染不超标,河床不抬高”为体现其终极目标的四个主要标志。该标志应通过九条途径得以实现,“三条黄河”建设是确保各条治理途径科学有效的基本手段。③要使黄河为全流域及其下游沿黄地区庞大的生态系统和经济社会系统提供持续支撑,必须先使黄河自身具有一个健康的生命。其生命力主要体现在水资源总量、洪水造床能力、水流挟沙能力、水流自净能力、河道生态维护能力等方面。④“维持黄河健康生命”,就要维持黄河的生命功能,这将成为黄河治理开发与管理各项

工作长期奋斗的最高目标。❶

吴阿娜的《河流健康状况的表征及其评价》,提出河流健康状况的指标包括:水质理化参数、河流生命指标、河流形态结构、河流水文特征、河岸带状况。❷

赵彦伟、杨志峰的《河流健康概念、评价方法与方向》一文认为,当前对于河流健康的概念普遍认同的看法是河流健康是生态价值与人类服务价值的统一体,健康不仅意味着生态学意义上的完整性,还强调河流生态服务功能的正常发挥。❸

刘恒、涂敏的《对国外河流健康问题的初步认识》,归纳出河流健康的基本范畴表现在四个方面。一是水:充足的水量、天然的流态和良好的水质。二是土:河岸和河床条件应当符合自然、稳定、渐变的态势。三是动植物:沿河动植物,尤其是水生生物应保持丰富和多样性。四是功能:河流健康的社会经济价值应体现在满足区域和流域生产生活的需要。❹

在保持或者恢复河流自然生命健康的实践过程中,必然涉及河流由不健康状态恢复到健康状态的问题,即生态恢复的问题,于是产生了相应的河流健康标准的相对性问题。美国土木工程师协会对河流恢复给出的定义是:“河流恢复是这样一种环境保护行动,其目的是促使河流系统恢复到较为自然的状态!在这种状态下,河流系统具有可持续特征,并可提高生态系统价值和生物多样性。”❺对生态恢复的目标目前大致有以下几种:完全复原、修复、增强、创造和自然化。美国国家研究委员会将“增强”和“创造”分别定义为:“环境质量有一定程度的改善”和“开发一个原来不存在的新的河流生态系统,形成新的河流地貌

---

❶ 李国英:《我们该怎样“维持黄河健康生命”》,《光明日报》2004 年 2 月 6 日。

❷ 吴阿娜:《河流健康状况的表征及其评价》,《水科学发展》2005 年 16 卷第 4 期第 602 ~608 页。

❸ 赵彦伟, 杨志峰:《河流健康概念、评价方法与方向》,《地理科学》2005 年第 1 期。

❹ 刘恒, 涂敏:《对国外河流健康问题的初步认识》,《中国水利》2005 年第 4 期。

❺ ASCE. River Restoration Subcommittee on Urban Stream Restoration. Journal of Hydraulic Engineering,2003(1):1685.

和河流生物群落”。❶

河流生命的状态，是相对人类对河流的管理目标而言的可观和可控的概念，不是指河流原发的自然状态。因此，在人类影响和干预下，河流生命可以有维持生存的状态，也可以有健康的状态和不健康的状态。河流的状态不是一成不变的。人们观察到河流生命由生存态逐渐发展到健康态，是人类对河流生命状态的正向调控；河流生命状态由健康态变化到生存态，是河流生命的“警戒态”，如果超越这个“警戒态”，破坏了河流生命的基本生存条件，河流就可能出现局部断流现象，这就是河流生命的“受损状态”。由“受损状态”向“生存状态”，再由“生存状态”向“健康状态”的过渡和发展，是恢复河流自然生命的规律性过程。

三、河流自然生命的规律

河流自然生命的规律体现在河流与生物、河流与地球生态系统之间的相互关系的规律，以及河流与人、河流与人类社会发展的依存和作用规律。

河流与生物及地球生态系统的关系，反映的是河流与地球水圈的关系以及与地球生物圈之间的关系，呈现河流生态系统内部与外部的相互依存和相互作用规律。在这方面的研究，有许多不同的观点。

Bruno Schadler 在《防洪与河流生态保护之间的协同——瑞士 15 年经验介绍》一文中提出：“河流像人的动脉一样维持着自然和生态的平衡。最重要的是河流是有生命的、有活力的，有时它们也会冲出河道，漫过堤坝；但在大多数情况下，它们要承受人类的压迫。”❷

郝伏勤在《黄河下游河道湿地浅析》一文中，以黄河为例探讨了河流水量、洪水及河流治理与湿地间的相互依存和相互作用关系。❸

❶ National Research Council. Restoration of Aquatic Ecosystems. National Academy Press, 1992:6 ~ 21.

❷ Bruno Schadler:《防洪与河流生态保护之间的协同——瑞士 15 年经验介绍》,《第二届黄河国际论坛论文集——维持河流健康生命》。

❸ 郝伏勤:《黄河下游河道湿地浅析》,《人民黄河》2005 年第 4 期。

董哲仁在《河流形态多样性与生物群落多样性》中认为,河流形态多样性是流域生态系统生境的核心,是生物群落多样性的基础,河流形态的改变将会降低生物群落多样性,影响河流生态系统的健康。❶河流的律动呈现水多期和水少期,水多期必然出现洪水,洪水可以看做是河流生命的冲动。

赵坤云、沈华中编译的《美国洪泛区管理》一书中,对洪水的生态影响进行了阐述。他们在书中指出,“从生态的观点看,洪水的影响绝对是积极的”,1993 年的洪水被描述为“对许多种植物和动物的恩赐”。❷

钱正英、陈家琦和冯杰在《人与河》❸一文中,对河流的形成、发展,河流的自然功能、基本特性以及自身发展规律作了探讨。认为河流自身发展的规律主要表现有六个方面:①河流具有多方面的自然功能,其中最基本的是水文方面的功能。水文方面的功能决定了其他方面的功能,水文方面的特性决定了其他方面的特性。②河流的水文特性决定于所在流域的气候特征以及地形、地貌和地质特征。③河流的水文要素包括径流、泥沙、水质、冰情等方面,其中最活跃的是径流。由于气候特征的作用,河川径流表现有一定的律情(regime),如:径流的季节变化,一年中有汛期、中水期和枯水期;径流的年际变化,不同年份有丰水年、平水年和枯水年。④径流特性和气候、地貌、地质特性,决定河流中不同的含沙量及其年内分配和年际变化。⑤径流和含沙是河流活动的最基本要素,体现河流的基本特点。⑥河流本身、所在的自然环境以及这个环境所支撑的生态系统,三者之间不断互动,在变化中相互调整适应。河流在这种反复调整过程中呈现河流自身演化和发展规律。

河流自然生命的维持和健康发展除了有其自身运行规律外,还受到人类的影响和作用,而且这种影响在近代以来越来越明显。因此,探

❶ 董哲仁:《河流形态多样性与生物群落多样性》,《水利学报》2003 年第 11 期。

❷ 赵坤云,沈华中:《美国洪泛区管理》,黄河水利出版社 2002 年版。

❸ 钱正英,陈家琦,冯杰:《人与河》,《新华文摘》2006 年第 4 期。

讨河流生命规律不能不考虑河流与人关系的规律,河流与人类社会关系的规律。在这方面的研究,反映的是河流对人类生存和社会经济系统的支撑程度,以及人类的改造和利用活动对河流的影响。Kumar 在《环境技术和生物圈管理》一书中,认为河流与地理区域,与大陆范围内的水文地理关系密切,特别强调河流系统在土地使用、能量输送、人类社会发展等方面都发挥着重要的作用。❶

J. R. Karr 等在《持续起作用的河流》一文中指出:水的自然转化和流动维持着所有的生命,并且水生态系统为人类生存提供所需。❷

钱正英、陈家琦和冯杰在《人与河》一文中,提出人与河流依存和作用的规律主要有三点:①人类正是根据人类生存和社会经济发展的需要,才对河流进行了各种方式的改造,才创造了今天的文明世界,也同时伴随着对自然环境的干扰越来越大,对河流自然功能的损伤越来越严重。②要挽救河流危机,必须正确处理人与河流的关系。即从总体上必须坚持"人与河流和谐发展"。③和谐发展的要义是:一方面,人类为了本身的发展,必须开发、利用和改造河流;另一方面,利用要有限度,改造必须适当,必须从总体上不损害河流的自然功能,保持河流的永续利用。❸

关于河流自然生命规律的研究,我们可以发现两个理路:一是关于河流自然生命的内在自然逻辑的线索,这包括在地球水圈、生物圈和岩石圈相互依存视野中,考察维持河流生命的基本水量和水质、水中生物多样性以及河源、河岸、河口等相关联的生态系统(包括地下、地表和空间范围)之间的相互作用关系的规律。二是地球河流自然系统与人类社会经济系统具有相互依存的协同进化的规律,这个规律决定着河流自然生命的质量,最终决定着二者相互作用的限度。

---

❶ Har Darshan Kumar. Environmental Technology and Biosphere Management. Science Publishers,2002:21 ~ 25.

❷ J. R. Karr, E. W. Chu. Sustaining living rivers. Hydrobiologia,2000(4):1 ~ 14.

❸ 钱正英,陈家琦,冯杰:《人与河》。

第二节 河流文化生命的研究综述

一、河流文化生命问题的提出

河流不仅产生生命,也孕育和产生人类文化。河流的生命问题,不仅关系到陆地水生生物的繁衍、生息和生态稳态,也直接影响人类在长期历史传统中形成的对河流与人及其社会休戚相关的精神信仰、心灵形象和品位象征意义。

特别是黄河,从夏朝到现在,中国已有4000多年的历史,其中有3000多年政治、经济和文化的中心在黄河流域,可以说,黄河养育了中华民族,她哺育了我们中华民族的精神和灵魂。黄河作为母亲河,饱含着中华民族的荣誉和神圣寄托。

黄河断流问题引起了中共中央、国务院的高度重视,引起了全国人民的极大关注。

黄河不是一般意义的河,无论她发生什么事,都会引起中华子孙的关注,更不用说黄河断流、水质污染与水生生物多样性丧失这样尖锐和严重的问题。有人文学者一针见血地指出:我们的母亲河的生命已受到威胁,中华民族的大动脉在流血,是“中国之忧患!”李国英主任饱含感情地说,我们没有理由为了自己生命的灿烂而加速“母亲”的衰老乃至走向死亡,毕竟她已为我们付出太多;站在人类文明延续的角度,我们没有理由因为今天的需要而遏制明天的发展。苍老的“母亲”如同新生的婴儿,同样需要细心的照料与呵护。记者邓卫华和林嵬写道:人是有生命的,她进化,演绎了地球上最伟大的故事;河流也是有生命的,她同样进化,创造了地球上最伟大的活力。人类的文明与河流的生命相伴相生,而“母亲河”的尊严甚至将影响我们后代的尊严。

1998年1月,中国科学院、中国工程院163位院士联合签名发出《行动起来,拯救黄河》的呼吁书,坚持主张黄河断流将对中华文化、民族心理产生不可估量的影响。

1999年国务院授权黄河水利委员会对黄河全流域实行水资源统

一管理和水量统一调度。2003 年 2 月，黄河水利委员会主任李国英在全球水伙伴中国地区委员会高级圆桌会议上，提出河流文化生命是河流存在的重要标志之一。

河流与人类文化的起源有直接关系。可以通过追溯人类文化和文明的发展过程映射出河流生命的形态；相反，也可以从河流的生命变化折射出人类文化和文明的变化和发展。特别是当提到古埃及、古巴比伦、古印度和古中国这四大文明古国时，自然就会与尼罗河、印度河和恒河、幼发拉底河和底格里斯河、黄河联系起来。

从人类繁衍生息和社会文明发展的历史过程中不难发现，河流往往是一个民族、一种文明发展的摇篮，是社会政治、经济发展的关键所在。只有保持河流的奔腾不息，才能保持人类文明的延续；相反，如果河流干涸了，河流的生命发生了危机，那么人类文明也会受到严重影响，甚至被中断。因此，研究河流的文化生命，揭示其文化本质，有助于认识河流的自然生命价值，也有助于从本质上认识河流与人类文明密不可分的依存关系的哲学意义，即河流与人类文明的关系不仅仅是利用关系，本质上是依存关系的意义。

二、河流文化生命的内涵探讨

首先，对于河流文化生命的认识，不同学者或从情感或从文化意识或从文化观念的角度提出了不同的观点。

李国英在《以河为镜可以正发展》一文中从人类情感角度提出："黄河，是中华民族的情感维系。"❶

徐嵩龄在《黄河伦理学与未来黄河管理》一文中从人类历史与文化角度认为："黄河是一条历史文化河。它表现为散布于河流、河床、河岸，以及河流中的各种古迹、遗址、文化景观以及无形（intangible）文化遗产。它们是人类治理黄河工程的历史见证，是人类与黄河互相作用的历史见证；是流域文明演进的历史见证。"❷

❶ 李国英：《以河为镜可以正发展》，《中国水利》2004 年第 23 期。

❷ 徐嵩龄：《黄河伦理学与未来黄河管理》，《黄河报》2004 年 9 月 28 日。

余谋昌在《建立河流生命伦理观》一文中指出:“河流生命伦理观的提出是人类道德进步和完善的表现。它的目标是保护河流生命。”❶

杨斌华在《弘扬人文关怀　激励生态叙事——关于河流生命研究的思考》一文中提到:“河流生命研究体现出的文化关怀的意蕴,无疑更应该泛化为一种观照力愈加宏大的解读视角,一种具有传承性与超越感的不断再生的精神资源。”❷

其次,不少学者发现,人们利用的河流不仅仅是一种经济资源、战略资源,更是不可替代的、重要的文化根源。人类社会的可持续发展不仅需要河流水资源永续利用的支撑,同样需要河流文化生命的延续与传承。而河流文化生命的可持续发展需要从经济、社会和环境等诸多方面,制定相关政策和法规,这也是河流文化生命保护的重要方面。

蔡守秋在《尊重黄河生命　倡导河流伦理　促进黄河流域可持续发展》一文中提出:“法律与维护河流生命的可持续发展相得益彰。环境资源法律推动、调整着人与自然的和谐、互助和协调关系,保护由人与自然共同组成的世界及由人与自然共同形成的秩序。”❸

曲格平在《从斯德哥尔摩到约翰内斯堡的发展道路》一文中提出:“从政治、法律和道德上看,要把对生命的尊重和对自然的生态系统的爱护纳入到政治、法律和道德体系中,把生命和自然生态系统作为与‘人’一样公正、公平对待的‘主体’,同自然平等相处,崇尚简朴的生活和有节制的物质消费,人类的需求不能超越地球生态系统的承载能力。”❹

再次,河流文化生命是有价值的,其价值是多种多样的。许多学者就河流的内在价值、审美价值、文化生态价值、传承能力和鉴史价值作

---

❶ 余谋昌:《建立河流生命伦理观》,《人民日报》2004 年 12 月 21 日。

❷ 杨斌华:《弘扬人文关怀激励生态叙事——关于河流生命研究的思考》,《黄河报》2004 年 11 月 3 日。

❸ 蔡守秋:《尊重黄河生命　倡导河流伦理　促进黄河流域可持续发展》,《黄河报》2004 年 9 月 29 日。

❹ 曲格平:《从斯德哥尔摩到约翰内斯堡的发展道路》,《中国环境报》2002 年 11 月 15 日。

了研究，综合起来主要有以下几种观点：Charles M. Cooper 在《小流域管理策略》一文中认为，大江大河流域不仅是土壤资源，还是地质、生物、休闲娱乐、审美、文化等资源❶。Jon Barnett 在《黄河流域中与人为因素有关的 10 个关键问题》一文中认为："河流(水)的价值体现在……是生态系统健康不可或缺的组成部分；是一种产生美感的产品……"❷指出了河流(水)价值的多样性。

综上，河流文化生命是为了维持河流健康的生命，也是为了维持人类文明的生命。具体表现在维系河流情感、河流意识、河流观念、河流政策、河流法规，以及河流伦理等诸多方面，也具有强烈的时代危机感。但是，究竟河流文化生命与河流文化有什么关系？河流文化生命的产生机制和表现形式如何？河流文化生命与社会发展有怎样的关系，存在怎样的规律？这些都需要进一步研究。

三、河流文化生命与社会发展的研究

Mark Cioc 在《莱茵河》中指出："在雨果生活的年代，莱茵河是一条充满浪漫色彩的河流——具有自己的个性，自由，神秘，独特，不可预知，随机性，深沉，历史悠久，神奇，变化多端。由于工程师们按他们的想象重新改造了莱茵河，使得莱茵河逐渐失去了它的吸引力，成了欧洲工业化的代表。"❸

Har Darshan Kumar 在《人与自然》一书中指出"水(河流)是环境的生命线。由于水量和水质的改变带来的其实用性的改变，对人类产生了很大的影响。在很大程度上，水影响着人们生活的方方面面。"❹

Sandra Postel 和 Brain Richter 在《河流生命——为人类和自然管理

❶ Charles M. Cooper, F. Douglas Shields:《小流域管理策略》，见《第二届黄河国际论坛论文集——维持河流健康生命》第二册。

❷ Jon Barnett:《黄河流域中与人为因素有关的 10 个关键问题》，见《第二届黄河国际论坛论文集——维持河流健康生命》第二册。

❸ Mark Cioc. Rhine. University of Washington Press, 2002.

❹ Har Darshan Kumar. Environmental Technology And Biosphre Management. Men and Nature. Science Publishers. Inc, 2002.

水》一书中指出,要维持健康的河流,“我们需要用科技的、法律的、政策的、经济的手段,确保河流生态系统的需水量,这就是我们应遵循的基本伦理道德规范。”另外在该书中还指出:采取水市场、水权交易、水权转让等经济手段也是为了“恢复河流用水、保护河流生态系统健康及其价值功能”❶。

Volkhard Wezel 在《基于生态保护的河流与近海水域的管理》一文中指出:德国实施了一系列的生态保护工程,“这些工程都有助于恢复河流的生态结构多样性”,并且提到,在欧盟的欧洲水结构框架方针(WFD)中要求“所有欧洲的水资源不管是地表水还是地下水都是WFD 的保护目标”❷。

Hasna J. Moudud 在《跨国界流域管理:人民观点》一文中阐述了孟加拉国的水资源管理走的是一体化和可持续的道路,并实行民众参与政策,认为“谋求平等的、可持续的发展水资源……水资源统一管理需要有民众的声音”❸。

第三节　河流生命的研究内容

河流在广义上是地球上江、河、湖、川的总称,作为地球水圈的子系统,与地球岩石圈、生物圈和大气圈相互依存、相互作用,是连接海洋储库和大气储库的物质循环和能量流动的一个重要中介桥梁,是保持陆地上生物多样性、环境多样性和人类文化多样性的可持续发展的最活跃的“序参量”。

河流产生生物,也产生人类文化,河流是有生命的,河流生命是地球生命的重要组成部分。河流生命的概念,不能用传统的生物生命定

---

❶ Sandra Postel, Brain Richter. Rivers For Life. 武会先、王万战、宋学东译,黄河水利出版社 2005 年版,第 143 ~ 145 页。

❷ Volkhard Wezel:《基于生态保护的河流与近海水域的管理》,见《第二届黄河国际论坛论文集——维持河流健康生命》。

❸ Hasna J. Moudud:《跨国界流域管理:人民观点》,见《第二届黄河国际论坛论文集——维持河流健康生命》。

义加以理解和诠释，而是要扩展生命的概念，从生物个体、物种、群落的生命观念，扩展到生态系统，乃至地球的生态景观、生物圈的生命观念。在这种河流生态系统的生命概念框架基础上，认识、分析和展现河流生命世界的存在方式以及对人与自然关系的意义。为此，河流生命研究主要集中在以下三个方面。

一、河流自然生命的图景

河流生命是一个新概念，它的自然生命的概念，应当对应于地球上河流客体本身的存在方式，反映河流客体在地球各圈层形成和发展中的地位和作用，以及在人与自然关系中的角色，概括和揭示河流生命的自然图景。具体说来，就是要研究河流自然生命的科学概念。分析和论证新的生命定位以及河流自然生命的界定。揭示河流自然生命的特征、本质和合理性，研究和探讨河流自然生命存在的基本条件、发生、发展规律，描述河流自然生命的类型和维持其基本生存以及健康运行的方式。重点研究复合河流自然生命的结构和功能，以及现代社会发展过程中面临的重大河流自然生命问题，确立维持复合河流自然生命基本水量和健康运行的实践意识。阐释河流自然生命概念的革命意义。

二、河流文化生命的意义

河流与文化连接起来形成河流文化，源远流长。但是，河流文化与生命嫁接，形成河流文化生命，则是一个新概念。这个概念新就新在旨在唤起人类对河流的良知，因为“河流危机本质上是文化的危机”、“河流断流实质上是文化的失落”。确立河流文化生命的概念，是要保持河流文化的可持续发展，但又不局限于此，其立论的基础和终极关怀，是要追究和张扬被忽视了的河流文化的根和魂。正如《上海文学》杂志社副主编杨斌华所说：“这样，河流生命研究体现出的文化关怀的意蕴，无疑更应该泛化为一种观照力愈加宏大的解读视角，一种具有传承性与超越感的不断再生的精神资源。河流生命研究不但是应现实的燃眉之急，而且将具有深刻的影响力，在它的背面，衍生着并建构起一种新的生态伦理原则，一种新的人文价值理念。”要达到这个目的，河流文化生命的研究主要集中在三个方面：一是河流文化生命的概念、产生机制、表现形式、特征和本质的研究，重点论证河流文化生命的意义，确立母亲河的伦理信仰和道德态度；二是关于河流文化生命发展的社会规律研究，揭示河流与人类社会文化、文明的相互依存、相互作用的机制，确证河流文化生命与人类社会文明的作用关系；三是探讨河流文化生命的意义，重点研究河流文化生命的概念与波普尔"世界三"理论的关系，确证河流文化生命的概念所反映的客观对象域，揭示河流文化生命的本体论意义、精神、审美和宗教意义，以及明智利用河流和保护河流文化生命的方法论意义。

三、河流自然生命与文化生命的关系

河流生命概念的提出，既直接源于黄河管理实践的迫切需要，也直接适应了摆脱世界河流生态危机的严重挑战；既是人们思想观念变革的理论问题，也是河流管理实践的现实迫切需要研究的问题。因此，不仅需要研究河流生命的自然科学理由和根据，也要研究对河流生命进行人文关怀的哲学社会科学源流。在上述研究的基础上，以自然科学与社会科学交叉思维为出发点，研究河流自然生命与河流文化生命的关系，揭示河流生命的本质意义。

第四节　河流生命研究的方法论

河流生命研究是河流科学研究与人文社会科学研究相交叉的一个新领域。这个新领域的研究最终是要建立一门河流生命学，其核心就是要论证并建构一种河流生命的伦理信念、道德态度和人与河流关系的道德原则及行为规范。由此丰富、发展甚至是重构河流科学的基本理论基础和实践规范。可以毫不夸张地说，河流生命的研究预示着河流科学哲学观念的一场革命。

河流生命的研究主张：河流既不能简单地理解成无机物的总和，也不能直接归结为一般的生物生命形态。所以，关于河流生命的研究，不能简单地直接应用水文学、地质学、气象学以及生物学、生态学和环境

科学的理论与方法。实质上,河流是生命与非生命物质或环境的有机统一体,是地球上孕育和产生生命的淡水生态系统,也是人类繁衍生息和社会发展不可分割的自然基础、人类文化祖辈流传源远流长的重要精神根源和心灵家园。因此,河流生命的研究不仅仅需要自然科学提供的经验事实,更需要哲学、人文社会科学提供的人文关怀和认识工具。没有多学科、跨学科的交叉和融合就不可能建立这门河流生命学。这种河流生命研究的学科本性,面临的首要问题就是要突破传统的人类中心和非人类中心的逻辑与方法论。

在当代人类与河流关系的历史发展中,长期存在两种极端的方法论:一是对待河流的极端的人类中心主义倾向。这种倾向表现为:河流的存在就是为人类准备好的,仅仅是为人类利用的资源,人对河流的关系只是利用的关系。即使人对河流持谨慎的行为,那也仅仅是追究人对河流利用的合理与不合理,即只是利用的方式问题。其理由和根据来源于人的利益。河流没有内在价值,只有为了人而派生的工具价值。这种方法论是自然的,但自然的未必是合理的。因为在这种极端的人类中心主义方法论的指导下,对河流的水资源开发和利用,只是满足人的眼前利益,忽视或不顾河流生态稳态及其伴生的动植物的生存和繁衍,往往超越了河流的承载能力,这是今天造成河流生态急剧恶化的重要思想方法根源。二是对待河流的极端的非人类中心主义倾向。这种思想方法的基点是把河流的原发自然性看做是至高无上的,强调河流的自然性,否定任何人类的干预,无视河流被人类影响、干预导致人化趋势的事实,全面抹杀水利工程的正面效应。这种极端的观点,即河流自然保存论的观点,对河流的某个局部——荒野区域,或个别保护区内的河流进行保存,避免人类的干预,是可能的。但是,由于河流的连贯性和流动性特征,仅仅保存某一段河流是不可能达到避免人类干预的目的的。因此,总体上说,这种方法论是不符合地球生态存在的事实的,也是一种“人与自然二分”割裂的方法论,不利于河流生命的保护。

针对这两种极端的人与河流关系的方法论,其理论偏颇是显而易见的。完全否定这两种方法论是很容易做的事,而最难做的是我们如何发现这两种错误理论中的积极因素。正如黑格尔所说的，体现认识能力的，重在发现同中之异和异中之同。

人类中心主义的倾向尽管在历史上的指导作用已经暴露出偏颇和弊端，但是确有其积极的实践指导意义，即突出人类的主观能动性。认识到人与河流的关系问题，归根结底是人的利益问题，是人的思想认识和责任观念问题。通常人们说，解铃还需系铃人。人的问题，经济社会的人的利益问题是研究河流生命问题的一个重要焦点。因此，河流生命的研究不能脱离人的需要及其社会发展的背景关联。另外，尽管非人类中心主义河流观脱离实际，但它给我们的启示和教训不容忽视。河流有其自然目的，有自身内在的价值，这些目的和内在价值值得人类尊重。河流的存在状态是处于内外诸多相关因素作用过程中不断地发展变化的，这种变化有满足河流不断流所需要的基本水量，有保持河流生态系统健康的基本物质和能量条件。考虑这些基本需要和条件，仅用人类利益或纳入人的利益加以概括和阐释，不仅在理论上不合逻辑，就是在实践上也欠缺合理性，在后果上，会导致河流过载，危及河流生命。

根据上述人类中心和非人类中心方法论的分析，新的河流生命研究的方法论应当避免上述理论的弊端，吸收和发展它们的合理因素与积极意义。河流生命研究的出发点、最终目的和评价标准，既不是人类中心论，也不是非人类中心论，而是人与自然的协同进化论。这种方法论的理论基点主要有下述三个方面。

一、协同的整体论

河流生命的研究，首先要突破传统的生物生命的概念，参考和借鉴维尔纳茨基关于“活物质”研究的协同的整体论的方法论。

苏联学者 K. П. 福洛连斯基认为，“现在有许多生命定义，它们通常或者是从结构上下的，或者是从功能上下的，但是都未必是彻底的。在这方面，站在遵循客观科学事实的自然科学家立场上的维尔纳茨基的方法是特别富有成效的。他首先提出‘活物质’这一根本性的概念。这个概念没有引起怀疑，并且能够用科学的自然科学的具体方法进行研究。活物质在这种情况下被看做是天然的自然界的物体,生物的综合体"❶。

这里所说的"活物质",是苏联著名地质学家维尔纳茨基的创造,指的是生物圈内有机体的总和。在20世纪20年代,维尔纳茨基意识到:生物学的研究只关注与有机体有关的一些问题,地质学的研究忽视生命有机体的地质作用,没有"把有机体的地质的、特别是地球化学的性质——生物圈中化学现象总和所引起的变化——与有机体的形态和生理特性结合起来"❷。他提出"活物质"的新概念,其方法论在于"在地球化学中,生命的无数单个有机体的协同作用以有机体总和的形式表现出来……必须引进表示生命的新概念。……在这里,不是把单个有机体放在首位,因为单个有机体的作用是微不足道的,而是强调作为有机体总和的活物质,研究活物质的地质作用"❸。余谋昌教授认为,"活物质"是个新的科学概念,又是一种新的科学方法。

类比"活物质"研究,河流生命的研究,要以协同的整体论为基础,扬弃传统的生命概念,在河流生态系统的层面界定和展开河流生命的概念。一方面,在思维上,把河流生态系统扩展到人类社会系统,在河流生态系统承载阈限内,界定人类社会生态系统需求的最大值;另一方面,把人类社会生态系统扩展到河流生态系统,在人类社会生态系统保证良性运转所需的最基本要求范围内,界定河流生态系统需求的最大值。综合上述两个方面,在河流生态系统与人类社会生态系统协同的基点上,应当贯彻"有利于人类,有利于生态"的"两个有利于"的人与河流伦理关系的原则,以此作为河流生命研究的指导思想的伦理基础,以及人与河流相互依存、相互作用的理由和根据。

但是,值得注意的是:并不是河流生命研究的任何层次都必须采用协同的整体论或系统论的方法,采用这种整体的系统方法是研究河流

❶ 维尔纳茨基:《活物质》,余谋昌译,商务印书馆1989年版,第7页。
❷ 维尔纳茨基:《活物质》,第64页、413页。
❸ 维尔纳茨基:《活物质》,第412页。

生命的重要角度,但不是唯一的和全部的研究维度。事实上,方法是为目的服务的,而不是相反。所以,在论证河流生命过程中应当遵循"具体问题具体分析的原则",可以根据河流生命问题要求的具体情况,采用整体论或系统论的方法,也可以采用还原论或简约论的方法,还可以把这两者的方法统一连贯起来应用。正如维尔纳茨基对地球上活物质研究所采用的把还原论方法和整体论方法结合起来研究的思路,即"把有机体的地质的,特别是地球化学的性质(即生物圈中的化学现象总和所引起的变化)与有机体的形态的和生理特性结合起来,才能得到关于有机体的完整概念"❶。

协同的整体论,作为河流生命研究的方法论,主张"对话论"。所谓"对话论",又称为交流论(communicationism)而非决定论(determinism),是指人与河流矛盾的真正解决,不能仅仅靠河流代理人自己与自然的"对话"(这充其量是代理人自己进入"物我同一"的道德境界),还要靠当事人或利益相关者与其他人之间、与社会之间在利益平台上的"对话"和协商。其基点有如下三个方面。

一是河流生命研究的理由和根据应坚持"双向伦理"模式。这种模式是指在考虑人与河流关系的伦理问题时,也必须考虑到相应的人与人关系的伦理问题,从而,从人与自然和人与人这两个方面来寻求解决的途径。事实也是如此。人与自然的关系和人与人的关系是密切相关的。人与人之间的社会关系是人与自然之间生态关系的前提;人与自然之间的生态关系,是人与人之间的社会关系的基础,河流生命研究的主要任务之一,就是通过这两种关系的思考解决好河流生命健康问题。

二是在河流生命问题的讨论上不拒斥任何理论。也就是说,河流生命的研究可以兼容多种理论观点,发现和挖掘各种观点的合理因素为我所用,坚持一种积极乐观的态度。如环境伦理学的协同进化论、大地伦理、生物圈伦理、弱化的人类中心主义伦理、生物区位主义伦理以

---

❶ 维尔纳茨基:《活物质》,第 12 页。

及其他观点等。这是一种“境遇待定系数的理论”❶。试图表明在讨论河流生命问题中作为思维过程的方法论或评价标准的理论形态，可以为人们灵活选择并择优利用。其合理性取决于当下人们所要解决的问题的性质和所在的地理区位。如讨论“维持黄河生命的基本水量”问题，不同的省份可能有同一种观点，也可能有不同的观点。利用“境遇待定系数的理论”可以增进不同地区在实现共同目标时的差异性的理解和妥协。此外，中国的河流生命的重点问题可能与国外发达国家的不同，不能用国外的代替国内的相关研究。这种考虑，坚持的是一种实事求是的工作作风。

三是河流生命的研究，不仅仅需要自然科学的理由和根据，更重要的是也需要哲学、人文社会科学提供的精神旨趣、道德情操和人文关怀。首先，河流生命的研究需要各种文化，包括风俗、行为习惯和宗教文化的背景关联。因为，尽管我们研究的是河流生命，但是最终目的是教育人、指导人的认识，确立一种新的文化。这符合文化多样性导致社会稳定性的规律。其次，河流生命的研究，不能脱离特定的地理区位、已有的社会意识形态，包括文化、宗教和政治、哲学传统等。并且人们调节人与河流关系使之协同进化，通常是在适应或改造原有文化和宗教基础上进行的，有时本土文化和宗教传统比科学教育更有直接的说服力。因此，不能因为本土文化和宗教的非科学性成分，就否定其在人与河流关系中的积极意义。再次，当研究河流生命问题恰处于科学的未知领域时，就需要在人与自然协同进化的信念指导下启动本土文化和宗教传统中对环境友好的信念，使之成为支配人们行动的非理性的原则和规范。因此，对环境友好的本土文化和宗教传统，对人与河流协同进化的价值，既有协助意义，也有“填空”作用。

---

❶ “境遇待定系数的理论”源于“数学待定系数的方法”和工程控制论中关于跟踪控制目标不断地进行自调整的反馈过程的方式。在这里应用，主要是指任何理论都有其适用性，在理论上不能确定哪个理论是对的，哪个是错的，但是可以根据具体应用到哪个地区的环境和经济发展状况来对理论进行选择，决定选用适用的理论。这种根据具体社区的具体情况来选择并决定理论是否适宜的方法，就是“境遇待定系数的方法”。

二、进化的价值论

开展河流生命问题的研究,既要解构传统的生物生命的观点,也要建构以河流生态系统为单位的新的河流生命概念。由此,围绕着河流生命这个核心概念产生许多观点和争论,同时也衍生出维持河流自然生命的基本水量和保持河流自然生命健康等一系列新概念的讨论。那么在讨论这些问题过程中,我们用什么样的基准和标尺,作为论证、评价和捍卫的依据呢?这就是所谓河流生命研究的价值定位问题。

我们倡导进化的价值论。何谓进化的价值论?"进化"一词引用的是达尔文的"进化论"中的术语,是想阐释"人与自然共同进化"的意思。进化的价值论是指关于人与自然共同进化的价值理论,把这种理论作为指导河流生命研究的原则和根据,就成为河流生命研究的方法论。

P. C. 卡尔宾斯卡娅认为:"'共同进化'这一概念强调生物界和社会在最大范围内的相互渗透、相互交织和相互补充,这无疑是个很有用的概念。"她坚持:"共同进化的观念只能建立在人的观念的基础上。探讨共同进化问题的人性的、人道主义的含义处于首位并决定了这项研究的目的性。在研究生物圈时不能脱离人的活动的目的性,脱离人的创造能力。生物圈本来不仅包含自然现实,而且也包含社会现实。仅仅是在自然科学基础上,或仅仅在系统方法、信息方法、热动力学方法这些一般科学方法的基础上,都不能理解有目的活动的内容和作用。例如自组织规律一旦阐明,就会大大地推进对于由混乱到有秩序的过渡,由一个结构层次到另一结构层次的过渡所作的说明。但发展的方向性还不是目的性。生物圈的进化则是过程的自然方向性和人类生活活动的目的性的统一。"❶

P. C. 卡尔宾斯卡娅的观点对于指导我们的河流生命研究是很有意义的。

---

❶ [苏]P. C. 卡尔宾斯卡娅:《人与自然的共同进化问题》,《国外社会科学》1989 年第 4 期第 24 页。

首先,她指出了人与自然协同进化或共同进化的主导方面是人而不是自然。更确切地说,我们在研究河流生命问题时包含着人对河流作用的结果负责任的伦理,这种伦理责任处于河流生命研究的首位并决定了这项研究的目的性。A. 利奥波德早在 1923 年,就曾论证协同进化伦理的必然趋势。他写道:"到目前为止,只有哲学家研究这种扩展的伦理学,实际上是处在生态进化中的一个过程。该结果既可以用生态学方面的术语也可以用哲学术语来加以描述。从生态学方面,伦理是在生存斗争中对自由行为的一种限制;从哲学方面,伦理是对社会行为和反社会行为的一种鉴别。这就是对这种扩展的伦理学作出的两面界定。在相互依存的个体或群体趋向于协同的进化模式中有它的起源。生态学家把这个过程称为共生。随着政治和经济的发展,那种原始的、适用于一切的自由竞争意义上的共生,已经部分地被含有伦理内容的协同机制所取代。"[1]显然,利奥波德把生态学和哲学发展的协同看做是必然产物,是在原始的共生和竞争基础上必然发展起来的,其本身就包含着伦理内容。类比这些观点,从中我们也可以体会到,河流生命的研究将会集结不同学科,其外在的动力是社会需要,而其内在的逻辑是一种迎接时代挑战的人与河流协同进化的生命伦理。

其次,卡尔宾斯卡娅表明人与自然共同进化,是自然方向性和人类生活活动目的性的统一。蕴含着人与自然共同创造的意义。В. Б. 索恰瓦在《地理系统学说导论》中,提出"人与自然共同创造的迫切任务"。他认为,人与自然共同创造,"是指人们所实现的旨在发展潜在自然力,以及增大人们有效利用地球空间能量条件的管理和措施系统。人与自然共同创造的基础,是利用自然界所固有的趋势和自然界的整体状况,并使之最优化。它应当排除引起危机的各种联系的产生和形成。……国际上对保护生物圈问题的关注,将大大减轻这一冲突。各种限制可以在这方面起某种作用,但起决定作用的仍然是改进工艺过程,使之消除或至少是减轻工业及人类活动其他部门的废物对于居住

[1] [美]A. 利奥波德,叶平:《大地伦理学》,《自然信息》1990 年第 4 期。

环境的有害影响”。[1] 索恰瓦阐述了在自然阈限内利用技术工艺实现人与自然共同创造,进一步深化了共同进化的思想。如果把卡尔宾斯卡娅关于共同进化的伦理意义与索恰瓦的观点结合起来,那就恰好形成了人与自然协同进化的核心思想。这种共同创造的思想,对于我们河流生命的研究有重要的指导价值:一是我们反对不顾自然方向性的一味“征服”自然的思想方法,当代生态危机已经给我们提供了不少教训。二是我们也反对那种不顾人的生存的单纯的荒野保护,在我国天然林保护政策制定过程中就出现过这样的问题,即保护林子给钱,保护人不给钱。结果人的生活不仅仅是活着——生存,还有体现个人尊严和价值的社会生活。所以,乱砍滥伐屡禁不止,天然林保护效果欠佳。这个问题在理论上称为“荒野遮蔽下的人”。我们开展河流自然生命的研究,坚持这种自然方向性与人类目的性的统一,坚持共同创造,决不能忽视人的现实性和历史性以及对自然的决定性影响。按照维尔纳斯基的话来说,人成为地质因素,生物圈变为智慧圈[2]。维尔纳斯基强调,人的智慧——科学思想已经成为地球的新力量。他在给学生的信中说:“我对前途充满乐观。我想我们经历着的不只是历史的变化,而且也是星球的变化。我们生活在向智慧圈过渡的时期。”[3]这段话,也可以作为我们研究河流生命问题的方法选择所依据的进化的价值论的基础。

三、“像河流那样思考”

协同的整体论,为我们河流生命的研究提供了总体普遍联系、局部深入本质的认识方法以及海纳百川的胸怀和理性与非理性并举的治学态度;进化的价值论,则为我们提供了适应智慧圈发展趋势,坚持沿着自然方向性与人类目的性相统一的道路共同创造的理由和根据,这是一种新的历史价值观。根据这种逻辑和历史相统一的思想,我们在河

---

[1] [苏]В. Б. 索恰瓦:《地理系统学说导论》,商务印书馆 1991 年版,第 286 页。

[2] 维尔纳茨基:《活物质》,第 1 页。

[3] 维尔纳茨基:《活物质》,第 416 页。

流生命研究中应该改变传统的思维方式,“像河流那样思考”(Thinking Like a River)。

“像河流那样思考”,不是我们的创造。这是著名美国环境史学者唐纳德·沃斯特(Donald Worster)在《自然的财富》一书中撰写的第10章的标题。唐纳德·沃斯特的“像河流那样思考”是受美国当代环境伦理学之父利奥波德的启发提出来的。1949年,利奥波德在《沙乡年鉴》中号召人们“像山那样思考”。其目的是让人们改变思维方式,山上动物、植物和微生物相互关联、相互依存是确立这种思维方式的实质❶。

唐纳德·沃斯特认为,种庄稼,作物不仅需要土,也靠水生长。农场主和他的作物不可避免地参与了这个星球上的水的自然循环。但是农场主的眼界没有那么远,不会看到河流是地球水循环的重要环节。然而,“在美国和其他地方,如果要有长期的可持续发展的农业,那么农场主就必须根据在他们农场里的流水、通过他们农场的流水以及在他们农场之外或之上的流水来思考和行动。”❷

唐纳德·沃斯特考察了河流水循环:地上水蒸发成为雨再降落——形成河流水、流动到大海——水蒸发成为雨,再降落成为河水……以此往复循环。也考察了历史上一些思想家有关循环的主张。如中国道家“轮回的道”的哲学;利奥波德关于“自然是一个环绕的河”(nature is a round river),“像溪流流进其自身。在河道里,环绕着运动,无休止地环绕,穿过地球的一切土壤、动物群和植物群”。❸他还引用了科学家罗伯特·科瑞(Robert Curry)关于河流“分水岭”的稳态学说,分析了埃及尼罗河和美国科罗拉多河的开发利用案例,提出了“像河流那样思考”,并把这种思维方式作为确立“新的水意识”(a new water consciousness)的重要步骤。他还借用利奥波德的话,要求人们放弃经济学家和工程师那样单独地思考问题的习惯,倡导学习“河流的逻

❶ 叶平:《关于利奥波德及其“大地伦理”研究》,《道德与文明》1992年第6期。

❷ Donald Worster. The Wealth Of Nature. Oxford university Press,1993:124.

❸ Donald Worster. The Wealth Of Nature. Oxford university Press,1993:124.

辑”(the logic of the river)。

“像河流那样思考”与“像山那样思考”一样,是诗一般的语言,具有形象生动的穿透力,既给人以精神上的愉悦,也给人以顿悟和灵感的启迪,让人对河流生命的认识产生了一个新的飞跃。

类似的概念,还有“河流健康”。尽管“河流健康”不是一个严格定义的科学概念,而是通俗意义上的管理评估工具。但是,一些学者都认为,这样通俗的概念还是有价值的,既可以在科学家、官员和公众之间进行沟通,也容易被社会公众所理解。

第五节　河流生命研究的整体框架和技术路线

一、河流生命研究的整体框架

河流生命的研究,是在黄河水利委员会的领导和专家的积极引领下,以及在国内哲学、环境伦理学、历史学、社会学和法学学者的综合研究讨论的基础上展开的一项河流生命学建设工程。本书是这个建设工程的概论部分。

本书开展研究的整体框架主要分为三大部分:第一部分是河流生命研究的出发点问题研究;第二部分是河流生命的理论研究,包括河流自然生命和河流文化生命的理论研究;第三部分是本书的结论。

河流生命研究的出发点是关于河流生命研究的总观点。包括四方面问题的研究:

(1)考察国内外学者在河流生命研究方面提出了哪些重要的观点,包括河流自然生命和河流文化生命相关的基本观点,这些观点在哪些问题上存有争论,争论的焦点是什么,目的是理清我们研究的基础和现状。

(2)从“河流自然生命的概念”、“维持河流自然生命的基本水量”、“保持河流健康生命”的角度对河流自然生命的概念研究进行系统的梳理,同时从“河流文化生命的内涵”、“河流文化生命的价值”、“河流文化生命与社会发展的关系”方面考察和整理不同的观点,把国内外学者关于这方面研究的成果作为本研究的基础和起点。

(3)我们对河流生命研究的内容,主要包括三个方面:一是河流自然生命的图景。主要确证河流自然生命的概念,揭示河流自然生命的本质和规律,以及河流自然生命的类型和维持基本生存与健康发展的基本条件。二是河流文化生命的意义。阐释河流文化生命的概念、产生机制、表现形式、特征和本质,揭示河流文化生命的社会发展规律。三是河流自然生命与河流文化生命的辩证关系。揭示和论证:河流生命是其自然和文化生命的统一。

(4)河流生命研究的方法论。这是选择和确定我们在河流自然生命和河流文化生命研究上的方法的理论。这个理论的基点,既不是简单的人类中心论,也不是非人类中心论,我们坚持人与自然的协同进化论。即在河流自然生命和文化生命研究中坚持"协同的整体论"、"进化的价值论"和"像山那样思考"。这些内容构成了本书的绪论部分。

本书的第二部分,河流生命的理论研究,包括河流自然生命和河流文化生命的理论研究。河流自然生命的理论研究,在第一章、第二章、第三章、第四章和第五章阐释。河流文化生命的理论研究,阐述于第六章、第七章和第八章。

河流自然生命的理论研究,其总体观点是在第一章,即河流自然生命概念的确证,主要解决河流自然生命的一些基本理论问题,包括河流自然生命的概念论证——定位和界定,河流自然生命的特征、存在和演变的规律和河流自然生命概念揭示的本质。第二章到第四章主要研究和揭示河流自然生命的基本图景——河流自然生命之水、河流自然生命的脉动和河流自然生命的健康。第五章揭示河流自然生命的意义,即对地球自然的意义、对人的意义,以及对人与自然正当关系的意义。

河流文化生命的理论研究,其总体观点在第六章河流文化生命的概念及其本质,研究河流文化生命的概念的定位和界定、河流文化与河流文化生命的关系以及机制、表现形式和本质。第七章研究河流文化生命发展的社会规律,提出和初步论证了"人类社会文明源起于河流文化","人类社会发展积淀河流文化","河流文化生命推动社会发展"的河流文化生命发展的社会规律。第八章研究河流文化生命的意义,阐释其本体论、价值论和方法论意义。

最后一部分是结论,阐释了在撰写本书过程中贯穿全书始终的三个指导性的观念。第一,河流生命是一个新兴的研究和开发的领域,吸引了不同学科学者的关注并发表了大量的论说,我们必须在总体上定向一门综合性的交叉学科门类——河流生命学建设的目标,才能够较好地从这些多学科研究观点中汲取营养,开展高层面的交叉科学的综合研究。因此,应当定向河流生命学的建设,用“联系的”和“发展的”观点以及“具体问题具体分析”的观点指导这项研究,并决定了这项研究的方向。第二,河流生命是河流自然生命和河流文化生命的统一。重点说明:河流生命的认识,既是河流自然现象的认识,也是河流文化现象的认识。二者的认识是对河流生命认识的统一体,不可分割。第三,无论是河流自然生命概念,还是河流文化生命概念的确证,都坚持了“概念是被描述和反映的客观对象的本质属性和所包括类型的一种科学抽象的认识。所以,本书的观点和概括,也只是关于河流生命研究观点中的一种观点。

二、河流生命研究的技术路线

河流生命研究的技术路线主要有两大线路。一是关于河流自然生命的研究,主要分为三大块。即河流自然生命的确证:探讨定位、特征、内在规律和本质;河流自然生命的图景:阐释河流生命之水、河流自然生命的脉动、河流自然生命的健康;河流自然生命的意义:揭示对地球自然的意义、对人的意义、对人与自然关系的意义。二是关于河流文化生命的研究,主要包括三个部分。即河流文化生命的概念及其本质:探索概念、表现形式和本质;河流文化生命发展的社会规律:揭示文明源起于河流文化、社会发展积淀河流文化、河流文化生命推动社会发展;河流文化生命的意义:阐释其本体论、价值论和方法论的意义。参见图 0-1。

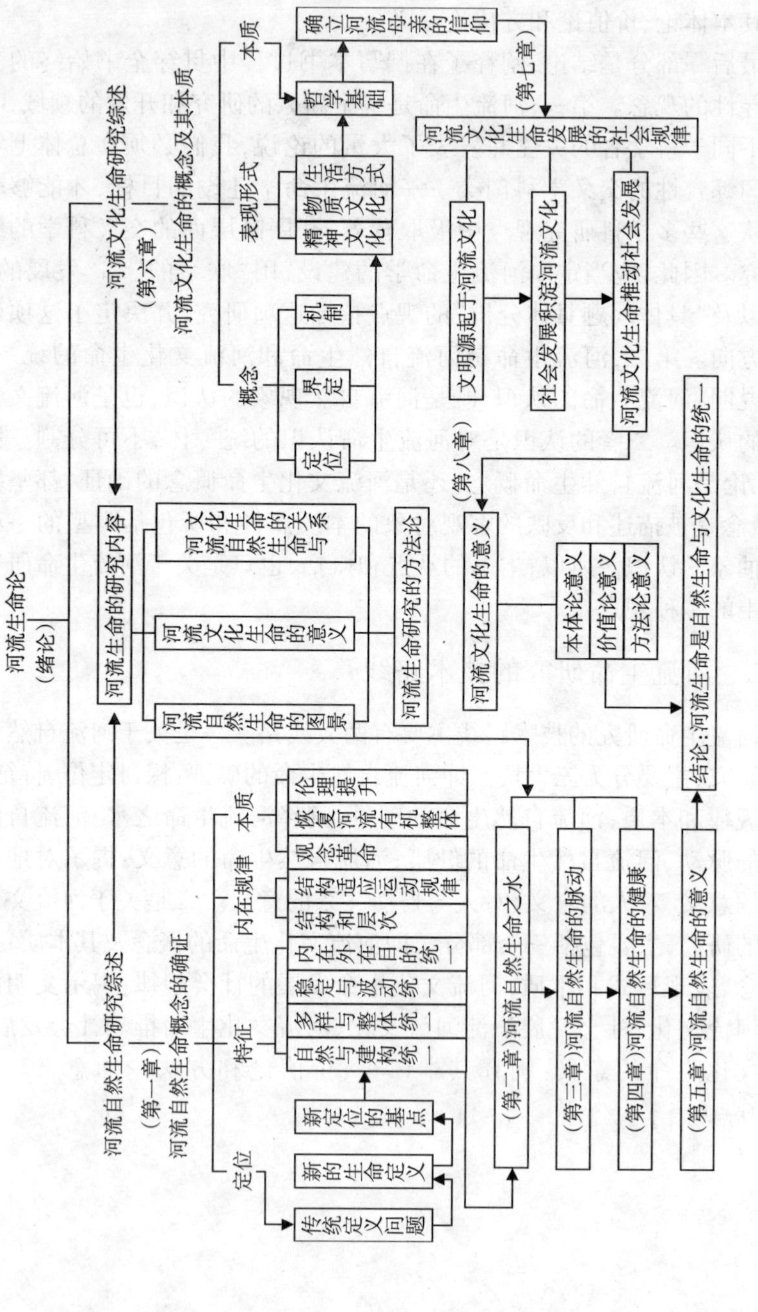

图 0-1　河流生命研究的技术路线框图

第一章

河流自然生命概念的确证

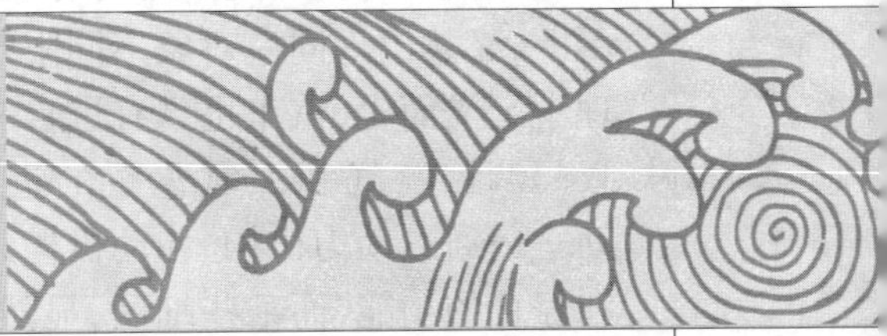

河流自然生命概念同其他任何革命性概念一样，它的产生不是一蹴而就的，而是作为河流生命概念体系的子概念，源于黄河水利实践的客观需要，并在人与河流可持续发展的理念指导下解构又建构。其中，对河流自然生命概念的确证，涉及其系统定位和概念界定；对河流自然生命特征的概括，不仅仅局限于人类视角，也包括人与自然关系的整体性透视。河流自然生命的概念具有重要的意义。

第一节　河流自然生命的定位

一、传统生命定义的问题

生命是宇宙间最伟大，也是最生动的存在形式。关于生命的定义，目前尚没有统一的论述，不同的学科有不同的定义。生理学把生命定义为具有进食、代谢、排泄、呼吸、运动、生长、生殖和反应性等功能的系统。其中新陈代谢作为生命的重要特征是指生命系统具有界面,与外界经常交换物质但不改变自身的性质的本性。生物化学认为生命系统包括储藏遗传信息的核酸和调节代谢的酶蛋白。遗传学指出生命是通过基因复制、突变和自然选择而进化的系统。耗散结构理论把生命定义为一个远离平衡态的开放的系统,它通过与环境进行能量和物质的交换而不断增加系统内部的负熵,以抵制熵增,保持系统形成稳态。进化论又把一个能够通过自然选择进化的系统看做是生命系统。生态伦理学则进一步认为:生命不仅是指人类和其他有机体,而且也包括河流大地景观和生态系统。

上述种种生命定义本身存在两方面的问题:一是定义的参照标准不一,必然出现同一对象不同限定之间的逻辑矛盾。比如,就生命的生理学定义而言,汽车也具有进食——添加化石燃料,呼吸——内燃机的气门调控氧气和二氧化碳的进出,排泄——有排气管排出废气,运动——通过动力机构、传动机构到四个轮子的工作机构,共同完成运动和停止的功能,而某些细菌,显然是生命,但却不具备呼吸的功能。就生命的新陈代谢定义而言,火焰也具有界面和物质交换,且能生长,而种子可休眠上千年并无代谢活动,却可以在适宜条件下生根发芽。就生命的生物化学定义而言,以化学的角度定义生命有本质的缺陷,因为现在已知的某种病毒样生物就没有核酸。又比如包括水圈、生物圈、大气圈在内的地球生态系统,按照新陈代谢的生命定义来看,显然具有物质交换的界面,并且在一定程度上具有类似于 DNA 复制的自我修复功能,这是否也可认为是一种生命系统?二是上述不同定义的哲学基础,有的是个体论(生理学定义),有的是整体论(生态伦理学定义);有的是从生物生命属性和功能方面,有的不是在生命层面而是降到生命运动之下的物理和化学运动来下定义。事实上,在生命定义上出现这两个问题,并不奇怪。一是认识的局限性,二是我们至今在没有搞清楚生命是什么的情况下给生命下定义,必然仁者见仁,智者见智。

二、新生命定位的探讨

本书不想拨动过去争论的灰烬,而宁可点燃新的火焰去照亮探索生命的道路。而要点燃新的火焰也不能完全抛开过去已有的燃料和火种,我们的目的是要对河流生命给予合理性的论证,因此,不是沿着传统的生物生命的个体论方向而是朝着活的生态系统的有机整体论方向前进。在这方面,对我们有帮助的论说主要有"生物圈生命活动论"、"系统有机结构要素的整合论"、"有机系统演化的自组织理论"。

(一)生物圈生命活动论

这种从有机整体论方位对生命进行探索的是美国学者 J. 费伯格和 R. 夏皮罗。他们的基本观点就是"生命基本上是生物圈的活动"。他们探索生命的目的就是为地球以外的生命探索提供方法论。他们是在宇宙的背景中,从地球物质是死的还是活的之区别定义生命开始他们讨论的。

"我们的生命定义必须首先确定我们知道的地球上的生命,而且我们必须从那些我们认为不是活的东西中,鉴别出那些我们认为是活的东西。但是,这个定义必须要清楚地把生命的本质是什么的问题与地球生命的历史发展的偶然结果是什么的问题区别开来"。"某些学者通过回顾几百年来生物学的发现,作出狭隘的生命结构的定义,即'活的东西是包含核酸和蛋白质的一个细胞或一群细胞'。但是,如果按字面理解,它也包含有这样的意思:核酸与蛋白质是生命的本质,并且生命不可能有其他的组织基础。"❶费伯格和夏皮罗认为,这样的生命定义缺少客观普遍性,过于主观。他们举例说,假定一座城市内所有出租汽车漆成黄颜色,不允许其他汽车漆成黄颜色,那么,关于那个城市出租汽车的定义可以写为:出租气车是黄颜色的汽车。这个定义确实能将出租汽车从这个城市的其他汽车中挑选出来,但它却忽略"出租汽车"的本质和普遍性。如果你到其他城市去旅行,那里的出租汽车按规定漆为黑颜色,这个定义也会引起极大的混乱。

费伯格和夏皮罗的假设,目的是想要说明科学发现——核酸和蛋白质是非常重要的,它使我们对生命的认识由蛋白体深入到其结构要

---

❶ [美]J. 费伯格,R. 夏皮罗:《一个有争议的定义:生命》,吴晓江译,原载美国《科学文摘》,1980 年第 8 期第 235 页。

素，但是需要进一步分析，以确定是否所有生命必然是这样一种特征，甚至在地球上的生命是否也必然如此。

这种分析可能会表明，在地球上完全相同的情况下，核酸和蛋白质是生命唯一的或几乎是唯一的基础。在这种情况下，用核酸和蛋白质作为确定生命的标准，比我们所知道的生命可能是更基础的，或者有点更类似于用运送少量乘客的、收费的车辆作为确定“出租汽车”性质的看法，很可能有点像那种认为具有计程器和内燃机的四轮车辆是“出租汽车”的看法。我们过去把生命视为蛋白体，今天我们称为核酸和蛋白质，随着科学的进步，将来生命的定义又会突破现有的界定用新发现替代。然而，作为本质的东西是不能随时间变化的，否则就不是本质层面的定义。

生命是地球上物质组织的最有趣的形态。在宇宙的其他地方，甚至在地球上，也许存在有趣的、处于发展中的过程，这些过程包含的物质和能量引起我们的注意，但它们怎样形成以及它们做什么，与生命是完全不同的。费伯格和夏皮罗认为，我们寻求的定义，应当适用于我们能够在宇宙中观察到的各种各样的物体，按照一种有意义的方式，把它们分为有生命的和无生命的。

对于大多数人来说，活的东西令人感兴趣的特征在于它们的所作所为，由此与无生命的东西区别开来。由于这个原因，人们宁愿倾向于一种在总体上的功能的生命定义。一个标准的生命定义就是沿着这些思路，鉴定活的有机体为具有自己运动、生长、应激性、繁殖能力的某种事物。但是根据这种功能定义，火焰就是活的了。火焰显示了上述所有的生命功能。给火添加燃料后，火焰能快乐地生长，对风和雨戏剧性地作出反应；当火星被带到适当的地方时，它们能够繁殖。一个盐结晶在溶液中生长，也达到生命定义的许多标准。显然这些功能不是生命的本质。

另一个标准的生命定义强调活的东西的遗传和进化的方面，按照这个定义，生命是某种复制、突变、再复制它的突变的事物。这个定义的缺陷是强调突变忽视渐变，而且一个活的有机体，在面临环境变化的时候，直接地改变自身，可能比改变了的后裔更简单。虽然这种直接反应与不太忠实的复制形态相联系，但它可能是更有效的适应方式。

实质上，要给生命下定义首先要明确定位。费伯格和夏皮罗认为，给生命下定义的方式应当考虑两个部分：一个是必须对公认的生命的适当的单位下定义，这个适当的活的单位是整个生物圈；另一个是对与无生命相区别的极重要的生命活动下定义，这种生命活动是生命内部有序状态的保持和逐渐增长。费伯格和夏皮罗给出的生命定位是"生命基本上是生物圈的活动。生物圈是通过复杂的循环而表征为一个高度有序的物质和能量的系统。这个系统通过与它的环境的能量的交换，维持或逐渐地增加它的有序性"。[1]费伯格和夏皮罗对生命的整体角度的定位，直接可以应用到河流生态系统生命的阐释上来，不会有逻辑上的矛盾。

（二）系统有机结构要素的整合论

沿着这个方向的论说，不是某一个学者的观点，也不是一个角度，而是一群学者在这方面的探索。这种集中在系统有机结构过程中发现生命活性特征的论说，主要有"发生论"、"教阶论"、"边界条件论"和"目的论"。

（1）发生论。这种理论观点认为，生命的不可还原的本质是生命中发生了新性质，称为发生论（emergence）。发生论的基本思想是：整体的特殊的行为，既不能从部分的或几个部分相加的行为中推导出来，也不能从各部分在整体中的比例与排列中推导出来。这种论点，在20世纪70年代得到很多人的支持，哲学家波普（K. R. Popper）支持这一看法。[2]动物学家卓普（W. H. Thorpe）认为这是个很重要的"是有价值的"概念。[3]

发生论有两个要点：一是生命的特征是不可还原为物理化学性质，也不能从其中演绎出来。生命是高级运动形式。二是生命的发生，离

[1] ［美］J. 费伯格，R. 夏皮罗：《一个有争议的定义：生命》，第239页。

[2] 波普：《科学的还原与一切科学本质的不完善性》，见艾拉、杜布津斯等编《生物学哲学研究》，1974年麦克米伦版，第281页。

[3] 卓普：《生物学的还原论》，见《生物学哲学研究》第110页。

不开非生命的基础,是非生命整体的突现。

发生论的问题在于:它只是指出生命比之非生命有新性质发生,至于究竟有什么新性质发生,他们没有回答。所以有人反驳说,在无机界由部分构成整体也同样有新质发生;基本粒子组成原子有新质发生,由原子组成分子也有新质发生。水的新质不可能从氢与氧的单独行为中推导出来。笔者认为,"整体大于各部之和"呈现出来的新质,是适用于一切自然系统,包括宇观和微观领域的物理现象,但是,在地球上,突现出生命性质,却是地球生态系统本身的新性质。河流生态系统的有机整体生命性质不同于生物生命个体的性质,关键在于前者是有机集合体的整体结构,后者是个体有机体。

(2)教阶论。这种教阶论(Hierarchy)的"教阶"来源于中世纪的教会等级制度,一个层次高于一个层次,像阶梯一样。教阶论是将那种"教阶制"类比移植到有机系统的结构构成产生的对生命本质的新认识。其理论观点有两个方面:一是认为活的机体的存在方式是教阶性质或结构,如生物机体是由原子、分子、细胞、组织、器官、系统、个体等层次组成的整体。哲学家比克纳尔(M. Beckner)、人类学家斯柯利莫夫斯基(H. Skolimowsky)都持有这种说法❶❷。二是教阶控制体现生命的本质。物理学家帕弟(H. H. Pattee)就持这种观点:"教阶控制是生命的本质的显著特点。""我们应当期待教阶结构的新原理对于说明遗传密码的进化、发育图式……将是需要的。"❸

这种理论的问题在于:有的生命并非像教阶论者所想象的,至少有三个层次——分子、细胞器与细胞。因为还有低于细胞形态的生命,按照教阶论者的标准,这类生命就要被排斥于生命之外。

教阶式的层次结构及其特殊控制方式具有启发意义,但有学者提

---

❶ 比克纳尔:《还原、教阶与机体》,见《生物学哲学研究》,1974年(英文版)。

❷ 斯柯利莫夫斯基:《生物学中的合理性问题》,见《生物学哲学研究》,1974年(英文版)。

❸ 帕弟在1972年第三届国际生物物理会议上的发言:《量子力学的生命统计学》。本文收集在奥斯特编的《不可逆的热力学与生命起源》一书,1974年哥敦与布里埃出版公司,英文版,第40~41页。

出质疑，认为，在自然界中，广泛存在教阶式结构，大到天体，小到原子都是如此。如行星、太阳系、银河系、河外星系……总星系等，是教阶式的结构；原子、原子核、基本粒子也是如此。因此，教阶论不具有特殊适用性。然而，我们不这样认为，教阶式结构的限定应当包括两个方面：一是有机系统的构成要素，二是有机系统的构成方式。教阶论不仅描述结构要素而且还确定了结构方式的条件，即教阶控制的特质要求，这一点对于有生命的与无生命的显然应当有本质不同。可以说上述宇观和微观实体要素的教阶控制分别来源于万有引力以及强相互作用力和弱相互作用力，这些力是物理规律而不是生命规律或生态规律。还有人反对教阶论的适用性。认为“教阶一词来源于描述中世纪的教会等级，因此也是社会生活中存在的现象，又怎么能说它是‘生命的本质的显著特点’呢？又怎么能从中期待为生命研究指出新的方向呢？”❶这种指责没有道理，因为，学科理论发展主要还是概念的创新，移植、类比其他学科领域的概念是常态。如达尔文移植人口学中的“人类选择”概念，提出“自然选择”，生物圈的观念是澳大利亚地质学家休斯（Eduard Suess）大约在一个多世纪以前偶然地引入自然科学的。❷问题不在于概念来自何方，而在于被移植的概念在新领域是否能够定义新的发现事实。我们要说明河流是有生命的，是活的，就要说明河流生态系统的结构关系特质，教阶论可以直接拿来应用。

（3）边界条件论。这种理论把“边界条件”作为生命的本质，这是波拉尼（M. Polanyi）提出的答案。波拉尼说：“边界条件对于它所限定的过程始终是外来的”❸。他举例说：一部机器受两种原理支配，一个

---

❶ 《哲学研究》编辑部编：《自然辩证法文集》，吉林人民出版社 1979 年版，第 207 页。

❷ 他在 1875 年出版了关于阿尔卑斯山起源的一本小册子，在最后结论一章中讨论到地球的各个研究领域时，第一次使用“生物圈”这个名词。当时在科学思潮中起的作用不大，直到 1926 年首先在苏联，其后于 1929 年在法国发表了苏联矿物学家维尔纳斯基（Vladimir Ivanovitch Vernadsky）所作的题为《生物圈》的两篇讲演之后，才引起人们的注意。维尔纳斯基认为这个观念最初来自法国博物学家拉马克。

❸ 波拉尼：《生命的不能还原的结构》。本文最初发表于 1968 年美国《科学》杂志，后收集在格林内等编的《生物学哲学论丛》。这里是根据该书，1976 年利德公司出版，第 129 页。

是受内部的物理化学过程的原理支配，另一个是受外部的，即人设计机器的原理支配。自然界也受两种原理支配，一种是受自然界本身的规律支配，另一种是实验者在观察自然时对自然所加的限制，而这些“设计”、“限制”都是外来的，都是边界条件。由此我们想到，河流生态系统的活的存在，一方面是遵循河流生态规律，另一方面也遵循人类社会规律。而且越来越明显地暴露出“河流问题是社会问题”。河流在其生态系统的层面呈现的生命状态，是满足人的需要，而不是河流，而且河流生态系统的生命可以通过自然科学的论证，但是，这个新概念要人们接受进而上升为意识和观念，则不是自然科学能够解决的。这也就是说，研究河流生态系统的生命定位不能不考虑这些边界条件。

边界条件论在认识论上是有启发意义的。首先，生命现象是客观存在的事物，人们关于生命的认识取决于人的认识框架和认识能力，能否客观地反应生命的本质，不是生命存不存在的问题，而是认识方式问题。其次，人们的认识总是有局限性的，如果把有局限性的认识当做客观认识或真理性认识，就会产生误导。所以，认识生命的本质不能离开边界条件的阐释，不能离开认识的相对性的说明。

边界条件论从本体论的意义上也有助于克服人与自然二分的世界观。波拉尼说：“一个有机体，像机器一样，是个在双重控制下的系统。”机器可以理解为自然力和科学的应用。机器的存在是在自然物基础上的存在，是人在认识自然改造自然的基础上设计和制造的，没有自然物就没有人工物。机器是自然物与人工物的统一。地球不仅产生生物，也产生人类；不仅有生命现象，也有文化现象。人类创造了科技和工业系统，对生命有机体产生不可磨灭的影响。那种脱离自然的人和脱离人的自然都是不存在的。

(4)目的论。遗传学家艾拉(F. J. Ayala)提出生命不可还原的特点是目的性。他说：目的性的解释“只能应用于有机体而不能应用于无机界任何一种对象……因此是生物学作为自然科学的特点。”[1]在现

---

[1] 艾拉：《作为一种自主科学的生物学》，见《生物学哲学论丛》，利德出版公司 1976 年版，第 319 页。

代自然科学中，目的论名声不好，艾拉无疑是意识到这一点的。因此他区分了两种目的论：内在的目的论与外在的目的论。内在的目的论是自然的，外在的目的论是人为的。他说："有机体和它的各部分在内在的意义下是目的性的系统。""内在的目的性的系统为自然选择所说明"，"是生物学的适应性。"把目的作为表述生命过程不同于非生命过程的标志，是20世纪70年代颇为流行的观点，并且用了一个新词"目的性"（teleonomy）来代替旧词"目的论"（teleology）。

最初使用这个词的是皮腾德雷（C. S. Pittendrigh）。他说他使用目的性一词是"为了强调承认并描述方向性目标而并不赞成把亚里士多德派的目的论作为有效的因果性原理"❶。从此以后，"目的性"一词在生物学文献中就比较流行了。

我们不管艾拉和皮腾德雷怎样限定目的论解释，实质上，目的论对于解释广义的生命特质——系统层面的活的性质，具有积极的探索意义。首先，任何有机体的生物活动是有目的的，这种目的性使机体活动倾向于"自我保护"和"趋利避害"。其次，目的性也是生态系统的重要性质之一。其内在目的性是自然选择性，使系统整体趋向优化结构。这种目的论观点，为发现河流生命系统的属性提供了重要启示。

（三）有机系统演化的自组织理论

这种论说，又称为"新三论"，是从研究自然界演化的自组织问题入手，寻求通过物理方法解释地球活的系统的机制。这方面的阐释主要有耗散结构论、协同论和超循环论。

（1）耗散结构论。这个理论是普里高津于1969年正式提出的。普里高津创立这个理论的宗旨，是要为各种自组织现象尤其是生命现象，奠定热力学和统计力学方面的物理基础。运用耗散结构理论来研究生命现象，开辟了一门新的热力学，即生命热力学。

这个理论起源于19世纪以来克劳修斯的热力学第二定律与达尔文的进化论，对"世界演化方向问题"解释的矛盾。按照克劳修斯的热

---

❶ 皮腾德雷：《适应、自然选择与行为》，见罗依，辛普逊等编《行为与进化》，耶鲁大学出版社1961年版，第394页。

力学第二定律,世界是朝着消灭信息、产生混乱、增熵的方向发展的,而且其有效性又是无可怀疑的;按达尔文的进化论,世界则是朝着由简单到复杂、由低级到高级、由信息量少到信息量多,即朝着产生信息、产生有序、减熵的方向发展的。

耗散结构论认为,热力学第二定律仅适用于解释孤立系统的演变。自然界大量存在的是开放系统,开放系统是活的,主要有三个特点:一是该系统是远离平衡态的非线性系统。在平衡态的线性系统通常满足热力学第二定律,即熵增原理。二是活的系统是一个开放系统,与外界环境始终保持有物质和能量的交换。因此,活的系统内在的熵增——正熵与外界交换得到的熵减——负熵相互抵消,以保持活的正常秩序。三是活的系统,蕴涵时间和历史维度。活的系统是有活力的,活力不仅仅在于维持现状,也还在于不断地发展、进化。这主要表现在活的系统与外界环境不断地进行物质和能量的交换,活的系统形成的耗散结构也由一种状态向另一种状态变化,只要同外界环境的物质和能量交换不停止,耗散结构的这种演变也不会终止。因此,活的系统产生某一特定的耗散结构的初始条件具有时间和历史的特点。针对某一阶段的生命系统的结构好像"保持了对往事的记忆",历史阶段和历史条件成为我们研究活的系统耗散结构形态的重要维度。耗散结构论表明:自然界不是存在着,而是生成着并消失着。"万物皆流"、"演化"是普里高津自然观的核心。这个理论可以对河流生命提供动态解释,不过河流生命不同于其他生物生命,也不同于无机自然界的事物,它是通过河水环境与水生生物的依存和作用——河流生态系统,形成活的耗散结构。

(2)协同论。协同论是协同学理论,是德国物理学家哈肯创立的。协同学本意是指"关于协作的科学",协同论是"系统各部分协同工作"的理论。它主要研究开放系统内各子系统之间通过非线性的相互作用产生的协同效应,使系统从混沌走向有序的机理。支持这个理论的核心概念有:协同——系统内各子系统协作的整体效应;慢变量与快变量——描述系统内子系统或要素竞争时的优劣、寿命的长短以及与序参量的关系;序参量——描述系统的有序化程度的量,它决定系统整体有序方向。序参量与其他参量的依存和作用决定复杂系统的自组织过程。协同论对于解释河流生态系统的内在结构要素活的作用机制，有一定的借鉴意义。

(3)超循环论。这个理论是德国生物学家艾肯于1971年提出的。艾肯的理论解决的问题是：科学界一直认为，从无机界进化到有机界要经过两个大的阶段，即化学进化和生命进化。艾肯发现，在这两个阶段的中间有一个新的阶段，即生物大分子的自组织阶段。在这个阶段，生物大分子借助超循环形式形成稳定性结构，沟通了化学进化和生命进化的联系。艾肯的超循环论的要点是：在自然界进化中存在着这样活的系统，即自身循环并引发循环的自催化系统。这个系统有把循环不断进行下去的机制：通过循环联系把自催化循环联系起来的循环，这样的循环系列中的每个元素既能自我复制，又能对下一元素的产生提供催化作用。

艾肯的发现对我们河流生命的论证有启发意义。我们知道，地球上的事物的存在是多种多样的，为了认识上的方便，我们区分开个体和整体，以及有生命的和无生命的。我们研究河流生命以河流生态系统为单位，似乎河流生态系统的生命活性小于生物生命的活性，大于无生命的活性，介于有生命的与无生命的事物之间。从河流生态系统与地球其他生态系统相互作用的方式看，河流生态系统是典型的超循环。

三、河流自然生命定位的基点

基于上述新的生命观念的探索，河流自然生命的定位，主要有以下几个方面。

(一)是生物圈生命的重要组成部分

在茫茫宇宙中，迄今为止唯独地球有生命。在太阳系九个行星之中，只有地球上有大量的液体状态的水，而地球显然是太阳系中能以此方式保持水的唯一行星。侯起秀写道："从太空看，地球是一个美丽的湛蓝色星球。这是因为地球表面71%由水构成，而且只有地球这颗行星上才有大量的水。因此，地球与其说是地球，不如说是水球，也有人称其为'水的行星'。这种情况不仅决定了地球上生命的发展，而且也限定太阳系中生命只能在地球上出现。"(见图1－1)。地球生命存在

图 1－1　地球生命与水相伴

和繁衍的圈层就是生物圈。生物圈生命与河流自然生命的关系特殊性主要有以下三点：

第一，生物圈产生生命、保持生机不能缺少水，包括海洋、江河、冰川以及湖泊和湿地等。所有活跃地进行代谢的生物，大都是由于分散在水介质中的有机高分子的精巧系统所组成。水不断地供养所有的生命——有些很简单的生物没有空气也能生存，但是没有哪种生物可以没有水而生长。河流的水是淡水，陆地上的动植物主要靠淡水生存。人本身就是一个多孔的水囊。就重量而言，人体中 2/3 是淡水。动物体平均含水 7/10，植物体平均含水 2/5～3/5。河流生态系统与海洋生态系统一道作为地球生物圈的子系统，参与产生生命、支持生物的生存和繁衍，保持生物圈良好运转的生态过程。

第二，生物圈系统的能量主要来源于太阳能，很少一部分来自生物圈内环境的放射性元素的辐射能以及地球重力分异、构造运动弹性波、潮汐摩擦、物质水合结晶等过程释放的能量，这些外源的太阳能和内源的地球的能量，构成了生物能量、大气圈对流能量、水圈能量和岩石圈能量的交流与转换系统，河流生态系统的能量是生物圈系统中水圈能量的一部分。河流生态系统是在永无休止的流动过程中产生、滋养和考验生命，它的流动的动力与地理落差有关，更与内源能量和外源能量关系密切（见图1－2）。从生物利用方面看，太阳辐射的能量只是靠具有叶绿素的生物进行光合作用产生的有机物而进入生物循环，这些生物是绿色和紫色细菌、蓝绿藻、浮游植物以及高等植物的巨大群体。这部分生物，局限在白天接受阳光辐射的那部分生物圈，这部分生物圈系统包括大气子系统、地表子系统的几毫米表层，以及海洋子系统和河流子系统的表层水。

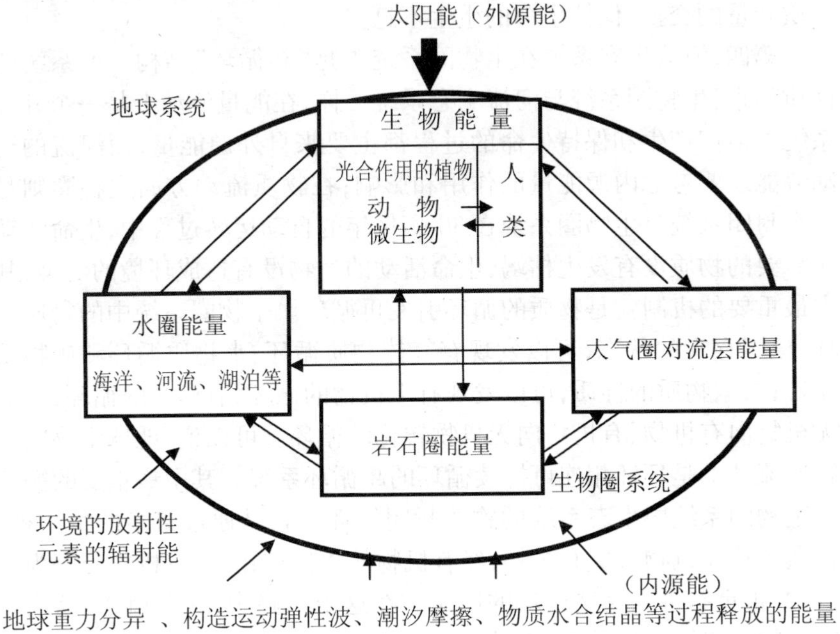

图1－2　生物圈系统的能量流动

第三，生物圈系统内部有介于物质的液态、固态和气态之间的界面，河流生态系统处于液态界面之中，但是河水与其他水一样通过流动、蒸腾和渗透的形式在不同界面穿行，而且水本身也能够以液态、固态和气态的形式存在。水的这种特性是地球上不同形态的生态界面中能产生相应的生命表现型的基本保证，也是生物圈生物多样性存在的重要生态条件。在空间上,一方面,大气圈界面与陆地上岩石圈界面、水圈界面(包括地上、地下水圈),体现不同生态条件下造成的不同生物种的垂直分布结构,如鸟类在天空中翱翔,绿色植物和爬行类动物在陆地上生长,鱼类和水生动物在海洋和河流中生存和繁衍;另一方面,在地球表面的土地生态系统、海洋生态系统和河流生态系统则界面相互渗透,形成水平镶嵌结构。正是大气圈、水圈和岩石圈有明显的界面,各界面中有水穿行,才能够使不同的生命形态分别在不同的界面中保持种的习性并代代相传,生命物质也能够通过这些不同的界面进行物质和量的交换,保持生命的生生不息。

第四,河流生态系统在生物圈系统中是"超循环"结构。就系统的性质而言,生物圈系统与河流生态系统一样,在能量流动上是一个开放系统。他们产生和保持生命的过程都主要来自外源能量,而河流的运动势能还要考虑内源能量的作用和影响;在物质流动方面生物圈则是一个封闭系统。生物圈系统在30多亿年的自动运转过程中,生命活动所需要的物质没有发生枯竭,生命活动的产物没有造成环境的污染,其中最重要的机制就是物质的循环引发再循环。生物圈系统中的物质循环,根据存在的状态,可以发现有气体物质循环、水物质循环和矿物质循环;根据物质的性质,可以发现有无机物的循环、有机物的循环,以及无机物向有机物、有机物向无机物转化的循环。可以说,地球生物圈在物质流动上是环环相连可持续循环的超循环系统。其中最重要的循环是生物圈系统内生态系统的物质封闭循环。它是通过繁多的生物种,接通了从无机物合成有机物,经有机物的逐级转化,到有机物分解为无机物,再重新进入完整循环的回路。在这个回路中,绿色植物、动物和微生物充当了物质的"生产者"、"消费者"和"还原者"的角色。这个过程,保证进入系统的物质如 CO_2、N_2、H_2O、P、S 能够反复被重新利用,而生命的产物也能被生物分解,避免有毒物质的积累。[1]在这个过程中,河流生态系统与海洋等其他水圈系统成为推动物质循环的重要动力。这是由于水是各种生物新陈代谢的介质,通过水生物从外界吸

❶ 刘国城等:《生物圈科学引论》,东北林业大学出版社1994年版,第88页。

取养分，再借水的帮助把各种营养物质输送到生物体的各部分，又经由水把代谢物排出体外，通过这一过程维持着生命的存在。正如 Leanardo da Vinci 的名言："水是自然界的动力"，❶它不仅仅在于改变地面，还在于通过自身的物质循环催化新的物质循环。所以，生命基本上是生物圈的活动，包括河流生态系统的活动。

（二）是生物群落与水环境协同进化的属性

根据上述的认识，我们观察地球上的生命存在形式，从个体与集合体的区别来看，有两种生命存在方式。一种是以生物个体为单位的存在，另一种是以生态系统的方式存在的生命形式。我们以往习惯于把那些个体存在的生物看做是生命的实体，而不习惯于把不同的生物种群与环境合在一起观察，更不理解它们合在一起的生命是什么意思。现在我们知道，生物个体的生命存在形式与生态系统的生命存在不是在一个标准中界定的，或者用时髦的话来说，它们界定的"游戏规则"根本不同。

我们都有这样一个经验，当我们在对事物摄影的时候，摄影的镜头拉得越近，我们就只能观察到事物的局部细节，看不到事物的整体轮廓及其与他事物的整体联结。我们的认识也同摄影一样，把这认识镜头可以拉远也可以拉近，这样我们才能够看清这两种"生命"在认识上的过渡过程。

也就是说，如果我们认识生物的个体生命行为，不仅要考虑这个生物种内群体的习性和生活方式，而且还把关注的重心转移到这个生物种与其他生物物种的关系。这种观察视角的参照系已经从个体转向了整体，认识层次也从生物个体进入种群，由种群步入群落。群落是生命存在的一种集合体，为了区别松散的集合，群落在定义上被界定为有机的集合体。生态学家把生物群落看做是认识生态的一个活的单位。同理，我们把认识的视角再进一步扩展，考察生物群落与其环境的相互依存和相互作用关系，这样我们就步入了生态系统这个认识层面。但是，

❶ ［美］G. E. 赫钦逊等：《生物圈》，华北农业大学植物生理教研室组译，科学出版社1974 版，第 41 页。

到了这个层面问题就出现了:我们承认生物群落是生命,不承认生态系统是生命。原因是:我们认识上的习惯——生物群落是生命,是由于它的构成部分是生命。我们说它是生命。这种习惯认识的演绎逻辑推理过程如下:

因为:群落(A)是不同生物种的有机集合(B),

这些种的有机集合(B)都是生命(C)

所以:群落(A)是生命(C)

用符号表达,就是:

∵ A 是 B

B 是 C

∴ A 是 C

而认为生态系统不是生命,这种习惯认识的演绎推理是这样的:

因为:生态系统(E)是群落与其环境构成的生态功能单位(H)

生态功能单位(H)是其生命部分与非生命无机环境部分的有机整合(F)

所以:生态系统(E)是其生命部分与非生命无机环境部分的有机整合(F)

用符号表达,就是:

∵ E 是 H

H 是 F

∴ E 是 F

上述的这个推理,在人们的习惯上已经认为 F 就不是生命了,其推理如下:

∵ E 是 F
　F 不是 C

∴ E 不是 C

根据上述的逻辑推理,我们明白了人们不认识或不理解生态系统是生命的根据所在。现在我们要换一种“游戏规则”来定位生态系统的生命。但是,值得注意的是:我们关注的重心不是如何制定“游戏规则”,因为这个规则是为目的——界定新概念服务的。因此,新的概念的定位必须满足真实客观地描述和反映作为对象的客体的本质,产生新的知识。

我们说生态系统是生命,指的是它整体呈现出来的生命性质,即“不同生物种群与无机环境相互依存、相互作用不断地协同进化的属性。这就是我们给出的认定生态系统是生命的新的游戏规则。”这种新的生命可以直接应用在河流自然生命的定位上,即河流自然生命是指河流作为一个生态系统的生命,本质上是不同水生生物种与其河水环境相互依存、相互作用,不断地协同进化的属性。它具有教阶结构性、突现性、合目的性,具有一定的边界条件,符合耗散结构论、协同论和超循环论的解释。

我们认识河流自然生命可以有三个视角,一是从水作为活物质的角度考察河流自然生命,正如黄河水利委员会李国英主任所说的:“水是生命的核心。”二是从河流生态系统在生物圈中运行的角度,认识河流自然生命。河流是活的,它奔流到海,蒸腾成云;它是生命过程的重要介质,又是生命过程的氢的来源,它主要在流动中使生命与生态环境和地质环境相互适应。三是从河流生态系统对文化的影响和文明积淀的角度,来认识河流文化生命。这第三方面的内容将在第六章专门论述。

第二节　河流自然生命的界定

河流自然生命,它的核心是水,它的命脉是流动(李国英,2004),它的产生和形成与地球的产生和形成密切相关。今天,它的发展是人与自然的协同进化,它的特征是人与自然的共同创造,它存在和演变有其自身的规律。河流自然生命的界定是开放的,本章给出的是一个有机整体系统的维度。

一、核心是水

河流自然生命的核心是水(李国英,2004),这句话是什么意思呢?或者说,这句话要阐释的主旨是什么呢?这句话的涵义关键在于"核心"一词的诠释。所谓"核心",是指中心的中心,我们通常说"核心问题",或"问题的核心",都是这个意思。由此,我们把这个解释移植到河流自然生命中,就是指"河流自然生命的中心的中心",这不好理解,或者说,不符合中国语言习惯。但是,把这个中心的中心,"与重中之重"类比,那么就可以想象"决定生命的中心的中心",就带有"根"和"本"的涵义。由此说来,我们想到一个在经济学上普遍应用的术语,"资本"一词,借用资本的涵义说明"核心",可能更贴切地表达水在河流自然生命中的地位与作用。也就是说,"资本"一词,表明河流自然生命的"根"和"本"的意思。那么资本的原意是什么呢?"资本"在经济学中主要是在信贷领域的词汇,用以说明"能够带来利润的货币",与"能够产生货币的货币"同义。在企业管理领域,通常用"资本运营"这一术语,以隐喻企业要扩大再生产,如果不动用在银行的本金,而只用本金所产生的利息作为投入,那么,这样的资本运营将永远立于不败之地。这个本金就是"资本"。我们在这里引进"资本"的概念阐释河流自然生命中"核心"的涵义,诠释河流自然生命的核心是水,意指水是河流自然生命的"根"和"本"的地位与作用,突出"河流自然生命"与"水"关联的历史性以及源流关系,目的是更好地理解和界定河流自然生命的核心是水的重要性。

作为河流自然生命的核心的水，是指水是河流自然生命的“资本”——“根”和“本”，它是宇宙和地球的的产物，是地球身份的标志，生命存在的基本“构筑材料”，也是人类生存的基本生态条件以及人类社会发展须臾不能离开的重要资源。

（一）地球的水

迄今为止，在太阳系以外，我们还没有发现类似地球上的生命现象。地球神奇的一面是它具有能俘获水并繁衍生命的能力。这种能力与它在太阳系中的位置和质量密切相关：它在太阳系中，体积不大不小，属于中等；它和太阳的距离，又不远不近，1 亿 5000 万公里的位置，刚好在中间——使它靠近一个狭窄区域的中心，那里的温度可以保存液态、固态和气态的水。地球的体积足以使地心吸力吸引住一层水蒸气和其他重气体的大气。用宇宙中的距离来计算，这个区域可以认为是极其狭窄的，只有 800 万公里，大约相当于地球轨道半径的 1/20。

评价地球这种好运气的最佳方法是考察它最近的邻居，即恰恰位于可以保存三态水的狭窄区域以外的火星和金星。对火星的各种探测，已经拍摄了一些照片，显示火星上有干河床的刻蚀痕迹。这可以说明火星现在是一个冷沙漠，所有的水都牢固地藏在永久冻土和极地冰里面，但在它的地质史中的某个时期，一定是有水冲刷过的。科学家们推测，火星上爆发着的火山曾经融化过永久冻土并释放出奔腾的洪流。

地球上水的分布不均匀。大洋、冰冠和冰川合在一起构成地球总水量的 99.85%，余下来 1% 中的 2/3，分摊给全球许多其他形式的水。世界上所有的大河和大湖、内陆海、小河、泉水、溪和塘、沼泽和泥塘、雨、雪和大气中的蒸汽，地上和地下的管道水，阴沟和水库中的水，山坡上的雪和冰，泥土中的湿气与最重要的供应井水和补给溪水及河水的地下水，都包括在这很小部分之内。从世界上水的总量中除去大洋、冰冠和冰川，余下来很少的可用水中，地下水部分约占 97%。地球这种“水星球”的特点，也使它成为太阳系或也可能是宇宙中唯一一个具有生命的星球。

河流的根在地球的水，地球上的水是相通的，主要原因就是水所具有的“三态”性质。人类孕育和产生在大江大河附近，河水及其冲积平原肥沃的土壤，是人类繁衍的基本保证。今天我们仍然饮用河流的水。建构河流自然生命的概念，目的是提醒人们不要忘了河流的水来源于地球的水，地球的水是生命之水。

（二）生命的水

“生命自水开端”，这是一个事实。它反映在所有动物和植物的生长过程中，最简单的单细胞有机体也受到水的包围渗透，水通过它们的细胞壁进进出出，送进食物和氧气，带走废物。此种原理同样适用于高级形式的生命，只是过程要复杂得多。

除了很少的例外，植物是利用水和空气制造食物的。为了生存，它们必须像导管那样，从土壤中吸取水分，送到细胞中备用，并将剩下的部分送入空中。植物的地下细根毛吸入的水，穿过主干和分支的无数细微的长管子上升，再通过叶子上叫做气孔的微小细孔蒸发，回到大气层（这些细孔也是植物光合作用和生长所必需的二氧化碳和氧的进出口）。1 平方英寸（6.5 平方厘米）的叶面可能有 30 万个气孔，大多数都在叶的背面，释放出的水分，数量惊人。虽然植物蒸发的水分，随着温度、湿度、光照、风力和土壤湿度的不同而变化，但在生长季节里，蒸发的水分总重量，可能达到植物本身干重量的几百倍。一种植物，比方说玉米，一生中释放出的水量，足够在它生长的整块地面铺上 28 厘米深的水。在暖和的日子里，一株喜欢水的香蒲属植物在沼泽上生长，靠着周围的水维持它的生命。一株白桦树能释放 227～303 公升的水。

这种具有惊人能力的运水结构，除了这种生命有机体外，还没有一个机械装置能够有这样的本领。现在还没有完全弄清楚有机体吸收、转化和排放水的机制。水在某种植物，比方说很高的树内的运动，成为生物学中最令人困惑的难题之一。但人们越来越相信，地球上任何生命形式，在长期的生物进化过程中已经形成了特化了的吸收水和其他养分的器官与组织，都能够很好地利用水的物理、化学性质，否则就会被淘汰掉。所以无论是可见的生命形式，还是我们的肉眼见不到的生命形式，它们都是不能离开水而生存的。如 1 克肥沃的土中含有近亿个活微生物；1 立方米的农田土可共 5500 万条蚯蚓、5 万个小昆虫和蛾虫憩息。在地球上，微生物的总质量大约是所有动物总质量的25倍[1]。这些生物已经被证明，都是靠土壤中的溶解水才能够吸收到所需营养物质，维持生命活力的。没有水就没有生命。

(三)人体生命的水

人类生命离不开水。据资料记载，一个普通的人体内含有水47.3升（相当于22.7公斤）。他每天必须补充2.4升左右的水消耗。喝下去的水补充1.4升，含水的食物带来0.9升；“干”食物的新陈代谢作用再制造出0.2升的水。人的整个身体从头到脚都要用水，最少的是齿珐琅质，含水2%；最多的是血液，含水83%。一个人不吃东西也许能活上两个月，但是没有水，恐怕不出一个星期就要死亡。有些哺乳动物，在没有水的情况下，赋有比人类活得更长的能力。驴子能在沙漠中活4天，在此过程中，它的体重会减轻30%，这是可以使人死亡的脱水量的两倍。但是，人类靠不时饮水和吃下含水的食物来补充体内水分。

人体内没有静止的水。在某一个时候，身体某一部分的水分子，过了几秒钟以后，已经到了另外一个部分，原来的地方由新的水分子填上。人体内的水大部分都是反复循环，用了又用，但是，每天大约有2.5夸脱(2.8升)——等于每天的摄入量——是在各种方式之下，永远离开或排出了人体。通过泪腺有少量的水外流，泪腺生产一种含盐的分泌液来润滑和清洗眼睛。汗腺每天要蒸发0.5升左右的水，用以冷却皮肤表面。呼吸过程大约要排出约1品脱，因为呼出的空气从肺中带走水分。但是，同体内任何部分的水比较，肾脏中的水发挥了最重要的功能，水在那里清除血液中的废物。身体内血液每小时通过两个肾脏15次。每天约有1700升血液得到“清洗”；其中有1.4升的废物液作为尿排出，其余部分仍然回入血液系统。肾的功效极高，甚至一个肾丧失工作能力时，另一个肾还能单独地继续清洗全部血液。但如果两个肾脏都丧失能力，就会发生众所周知的尿毒症：盐和其他废物污染血液。一个血液不净的人不能活过三个星期。

---

[1] 叶平主编：《道法自然：生态智慧与理念》，中国环境科学出版社2001年版，第81页。

二、命脉是流动

（一）流动的水的总量一定

水从来不静止。地球上有13.5亿立方公里的水，这种活跃物质，经常对强大的自然力——地球的自转、太阳的辐射热、地球和太阳系中其他星球的重力发生反应。此外还对地面上的不规则形态（大陆上的高山、河谷与平原，大洋里的盆地）发生作用，参与地球物质化学变化与组织成分变化。地球自然界的每个因素都能导致水动荡的和持久不息的变态——气体、固态和液态变化以及反复无常的变化。

但一个极为重要的情形是水的行为固定不变，世界上的水的总供应量不会增多也不会减少。现在的水量相信与30亿年以前几乎完全是一样的。在无穷的重复循环中，水经过了利用、处理、净化和再利用，这样永远不停地循环。这是地球作为一个物质上的封闭系统而能够保持几十亿年生命经久不衰、不断进化的重要条件。

（二）流动的循环性质

地球的原始水源目前仍在使用之中：从最初云的形成和最初雨的降落以来，几亿年中没有什么增减。同样的水反复地从海洋升到空气中，降到陆地上通过河流又送回到海里。这一过程就是所谓的水文循环。在任何时候，水文循环中运动的水，大约只占地球总水量的0.005%；绝大部分的水储存在海洋中，冻结在冰川里，保持在湖泊中或停留在地下。

在美国，一滴水通过空气循环平均只花12天，然后可能在冰川里保存40年、在湖泊中保存100年或是在地下保存200～10000年，视它在地下的深度而定。但终究每颗水滴都是要在水文循环中运动的。水文循环在一天之中消耗的能量比人类在整个历史中产生的能量还要多。但是，由太阳输入动力的水文循环结构具有的能力比它所能用掉的能力更多。

地球水的循环可以分为大循环和小循环。大循环的主要表现是：从大气降水在陆地上形成地表径流，沿地表低洼处汇集成河流。河流将水输送入海或内陆湖，在河水流动的整个过程中水蒸发回归大气。

这是一个气变成水、水又变成气的大循环过程(见图 1－3)。河流的小循环主要表现在河流的“通道作用”和“输水作用”方面。河流的“通道作用”,即河流在实现全球水文大循环过程中是从河源到河口之间河水在陆地表面形成涨落流动的主要通道(见图 1－4),这是保证河流实现河水小循环的前提和基础。河流的“输水作用”,即河流能把地面短期积水及时排掉,一方面,在不降水时汇集两岸的地下水以及泄洪区湿地的蓄水,使河道中保持一定的径流量;另一方面,在降水期或形成洪水期,河流的水反补两岸的地下水以及泄洪区湿地蓄水,使不同地区间的水量得以调剂。

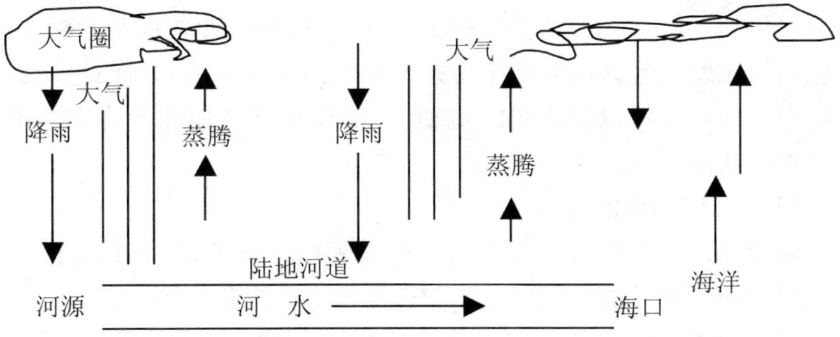

图 1－3　河水的“大气—河水—大气”路径的大循环示意图

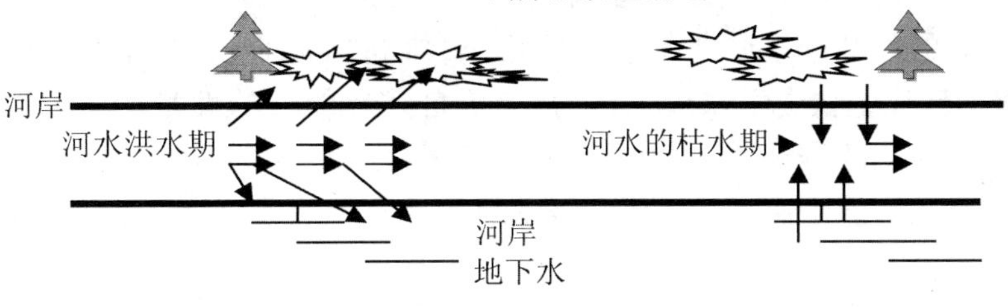

图 1－4　河流输水的小循环(河边森林、湿地和河岸地下水与河水之间水循环流动)

水循环过程中,河流的流动,既具有方向性也具有沿着这个方向不断的冲击性。这种冲击性是塑造全球地形地貌的一个重要因素。在自然状态中,河流的冲击流动性的主要功能有两个方面:一是径流和落差组成水动力，切割地表岩石层，搬移风化物，并通过河水的冲刷、挟带和沉积作用，形成并不断扩大流域内的沟壑水系和支干河道；二是河流在冲积平原上蜿蜒游荡，不断变换流路，相邻河流时分时合，形成冲积平原上的特殊地貌，也不断改变与河流有关的自然环境，形成各种规模的冲积平原，并填海成陆。

河流在输送淡水和泥沙的同时，也运送由于雨水冲刷而带入河中的各种生物质和矿物盐类，为河流内以至流域内和近海地区的生物提供营养物，为它们运送种子，排走和分解废弃物，并以各种形态为它们提供栖息地，使河流成为多种生态系统生存和演化的基本保证条件。这不仅包括河流和相关湖泊沼泽的水生生态系统和湿地生态系统，而且包括河流所在地区的陆地生态系统以及河流入海口和近海海域的海洋生态系统。河流以生物质的流动性，形成和支持地球上许多生态系统的生命功能。

（三）循环的目的性

目的性是一个在哲学、神学、生物学领域很有争议的概念，随着现代控制论和生物学的发展已经能对这个概念作出分门别类的解释。维纳把宇宙中的目的性分为三类：①人类的目的性，它是人类自觉的或有意识的、有计划的追求或行为；②动、植物的目的性，它是生物有机体对外界环境的一种适应性，一种本能；③无机自然界的目的性，这是在反馈机制的作用下，或协和力的作用下，维持或趋向一种特定的稳定性❶。现代生物史学家迈尔认为，无机自然界的目的性是严格按照物理定律活动的结果❷。其中，维纳关于无机自然界的目的性适用于我们研究的河流生态系统中水循环的目的性以及地球自然界整体水循环的目的性。

现代生态科学的发展也为我们提供了一种新的思维方式，即机能整体思维方式，它能够以另一种认识模式，对自然界的目的性分门别

---

❶ 舒炜光，张之沧：《重建与优选》，人民出版社1988年版。

❷ [美]E.迈尔：《生物学思想发展史》。涂长晟等译，四川教育出版社1990年版，第57页。

类。即按照自然界事物在各类关系中是目的还是手段,是原因还是结果来划分。可以把自然界事物的目的性分为两大类:①内在目的性。这"就是事物自身同时是原因,又是结果,同时是目的,又是手段"的情况❶。②外在目的性。这"是把目的放在自然事物之外的"情况。这两类目的性,在生物圈水循环中是普遍存在的。局部河流生态系统的水循环,既有外在目的性,也有内在目的性。它的外在目的性主要表现为:它是维持地球整体水循环的组成部分,也是供给它下游河流水循环的资源;它的内在目的性主要表现为:河流生态系统的水循环是为了系统自身增加负熵流,不断地从无序走向有序,也使系统自身内部的生命生生不息。水圈系统也是如此。通常它们有维持稳态的能力(目的),也是保持上一层次系统或下一层次系统的手段。无机环境系统,比如说河流生态系统中的一部分,河水系统,通常只有外在目的性,因为它的存在是它物的结果,它是为了它物或说它是它物的手段;河流生态系统中的另一部分,生物群落,是有内在目的的——任何物种都是为了自身的存在,也是为了其他物种的存在。这种按照自然事物在各类关系中分类认识生态系统目的的方法,为我们深入认识河流水循环中的目的性提供了有效的手段。在生物圈的时空范围,各种河流生态系统的水循环,其中包括上、中、下游河流生态系统的水循环以及水圈生态系统的水循环、生物圈生态系统的水循环和人类社会生态系统水循环,共同编织成"目的—手段"的立体交叉网络,保持着生物圈的生态稳态——生命的生生不息。它们都具有内在目的性和不可替代的内在价值❷。

地球水循环的目的性有两个方面:一是循环运动是有方向的,并且朝向自组织过程的优化发展方向;二是循环运动是有结果的,直接的结果就是促进循环的再循环。

地球产生生命是地球的结果;维持生命的生生不息和生态过程的正向演替,是在地球上各个层次,包括河流生态系统水循环的方向。因

---

❶ 舒炜光、张之沧:《重建与优选》。

❷ Paul W. Taylor, Respect For Nature. Princeton University Press, 1986:119～128.

此，只要循环运动不停止，河流自然生命就不会终止。在天然自然环境中，河流是有生有灭的，一个河流“死亡”了，另一个河流产生了，在河流的总量上是保持不变的。这种情况往往受地理区位、地质环境和气候因素以及地球水循环总体水平所决定。而对于在现代社会发展条件下的河流，人类生产和生活对它的依赖和影响都比较大，河流的“死亡”不是自然总体选择的结果，而是人类对河流认识和实践失误造成的后果——既带来生态问题也带来人类生存环境问题。因此，保证河流可持续地循环运动，即保持其生命的延续和健康发展，就成为界定河流自然生命概念的直接动力。

三、发展是人与自然协同进化

河流在人类产生之前就产生了，但是河流自然生命这个概念，则是适应 21 世纪人类迎接河流生态危机的挑战提出来的。因此，河流自然生命的发展，不仅仅是河流本身，最大的影响因素是人类，而且成为伦理问题。另一方面，河流自然生命的发展，如果能做到协同进化，那么这种发展的主体，或伦理关系的共同体，就成为必须拿出来讨论的问题。

(一)发展成为伦理问题

河流自然生命的概念，不仅仅挖掘河流生命的“根”和“本”以及河流生命的命脉，而且还关注河流生命的未来发展。我们认为，河流生命的未来发展不可能是河流自身的发展，而是以人与自然协同进化为特征的发展。其理由有两点：一是维尔纳斯基认为，“人成为地质因素”[1]，“人首次成为巨大的地质力量”[2]。“这是随着科学技术的进步和生产的发展，人的地质作用不断增强。今天，人的作用已影响到水圈、大气圈、岩石圈和生物圈的各种过程，人在越来越深刻地改变地球的面貌。”[3]因此在研究河流生命的发展问题时，像以往那样不考虑人

---

[1] 维尔纳斯基：《活物质》，第 1 页。

[2] 维尔纳斯基：《活物质》，第 416 页。

[3] 维尔纳斯基：《活物质》，第 418 页。

类影响因素已经成为不可能的了。二是维尔纳斯基认为,“随着人的出现,生物圈受新的力量——人的智慧的力量的改造,生物圈发展的自然进程受到破坏,其性质发生变化,从生物圈演化到了新阶段——智慧圈”❶。“人的作用成为生物圈的新机制”❷,“人的智慧——科学思想已经成为地球的新力量”❸。也有人认为,“在这一百年或更长一点时间地球原发自然将走向终结,未来的地球自然越来越成为一种社会建构”❹。无论是哪一种观点,都告诉我们同一个信息,即:鉴于人类巨大的地质力量足可以与自然力相匹敌的状况,为了避免人类的失误,我们必须依据科学和智慧,调整好人与自然的关系。包括调整人与河流的关系。因此,今天河流生命的发展不仅仅是一个科学问题,更是一个伦理问题,人类必须在科学设计和规划基础上走人与河流协同进化的道路。那种脱离人类影响的单纯的河流自然生命的发展,以及脱离河流自然生命影响的单纯的人类的发展,已经不存在了。

由此看来,河流自然生命的发展——人与自然的协同进化,本质上要求人的高尚发展,即建立起一门河流生命伦理学,遵照“两个有益于”——“有益于河流自然生命的发展”与“有益于人类的发展”的基本伦理原则,指导河流自然生命权益的代理者。如此说来,发展就应当是有主体的发展。这个主体是人还是河流自己?如果是人,那么河流自然生命的发展就成为人的发展的工具,“两个有益于”的原则就是一句空话。如果主体是河流生态系统,那么问题就来了,这个主体是什么意思?是河流能像人那样自己决定自己吗?河流自己不能伸张,是否需要人类代理呢?

(二)发展的主体和代理人

我们认为,地球上的河流生态系统保持其自然生命确实有其自身的发生发展规律,这种内在的规律就是河流生态系统的自组织规律。这种自组织规律表明河流生态系统是一种耗散结构,是河流水循环运动的主体,因此也是河流生命发展的主体。

---

❶❷❸ 维尔纳斯基:《活物质》,第416页。
❹ 叶平,武高辉:《科学技术与可持续发展》,高等教育出版社1989年版,第3页。

从地球诞生产生河流以来,河流的前后相继,就始终是河流同时并存的逻辑补充。也就是说,个体存在的河流有生有灭,但地球河流的总体——河流生态系统始终作为地球水循环的一个组成部分,实现河流自然生命的功能。如果我们承认,地球上水循环的总量是一定的,那么河流进入水循环的量也是一定的。那么是什么机制保证河流生态系统的生命在地球上具有可持续发展的性质?这就是耗散结构的机制。河流生态系统是一个远离平衡态的系统,其构成要素——河源、河水、水中生物和河岸植被及河口等,不断地与其环境——地下水环境、湿地、湖泊和沼泽环境以及大气环境和海洋环境等进行物质和能量的交换,不断地吸取负熵流,抵制自身的熵增,从而能够保持河流生态系统的有序,使河流自然生命呈现出生生不息的发展态势。我们把河流生态系统能够维持其自身生命的生生不息的本性称为河流生态系统的主体性。这种河流自然生命的主体性是一种生态主体性,潜在两方面的规定:

(1)河流生态系统的构成要素与其环境相互依存、相互作用,如适应和使之适应、进化和协同等是一切河流维持其生命的共性“存在方式”。尽管人的生活多种多样并与其他生物有明显差异性的一面,但是,人与河流打交道必须不违背一切河流的共性“存在方式”。河流的共性“存在方式”是人类在河流层面发现的本性,是人们建构新的河流伦理的基质和质料。

(2)河流生态系统中生物与河水的有机体生存关系,在人类看来,生物有其自身的善,生物与河水有其一套对立统一的自然法则,符合生物与河水协同进化的规律。这是人类应仿效的生态智慧,暗示人对河流行为的善恶。

由此可以推论:相对人类观察者而言,一切河流都是人类建构河流伦理的生态主体,一切河流的环境都是人类建构河流伦理的生态客体。生态主体和客体在地球水循环系统中依据其有机整体的行为规律:整体支配并决定部分,暗示人类对河流的行为准则和约束人类行为的河流道德。人类能够发现并辨识河流生态主体的“暗示”,能成为维护河流生态系统生生不息的河流生命道德的代理者。

应当对代理者充满信心。人有充分发达的自我辨识的意识,能认识到人与河流的关系,能肩负起协调生态主、客体关系和人与自然关系的职责,并能对后果负责。进而,人类能够做到:利用河流生命道德的准则并作为道德使命指导自己对自然的行为选择;利用道德判断并能预测可能产生的行为后果;依据协同进化的尺度,调整人与生物的关系,以及调控人为造成的人与河流的不协调的关系,并能作出合理的评价和决策。由此可见,在地球水循环整体中,河流生态系统是人类建构河流生命伦理的生态主体,河流生态系统的环境是人类建构河流生命伦理的生态客体,人类据此能够建构起河流生命伦理关怀共同体。

(三)发展的“制度”保证

河流自然生命的发展是有主体的发展,但是,以往河流的决策,或者是只考虑人类的利益平衡,或者在人类其他利益的名分下兼顾河流的生态。这显然是不公正的。应当改变这种状况,建构河流生命伦理关怀共同体。这个共同体提供人与河流协同进化在决策意识上的“制度”保证。

首先,人是河流生命道德的主体(moral subject of river life),也是河流生命道德的代理人。这不是一般的人,是具有健全的人格、善恶分明的道德责任和权利统一的能力的人。

其次,河流生态系统及其环境,乃至地球水循环系统是河流生命伦理关怀的道德顾客(moral patient)。它们之所以能够成为河流生命道德代理人纳入道德考虑和关怀的顾客,主要原因是它们的利益可能受到人类的威胁,或者它们内在的善,或目的有被人类破坏的可能,同时危及到人类当前或长远利益。

再次,河流生命道德的代理人能够建构河流生命道德关怀共同体(community of moral consideration for river life)。能够根据人与自然协同进化的河流生命伦理原则,在特定的人与河流矛盾关系中,作出给予哪些道德顾客(动物、植物和河水等)以多大分量的道德地位,并能够在河流复杂问题需要决策时,能够提供河流生命道德考虑、河流生命道德关怀和河流生命道德重要性的顺序。

河流生命道德关怀共同体的确立是一种河流道德的模式化思维,

或“制度化”的河流生命伦理思维的结果。其中,人与人的伦理关系同人与河流的伦理关系,在具体的维护河流自然生命发展的环境与社会状况中被河流生命道德代理人有机地纳入理性考虑,成为河流生命意识甚至是河流决策意识,使河流的决策朝向人与自然协同进化的方向。

河流生命道德关怀共同体思维模式的建立,使河流的生命的发展走向人与自然的协同进化有了“制度化”的思维定式保证。提高了人的河流生命意识以及决策者的河流生命意识,有了可以检验的思维要素,同时,也是人类道德模式的新发展,由“人与人、人与社会”二维结构,进展到“人与人、人与社会和人与河流”这三维结构(见图1-5和图1-6)。

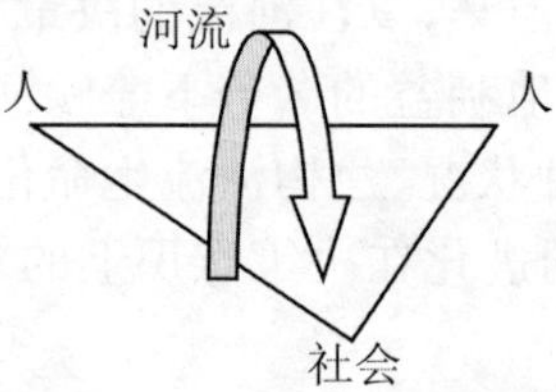

图1-5　社会伦理关系结构框图

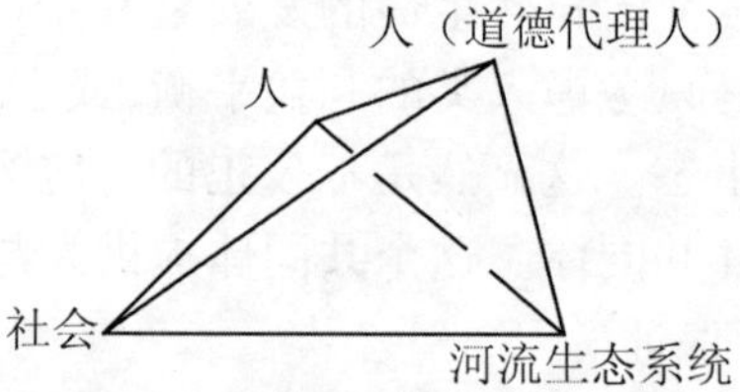

图1-6　河流生命伦理关系结构框图

第三节　河流自然生命的特征

河流自然生命反映的是河流作为生态系统所具有的本质特征。这种河流生态系统有天然河流、人工河流和复合河流生态系统三种类型。因为天然河流非常稀少,几乎不存在,所以人类与河流自然生命的矛盾关系主要反映在复合河流方面。因此,复合河流自然生命受到自然和人类社会经济两种机制的共同作用,它同时具有自然和文化两种整合特征。

一、源发自然性与构建自然性的统一

“地球生态的原始性就是源发自然性”[1],河流是陆地水文的重要

[1] 叶平:《生态哲学视野下的荒野》,《哲学研究》2004年第10期。

组成部分，在人类出现之前，河流已经孕育和滋养了生命，同时参与地球的水文循环、地貌构成、物质传输和能量交换，它是地球在漫长的演进历程中不断自我更新、自我进化、自我组织、自我维系的写照和纽带。这种在地球生态环境中的原始职能就是河流的源发自然性。

在讨论河流自然生命时，尽管“自然”与作为意识形态的“文化”相对，但河流的自然生命并不等同于自然河流的生命。自从人类产生以后，地球原始自然逐渐进入了人类时代的自然，❶人类社会的发展大踏步迈进利用和改造自然阶段以来，人类文化的特殊性和依靠“经济—技术—社会”发展的人类社会本质，决定了人与自然整体系统的自然性是区别于源发自然性的。自然越来越成为一种社会建构，河流与人类生存发展的紧密联系，决定了当人类意识开始关照一条河流时，它即同时拥有了自然属性和社会属性。“自然”实质上是人和天然自然相互作用的综合体，是“复合自然”，我们研究的河流已经不同程度地改变了源发自然性的性质和状态，具有了构建自然性。源发自然性与构建自然性的统一是复合河流自然生命最显著的特征。

在这个问题上，也许黄河就是个最好的例证，是河流与人类生死与共、缠绵爱恨、长期交织的典型，是客观与主观关系的自然注脚。黄河西出昆仑，流经黄土高原，大量泥沙被源源不断地输送到下游并填海造陆，形成了广阔肥沃的华北平原，河流自然生命在冲出最后一段峡谷后得到恣意的舒展和扩张。公元前 6000 年左右，随着黄河流域早期人类文明的开始，人类开始改变河流的源发自然属性，春秋时期逐步形成的黄河下游大堤和“地上悬河”，就是人类试图改变黄河自然属性的尝试结果。而黄河桀骜不驯的自然天性，最终导致从公元前 602 年到 1938 年的 2540 年间，黄河大堤出现了 1590 次决口，黄河下游就像一条“驴打滚”的河道，在北至天津，南至江淮 12 万平方公里的广阔区域，书写着一次又一次惊天记录。即使到了近代，在河口三角洲上，仍然发生了 8 次自然性大改道。每条行水流路，长则 19 年，短则 2 年。然而，随着河口三角洲的社会价值被逐步发现利用，人们开始对自由迁徙、随波逐

❶ 叶平：《生态哲学视野下的荒野》，《哲学研究》2004 年第 10 期。

流的黄河尾闾实施人为改道。可以说,河流源发自然性和人类构建自然性有机统一的特征在黄河上体现得淋漓尽致。

二、多样性与整体性的统一

河流生态系统是由河系和相关生物组成的。河流自然生命的多样性反映的是河流生态系统形态的多样性和流域生物的多样性。

河系包括干流、支流以及相联系的湖泊、湿地和地下暗河。而根据河槽断面形态的多样性以及流量、水位、流速、侵蚀堆积变形规律,河流又分为河源、上游、中游、下游不同的河段。

流域生物多样性表现在生物种群、群落多样性和生物生境多样性,且生物种群、群落的多样性是与生境多样性相伴相生的。河流的上、中、下游河段往往由于流经区域的气候、水文、地质、地貌差异而呈现出不同的流态、流量、水质、水位等。水文循环变化周期也会有所差异。这就使水生生物的生境呈现出多样性,相应地形成不同的生物种群和群落。以莱茵河的鱼类为例,“1880 年,莱茵河有 47 种鱼类,其中 45 种在高水位地区、上游和中游都存在,42 种在下游和三角洲一带”❶。流域生物的多样性在黄河上同样突出。黄河流经区域较广,穿越了不同的地质构造区,从上游河源区的青藏高原,到中游世界著名的黄土高原,再到下游广袤的华北平原,跨越了中国三个地理台阶、多个气候带,海拔落差大,是流域生物多样性的天然基础。在黄河上游的三江源地区就有河流、湖泊、沼泽、雪山、冰川等多种湿地类型,面积达 7.33 万平方公里,是世界上海拔最高、面积最大的高原湿地。三江源地区所处的地理位置和独特的地貌特征决定了其具有丰富的生境多样性、物种多样性、基因多样性和自然景观多样性。许多高原独有的生物物种在这里孕育,区内有维管植物 87 科、471 属、2238 种,约占全国植物种数的 8%。国家重点保护植物有 3 种,其中有著名的冬虫夏草,另有列入国际贸易公约附录Ⅱ的兰科植物 31 种,国家重点保护动物 69 种,三江源地区特有植物 100 余种。而在黄河下游的三角洲地区,由于黄河淤积

---

❶ Mark Cioc. The Rhine. University of Washington Press,2004:1707.

形成的陆地不断扩大，丰富的淡、咸水资源和四季分明的暖温带季风型大陆性气候，造就了那里总面积达6185.88平方公里且复杂多样的浅海滩涂和沼泽湿地、滨海湿地、河流湿地、草甸湿地等，是鱼、虾、蟹、贝类等生物生息繁衍的天然场所。在自然保护区内有维管植物64科、185属、318种及变种，蕨类植物12种，裸子植物2种，被子植物304种。湿地动物包括陆生脊椎动物300种，陆生无脊椎动物503种，水生动物800余种(白军红等，2000年)。那里还是重要的候鸟迁徙地，该区域已知鸟类265种(白军红等，2000年)。在《中日保护候鸟及其栖息环境的协定》列出的227种保护鸟类中，分布在黄河三角洲的种类就有152种，占总数的67%(刘高焕，2003年)。除了河源和河口地区存在大量湿地，还存在着许多河道湿地(特指除河流水域以外的滩区湿地)。黄河的河道湿地多系黄河洪水漫滩形成。自刘家峡水库以下，依次有甘肃小三峡湿地、陕西合阳湿地和三河湿地、河南黄河湿地、开封柳园口湿地等，其中河南黄河湿地目前已列入国家级自然保护区名录。

河流自然生命的多样性是以整体性为前提和基础的。河流自然生命作为生态系统的特性而存在，生态系统通常指一定时空区域内的生物群落(动物、植物、微生物)与物理化学环境组成的统一体。河流生态系统其中各组成要素相互联系、相互依存、相互制约，组成一个遵循特定规则的自组织的复杂整体，牵一发而动全身。

三、稳定性与波动性的统一

整体上，河流生态系统中的各个组成要素各自占据着生态学描述的“生态位”，它们的存在和运动按照康芒纳提出的“事物皆相互联系”，“物质不灭，循环永续”的生态学法则，朝着泰勒所说的“自身的善”发展。河流生态系统遵循的自然秩序和稳定状态保证了河流自然生命的稳定性。

河流自然生命的稳定性中孕育着周期性的波动性，随着水文条件周期性的循环变化，会发生湿地面积改变、洪水、断流等现象。例如在我国，受气候影响，河川径流具有季节性变化特点，夏季是丰水季节，秋季是减水季节。作为一个生态系统，河流自然生命也存在非周期性和非线性的波动，如水生动植物种群内数量的波动、群落内种间竞争的波动，河流生态系统与外部环境相互作用产生的系统结构和功能的波动，以及人类活动对河流生态系统的干扰产生的河流运行模式、水文循环状况、相关动植物种群、地质气候变化等的波动。

稳定性与波动性的统一则在于，无论何种类型的波动，通常保持在一定的阈值限度内，因而能够维持河流自然生命整体处于稳定状态，而一旦波动超过阈值极限，系统的生态平衡将遭到破坏。

这里，我们仍然用黄河作例证。由于黄河自身发育、流经区域和所处气候带的独特性和复杂性，所以，黄河自然生命中，也具有不同于世界上其他江河的显著特点，先天性地存在着水少沙多、水沙异源、水沙关系不协调、中游水土流失严重、生态环境脆弱的问题。尽管黄河流域水资源先天匮乏，但其多年平均河川天然径流量始终稳定地保持在535亿立方米（1956～2000年系列）左右。黄河来沙量达16亿吨，实测多年平均含沙量达33.6公斤每立方米（1919～1960年陕县水文站实测沙量）。但在各种自然因素的影响下，生命稳定的同时，也时刻表现出了其不可避免的异常波动。例如，在1920～1949年期间，干流花园口以上年平均降水量仅366.5毫米（较1920～1949年均值447.1毫米偏少了18%），花园口水文站平均来水481亿立方米。其中，1922～1932年连续11年枯水，花园口水文站年平均实际来水量仅353亿立方米。之后，黄河又基本处于连续多水时期，花园口以上年平均降水量达到了494.6毫米（较1920～1949年均值偏多了近11%），花园口水文站年平均实际来水量达到了556亿立方米。由于用水的不断增加，加上降水量有所偏少，导致黄河河道实际来水量不断减少。1950～2003年平均来水393.1亿立方米；1986年以来平均只有260.0亿立方米，较过去偏少了46.0%。各支流实际入黄水量也在不断减少。1990年以来黄河又出现了连续枯水的情况。黄河上中游平均降水量只有429.5毫米，较多年平均值450.9毫米减少了近5%；其天然径流量432.8亿立方米，较多年平均值532.8亿立方米减少了近19%。加上用水增加，黄河上中游实际来水量平均只有241.2亿立方米，较过去减少了近50%。1997～2003年，黄河天然径流量只有358亿立方米。

黄河主要干支流水文站实测径流量不同时段对比情况见表1－1。

表1－1　黄河主要干支流水文站实测径流量不同时段对比　（单位：亿立方米）

时段	兰州	头道拐	龙门	三门峡	花园口	渭河华县	汾河河津	沁河武陟
1920～1949年	309.8	253.4	327.9	426.3	481.1	78.07	15.18	13.81
1950～2003年	311.0	221.2	273.5	356.7	393.1	70.77	10.87	8.87
其中1986～2003年	261.4	156.1	194.7	239.1	260.0	48.00	4.83	4.44
1920～2003年	310.6	232.7	292.9	381.6	424.5	73.38	12.41	10.63
1986～2003年较1920～2003年偏少(%)	15.8	32.9	33.5	37.3	38.8	34.6	61.1	58.2
1986～2003年较1920～1949年偏少(%)	15.6	38.4	40.6	43.9	46.0	38.5	68.2	67.8

这种波动在20世纪后期达到了高潮，超出了黄河自然生命所能承载的极限，一个最典型的特征就是，黄河频繁地出现断流现象。从1972年至1999年的28年中，有22年下游出现断流。进入20世纪90年代，几乎年年断流，且断流历时增加、河段延长。1997年情况最为严重，距入海口最近的利津水文站全年断流达226天，断流河段上延至河南开封附近。断流不仅造成局部地区生活、生产供水困难，而且使河流水循环受损、主槽淤积严重、生态环境恶化。据遥感资料分析，1984年河口淡水湿地面积约为31800公顷，其中芦苇等典型淡水湿地面积15800公顷；而2000年，河口淡水湿地面积约为14900公顷，其中芦苇等典型淡水湿地面积仅4800公顷，生物多样性遭到破坏。同时，湿地植被的生态生理功能也在萎缩，如保护区北部缺水地区芦苇的生物量水平减少了30%～42%，水生鸟类的栖息环境受到严重损害。另外，由于入海水量的大幅度减少、水质恶化和过度捕捞等因素，近海生态系

统也遭受到严重破坏,如近海渔业生产力下降了95%以上,对虾已经形不成资源,某些淡水或半咸水等经济鱼种有消失迹象。

四、内在目的性与外在工具性的统一

河流自然生命既是一种生命实体,又是一个自组织的生态系统。"所谓自组织就是自设计",河流生态系统可以在没有外力作用的条件下,按照一定的自然规律,自设计发展过程:自我维持、自我组织和不断地再生产。同时,河流生态系统作为一个生命实体,它能够按照自己的目的,沿着自我设计的发展过程,自主地进行生命活动。

河流自然生命的外在工具性主要是指河流自然生命的功能。作为地球表面的一种水体,它参与水文循环和地貌构成,为流域内的物种提供生境和生存所需物质和能量;作为一种可利用的水资源,它为人类生存提供必要的淡水保障和食物供给,为人类社会经济发展提供能源,为人类文明的进步提供精神养料。

河流的存在除了为陆地生物提供生存环境以外,它的存在本身就是它的目的,这种目的通过河流的连续性、完整性以及它的生态功能(如过滤、屏蔽、通道、源汇和生物栖息等功能)展现出来,并通过它与地球生态系统的物质循环、能量转化和信息传输发生作用,维持着对于地球水圈的循环和平衡。河流作为地质运动的产物,其产生本身就已经揭示了自然的目的性和规律性。自大自然创造出河流以来,它们已经自主存在了数十亿年,期间的一切变化都表明它对自然运动的适应性调整。将河流看成是有生命的存在,表明我们已经认同了河流的主动性、目的性和创造性,这意味着河流也是拥有内在价值和权利的主体。

河流自然生命的内在规律性和外在工具性是同时存在、同生共荣的,内在规律性是其外在工具性的前提和基础,而在构建自然性特征的作用下,河流自然生命的外在工具性会在一定程度上制约其内在规律性的正常运作。

河流的内在规律和目的性,是通过其外在工具性功能的发挥得以体现的。当黄河频繁地出现断流,其自身生命已经岌岌可危,自身奔腾咆哮、良性发展的目的无法实现时，其生态展示、物质循环、能量转换等外在工具性生命特征自然也会消失殆尽。

第四节 河流自然生命存在和演变的规律

河流自然生命问题的研究总要有一个落脚点，我们把河流生命的实体作为落脚点。河流生命实体是河流各种属性和关系的物质承担者。从一定意义上说，河流生命的实体就是具有各种属性，处于不可分割关系中的各种相关自然物的有机统一体。从狭义上看，凡是河流生命的实物，皆有长、宽和深三维性，有生物因素和非生物因素。从广义上看，河流有固态存在，如河道、河岸；液态存在，如降落到河里的雨水，渗透到地下的地下水；气态存在，如河水流动中水的蒸腾。这表明河流生命实体是地球水圈实体和地球生物实体（包括人类）的重要组成部分。河流生命的存在，除了生命实体以外，还有河流生命场。河流生命场是在一定的时空范围内，与河流生命实体相对应的连接河流与其他事物——相互依存和相互作用的物质媒介。河流生命实体与河流生命场二者紧密联系，密不可分。河流生命实体是分层次的。任何一个河流生命实体在地球大系统中，既是被组织者，也是赖以组织者（闵永昌，1987 年）。如此说来，河流自然生命的存在和演化的研究，就有着非常复杂的背景关联。

河流生命实体总是处于运动之中，运动是一切河流生命实体的根本属性，是河流实体的“本质表现”。自然实体具有结构和层次性，相应的运动也具有结构层次性。河流实体不是组成它的诸物质因素的简单叠加，而是按照一定的形式结合起来的生命系统。河流生命实体系统的结构及其运动是两个不可分割的方面，二者之间存在着一定的内在本质联系。

一、河流自然生命的系统存在方式

（一）河流生态系统的特点

我们对河流生命实体的认识，可以有不同的角度。按照自然界的系统观考察河流生命实体的存在方式,可以发现河流生命实体的系统结构方式。在这种系统结构方式中,若干有特定属性的河流生命要素经特定关系而构成具有特定功能的河流生命有机整体。或者说,河流生态系统是以各要素的属性为基础,经由特定关系而形成的属性不可分割的整体。其构成要件主要有以下四个方面:

(1)河流生态系统是由若干维持河流生命的相关系统的要素组成的河流生命单元。根据系统论,河流生命实体系统的构成要素,包括两个主要方面:一是河流实体系统的内部构成要素,包括河源、河水、河道、河岸、水中生物和相关的陆地上的动植物和人类因素;二是保持河流流动的外部构成要素,包括地下水、冰川水、雨水以及地理要素、地质要素等。对于一定的河流生命实体系统来说,其内部和外部的构成要素的属性是"给定"的,因而重要的事情不是要素本身由什么构成,而是要素具有什么属性和处于什么状态。

(2)河流生态系统的各要素之间存在着特定关系,形成一定的结构。河流生命实体系统的结构是系统中各种联系和关系的总和。这些关系可以是数量关系(数量结构),如黄河水利委员会建构的"数字黄河";也可以是空间关系(空间结构),河流的上、中、下游的空间结构;还可以是时间关系(时间结构),河流的过去结构、现在结构和未来结构,而更重要的则是相互制约关系(相互作用结构)。一般来说,数量结构和时空结构往往是相互作用结构的表现。立足于对相互作用结构的分析而阐明河流生命实体系统的时空结构,是河流生命实体系统研究中所要解决的重要问题之一。一个稍微复杂的河流生命实体系统,其相互制约关系必然纵横交错,而这些相互作用之间又有交叉效应,从而使相互作用结构异常复杂。相互制约关系是河流生命实体系统结构得以形成的主要杠杆。

(3)河流生态系统的结构使其成为一个有特定功能的整体。功能是系统在内部关系和外部关系中所表现出来的特性和能力。功能也是一种属性,但它不是要素的属性,也不是某个部分的属性,而是这个系统整体才有的属性。例如河流生命实体系统的功能就是由河源、干流、各级支流、连通湿地和湖泊以及河口尾闾组成的流动水系实现的。由于大陆板块的构造运动，均表现为上中游断裂发育，地势高峻，峡谷众多，下游为冲积平原，因而呈阶梯形的地貌特征；从源头的高山融雪或汩汩涌泉孕育而出的河流，一路汇集地表径流和地下径流不断壮大，或缓、或急，或清、或浊，川流不息，一直流到河口（通向海域或以内陆湖和湖泊、湿地为终点），经过漫长的水流作用而形成稳定的地貌形态和贯通的水文通道。流水是塑造地球表面最有效的营力，它创造了无数壮丽的自然景观（当然除了干旱区和冰冻区以外），每条河流沿陆坡向下流动时，都有支流汇入，因而逐渐形成如图 1－7 所示的河流生命实体系统。

河流生命实体系统使水在大气、陆地和海洋之间循环，连接起地球的各生命系统。地球上纵横交错、奔流不息的河川，源源不断地输送着宝贵的淡水，滋润着流域内的各种生命，就像人体中的血管把氧气和营养通过血液输送到身体的各个部分。奔腾的江河如大地的动脉，众多的潺潺小溪则如遍布大地的毛细血管，而一旦动脉或毛细血管被堵塞和改变，就会发生悲剧和灾难。

河流生命实体系统具有栖息地功能、通道功能、源汇功能、过滤和屏障功能等多种功能。河流是自然界物质循环和能量流动的重要通道，在生物圈的物质循环中起着主要作用，没有河流的纽带作用，各种生态系统就无法交流。

（4）河流生态系统的功能是在系统与外部环境的相互作用中表现出来的，系统总是存在于一定的环境之中。凡是与系统的组成元素发生相互作用而不属于系统的事物，均属于系统的环境。河流生命实体系统的环境，包括宇观环境，如地球的水圈、岩石圈、生物圈等；宏观环境，如经济系统、社会系统、陆地野生生物种群动态、气候和季节因素等。

描述河流生命实体系统，通常需要借助要素、结构、功能和环境四个概念，这四个概念构成了认识河流生命实体系统的总体框架。其基本关系表现为：系统的功能依赖于其要素、结构和环境；要素性质的变化，结构构型的变化，环境条件的变化，都会影响系统的功能表现，甚至导致系统的质变。因此，单有关于河流生命实体系统的要素的认识，或

图1－7　特定功能的河流生命实体系统

者单有关于河流生命实体系统的结构认识，或者单有关于河流生命实体系统的环境的认识，都不足以逻辑地推出河流生命实体系统的功能。

河流生命实体的系统方式，是一种从河流生命功能透视河流生命的认识方式、存在方式，其生命形态的特殊性主要表现在河流生态系统的流量、流态、洪水、湿地、水质等方面❶。

---

❶　这种比较形象地描述河流生命的形态的观点，取自郎毛、胡述范的《浅论黄河健康生命的基本特征》，见《第二届黄河国际论坛论文集——维持河流健康生命》第一册。

(1)流量代表河流自然生命的规模。每条河都有大小不同的径流量,每条河的径流量在不同季节产生不同的变化,在上下游又有不同的空间分配。自然情况下,这些不同量级的运动水体演进在不同流域及其河段都形成了具有完整功能的生态体系,其流域内的多年平均径流量应该是一个相对稳定的数值。只是由于人类经济社会发展对水的需求日益增长,使水资源的时空分配发生了剧烈的变化,河川径流量不断减少,以至造成入海流量的锐减甚至消失。

事实证明,合理遏制人类的开发冲动,千方百计确保维持河流生命的最小流量或基本流量,是河流存活的首要因素。

(2)流动代表河流自然生命的活力。与流量相关的流动状态,是河流自然生命的又一个要素。没有流动,河流就丧失了在全球范围内进行水文循环的功能;没有流动,河床缺少冲刷,河流挟沙入海的能力就会削弱;没有流动,水质就要退化,河流就会成为死水一潭,洄游鱼类等其他水生物种就会灭绝;没有流动,湿地得不到水体和营养物质的补充,依赖于湿地的生物群落就失去了家园。总之,没有流动,河流也就不再是河流,而会退缩为古地质时期一连串各自独立封闭的内陆湖泊。

流动需要动能,这种动能,一是来自地貌高差形成的势能,另一是源于水流本体的质量,后者是产生水流动能的内在因素。水流本体质量最主要的指标是流量,流量标志着河流水量空间分布规模。如果河流流量减少,就会流速过缓,大量泥沙落淤,河槽隆凸,加剧河床抬高的速率,降低了河道纵比降,从而恶性循环,缩短河床生命周期。

(3)洪水代表河流自然生命的高潮。洪水是河流的必要组成部分,是河流动力的高峰体现。没有洪峰的河流,充其量只是一条排水沟,而不是活力澎湃、具有多样化生命内涵的河流。洪水具有双刃剑的自然特征,她虽然可以危及人类的生命和财产,却又具有重要的生态功能,是自然界自我调整的一种重要的内在机制。在一般情况下,河流决定着洪水的行进方向,而洪水有时又要冲刷或淤积河床,甚至让河流改道。正是在河流与洪水的相互影响、相互作用之下,地球生态系统才得以逐渐进化,生物多样性才得以不断丰富,生态环境也才不断朝着有利于人类生存与发展的方向演替。洪水可以向湖泊湿地、向地下、向土壤补充水源和水分，对土地和耕地补给养料，给物种提供生境，为海洋输送营养物质等❶。因此，合理处理和利用洪水，对于保护地球生态系统具有非常重要的意义。

(4)湿地代表河流自然生命的多样性。在河流自然生命体系中，湿地是一个不可分割的重要成员，是陆地与水域之间的过渡地带，是水陆相互作用形成的独特生态系统。在湿地这一自然界极其富于生物多样性和遗传多样性的生态环境中，保存着大量已知和未知的生命基因。同流量、流速和洪水一样，湿地是河流健康生命的重要指标。

需要指出的是，在天然湿地之外，人类大规模拦河筑坝所修建的水库，形成了事实上的大型人工湿地。除不可避免地对环境造成的负面影响以外，现存水库作为人工湿地系统所发挥的积极作用同样应该得到科学关注和适当评价。

(5)水质代表河流自然生命的品质。一条洁净的河流源源不断地为生命共同体提供着高品质的营养，而污染的水流则对生物圈中所有的生命造成威胁。这种威胁的起因当然来自人类对于河流生命的不敬甚至亵渎。水体污染是工业化早期河流所遭遇的必然命运。如果说流量减少乃至消失严重动摇了河流生命本体的话，那么水质污染则可谓病入膏肓了。

河流是哺育万物的绿色生命，它结束了早期地质时期的单调与死寂，宣告了物种进化时代的到来。作为陆地与海洋之间最长的生命带，河流昼夜不停地腾挪和搬运，以一种巨大的力量维持了生态环境和能量交换的总体平衡，源源不断地为生命共同体提供着高品质的营养。所到之处，莺飞草长、万木葱茏，大千世界充满生机。

(二)河流生态系统的耦合关系

河流生态系统的整体与部分是存在于自然系统中的对立统一关系，在这对范畴中，部分与整体可以经由“加和性方式”与“非加和性方式”相互联系、相互过渡。

“加和性”关系，是指河流生命实体系统内在的某些关联，能够通

---

❶ 赵坤云，沈华中:《美国洪泛区管理》，黄河水利出版社 2002 年版。

过算术集数,或简单的算术累加反映系统机械关联的一种属性。如在河流生命承载范围内的河水增长,就是只具有加和性的特征。在河流生命实体系统中,关联方式的加和性的存在,使得在对有些问题的研究中可以将河流生命实体系统与其构成部分仅仅作为量上相区别的对象加以处理,通过量的分解和组合而实现整体与部分之间的相互过渡,这是洞察河流生命实体系统关系的简易途径。

河流生态系统,内在关联的要素不仅仅具有加和性,还具有非加和性,仅仅具有加和性的自然物质的集合或复合体不能称为河流生命实体系统。河流生命实体系统之所以成为系统,乃是由于其中存在着非加和性关系。这种非加和性表征着新属性的出现,表征着系统与其构成部分之间的质的差异,凸现出系统内部的相干性,这种相干性是导致部分与整体之间相互过渡的根据。

河流生态系统内的相干性是指一种耦合关系。耦合各方经过物质、能量、信息的交换而彼此约束和选择、协同和放大。约束和选择意味着耦合各方原有自由度的减少乃至部分属性的丧失;协同和放大意味着耦合各方在一种新的模式下协调一致地活动,其原有属性可以被拓宽放大。它们交错重迭在一起,共同导致属性不可分割的河流生命实体系统整体的形式。

加和性方式和非加和性方式表示的是河流生命实体系统内部各部分之间的耦合情况。如果一种耦合不改变各方的某种属性,那么在这种属性上,部分对整体是可加和的;反之,如果在耦合中各方的属性是相干的,彼此约束、选择、协同、放大,那么在这类属性上,部分对整体就是非加和的。河流生命实体系统的基本特点,决定其中必然存在非加和性关系。

加和性与非加和性的对立并没有绝对的意义。它们不仅共存于一个河流生命实体系统之中,而且在这个系统演化的过程中会相互转化。其意义在于:河流生命实体系统是一个复杂的系统,其中既有线性关系也存在非线性关系。认识河流生命实体系统,不仅仅在于认识这些复杂关系,更重要的是通过这些关系揭示其系统内在的规律。

二、河流生态系统的依存和作用

(一)依存和作用的类型

用系统观点看河流生命实体,所有与河流生命形成不可分割关系的自然物都自成系统,或处于系统之中。我们可以对同一河流生命实体系统从不同角度进行分析,从系统内发生的实际过程分析,可把河流生态系统区分为:①物理系统,这是指发生物理学所研究的各种过程的系统;如我们在研究河流的河岸或河道问题时,可以把河流系统抽象为物理系统,暂时不顾水中生物的影响;②化学系统,指发生化学组成或结构变化的系统;研究河流的“富营养化”问题就是这种情况;③生命系统,指发生生命过程的系统。在研究河流水生生物的多样性保护问题时,不能把河水仅仅看做是 H_2O,而是要从它的生命周期、发展的阶段和流态方面综合考虑。

从人对自然物的参与程度分析,可把河流生态系统区分为:①天然系统,这是指人迹未到过或没有动过的原始河流生态系统,或指有人迹,包括人类干预过,但自然规律对河流生态系统仍然起主导支配地位这样的系统;②人工系统,指人工制造的各种系统,如大运河的挖掘、现代大水坝等;③复合系统,指人的实践活动已经部分参与其中的系统,其中既包括天然系统也包括人工系统的复合系统,如水力发电系统、农业河水灌溉系统。现在的黄河就是复合系统。天然河流生态系统与人工河流生态系统的区别如图 1-8 所示。

从系统内各要素相互作用的特点分析,可把河流生态系统区分为:①线性系统,这是指比较简单的人造河流系统,系统中要素的关系是线性的。②非线性系统。在这种系统中存在着自催化、正反馈之类的非线性相互作用,这适合于天然河流生态系统或人为干扰比较小的复合河流生态系统。

从人对自然的认识程度分析,可把河流生态系统区分为:①黑箱系统。指人们当前对其要素和结构还一无所知的系统,这样的河流生态系统已经非常少见。我国科学考察队考察亚鲁藏布大峡谷时对那里的植被、动物、河流生态状况等也进行了考察,目的是揭开“无人区”神秘

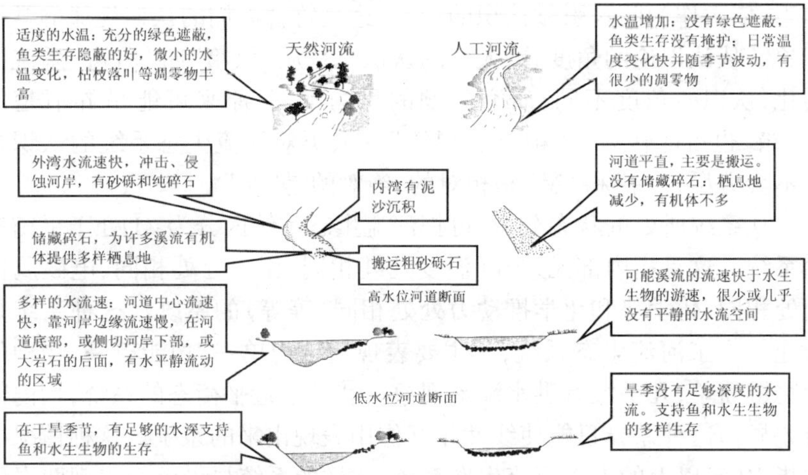

图 1-8　天然河流生态系统与人工河流生态系统的区别(keller,1976,figure 4)

的面纱。②白箱系统。指人们对其要素和结构已知道得很清楚的系统。严格意义上说,我们对天然河流生态系统永远也不可能说我们对它已经完全认识了,就是对复合河流我们也存在着没有认识或需要进一步认识的方面,如黄河是一个复合河流生态系统,我们现在可以借助信息接受和处理手段基本上控制河水的全线运行,每年进行调水调沙工作,能够保证“堤防不决口、河道不断流、污染不超标、河床不抬高”的四大目标,可以说我们已经对黄河生态系统认识得够清楚的了,但我们还不能说我们已经完全认识了,黄河就是“白箱”,它已经没有任何新知识提供给我们了。事实上,河流生命概念的提出给我们展现了认识河流的一个新视野——打开了一片新天地。透过这样一个认识框架再来看黄河,会发现许多新的知识和奥秘需要我们去揭示。类似于黄河的河流还有我国的长江生态系统,国外的莱茵河等。③灰箱系统,指人们对其要素和结构的认识若明若暗的系统。从严格的意义上说,任何天然河流生态系统都有它的秘密,由于人们利用河流的观念不同和对河流的需要不同,往往人们在历史的某个阶段偏重于对河流生态系统的某方面结构和功能的认识,忽视或不顾其他方面,随着人们对河流需要的变化,人们会发现自己对河流生态系统的其他性质和功能还不熟悉,依次作为问题引领认识的深入,这是符合人们的认识规律的常规现象。从认识论的角度看,人们的认识总是从“黑箱”向“白箱”系统的转化,认识的角度不同,研究问题的目的不同,原来可能是弄清楚的“白箱”也可能转为“灰箱”或“黑箱”。人类对河流生态系统的认识永远不会穷尽,“白”和“黑”是相对的,绝对的是“灰”。

从系统所处的状态分析,可把河流生态系统区分为:①处于平衡态的系统。这是指内部无差异(温度处处相同、压力处处相同、电磁属性处处相同、化学势和化学推动力处处相同,等等)的系统。这种系统是新建的人工河流生态系统,其主要表现是结构单一、功能单一,物种的食物链简单,几乎没有洪水涨落现象。②处于近平衡态的系统,指内部有差异但这种差异只能使线性相互作用表现出来的系统。这种情况往往指10年以上的人工河流生态系统,这样的系统尽管已经出现两岸的植被保护复层结构,堤岸的生物保护逐渐建立,但是物种简单,生物多样性没有形成,有一定的泄洪能力但是缺少长久洪水冲击出来的泄洪区域。事实上,这样的人工河流,大多通过人口居住比较密集的地区,人们没有也不可能建造泄洪区,所以洪水来了在城市就加高堤防,在农村就任其淹没,总体上没有天然河流生态系统的涨落和有序。③远离平衡态的系统,指内部差异显著从而使非线性相互作用表现出来的系统。这种系统最理想的是天然河流,其次是人工干扰较少的复合河流。这种对河流生态系统的分类,对于研究河流生态系统的演化来说具有重要意义。

上述对河流生命实体系统的认识上的区分,远不是所有可能的区分。各门自然科学和技术科学都会根据自己的需要而将河流生命实体系统分为相应的类型。但是,不论在哪种类型的系统中都存在着整体与部分、稳定与涨落的矛盾关系。

(二)层次结构关系

自然界万事万物都处在普遍联系中,河流也是如此。科学家为了认识河流生命实体系统的方便,把研究对象在认识上分解为一个系统,研究系统内在的关联要素、结构关系、功能和环境,目的是揭示研究对象的本质规律。事实上,被确定的任何一个系统都不是孤立的,都是系统中的系统，或大系统中的子系统。所以，系统观念内在地包含着层次的观念。

河流生命实体系统的层次结构，指的是若干由要素相干性关系构成的系统，再通过新的相干性关系而构成新的系统的逐级构成的结构关系。在这种关系中，参与构成的河流生命实体系统称为低层系统，构成后的新系统称为高层河流生命实体系统。这种系统层次的构成是相对的，其主要特点主要有两个方面。一是低层次河流生态系统对高层次河流生态系统具有构成性关系。低层次系统必然是高层次系统的构成部分，而高层次系统只能以低层次系统为存在基础。

例如，黑龙江省内的松花江水主要来源于黑龙江省中西部的嫩江和吉林省内的松花江。河流生命实体系统的层次结构中的构成关系，是物质系统间的纵向关系。这种关系的存在往往要求对物质系统区分出多极结构、多极功能和多极环境。这有助于对河流生态系统进行多层次的分析和综合。

二是河流生命实体系统的层次结构具有相干性关系，这种关系是物质系统间的横向关系。由于这种横向关系的存在，才导致河流生命实体系统纵向层次间质的差异。随着每一个新物质层次的形成，总会有新质的突现和新功能的发现。

新质的突现并不意味着新层次的结构一定比原有层次复杂，原因在于，河流生命实体系统进化创造出来的等级，不单单是结构等级，而且还是控制等级。

河流生命实体系统的层次结构，是通过多极相干性关系构成为多极整体的结构。明确它们的层次结构，应当明确一些类别的河流生命实体系统；明确这些系统间的构成关系；明确构成性关系得以实现的相干性方式等。

（三）稳态和涨落

自然系统总是在依存和作用中形成系统间的影响，影响的效果有稳态和涨落两种状态。所谓稳态，是指系统受到冲击性影响后系统内在相互依存的各个组分间能够形成协同效应，保持系统能够维持或恢复系统正常功能的一种系统状态。与稳态相关的系统状态有衡稳态、亚稳态和不稳态三种形态。

稳定与涨落是认识系统动态变化的一对变量。任何系统都不可能不受到其他系统的影响和冲击。这是由于要素性能会有偶然变异,由于要素之间的耦合会有偶然起伏,也由于环境会带来随机干扰,刻画系统整体状态的宏观量很难始终保持在某种平均值上,宏观量对平均值的起伏就反映了系统的涨落。如果一个系统经受不住任何涨落,那么它将随时经由过渡状态而解体,事实上是无法存在的。只有在涨落出现后能恢复自身状态的系统,才有存在下去的可能。这种对涨落的不变性就是系统的稳定性。

对于自然系统的稳定状态来说,涨落将被收敛平息。这时,系统的运行表现为向某种状态的自发回归。处于平衡态的热力学系统就是如此,不论由什么原因所造成的温度差异、密度差异、电磁属性差异、粒子数和产生速率差异,均会被消去,以致最后回归到熵最大状态。似乎系统中存在着"吸引中心",好像具有惯性,有人称这是一种自然目的性行为。

认识稳定与涨落的条件是认识系统变化和发展的关键。任何系统都是处于变化和发展过程中,稳态是相对的,涨落是绝对的。任何系统的局部子系统受到干扰而产生涨落,都会引发与子系统相关的同一层次的其他系统以及上一层次的关联系统的"序参量"产生相干性作用,这种作用是对涨落的负反馈效应,使子系统的涨落趋于减弱,从而保持整体系统的稳态变化。然而,当子系统的涨落不能被与之相关的横向子系统和上一级系统的作用所减弱,就会导致直接关联系统的损害甚至破坏,效果上导致涨落被放大,就会引发相关联的横向和纵向系统发挥牵制作用,其效果有两种情况:一是恢复系统的稳态;二是被涨落同化,导致更多的系统关联的破坏。第二种情况甚至可能引发整体系统的崩溃,为创造新的稳定态创造条件。事实上,任何系统都存在着"稳态—涨落—恢复稳态",或者"稳态—涨落—失稳—新稳态"两种可能的未来状态。

河流生态系统的稳态的维持,从哲学上看,主要依靠系统间相互作用的四种机制。

(1)约束。系统之间的相互作用和相互改变状态,对系统内外因素起到一种限制和约束的作用。它限制了因素的自由度和随机性,使它们约束在一定的空间范围里,从而形成某种有序性的结构。

(2)选择。系统内外相互作用和约束,意味着选择,任何有序结构都是通过选择而形成。有选择就有排除又有保留,排除元素的一部分状态(或状态空间)、一部分可能性和随机性,保留了另一部分状态和可能性,这就意味着系统选择的变化趋势和方向。

(3)协同。系统与系统之间的相互作用不仅对各方的行为与属性作一种约束,而且还会使作用各方出现非线性的协调一致,一旦这些元素之间达到某种协调一致,就会出现新的质、新的有序结构。

(4)动态平衡。一个系统的结构,是以具有某种稳定性为特征的。因此系统之间的相互作用只有达到某种平衡关系时,我们才说系统的结构形成了。任何系统有两种平衡的趋势始终存在。在比较复杂的系统中,平衡则主要是通过信息交换和反馈的机制而达到的。

三、河流生态系统的结构适应运动的规律

河流生命是有其实体结构的,这些结构就地表而言,包括非生物因素,河源、河水、河道、河口等;生物因素,水中生物和陆地上相关的动植物和人类等。我们通过对河流实体结构的变化动因的考察,可以发现在自然界中任何河流都有其产生、演变和消亡的历史。研究河流生命的自然演变,必须考察河流生命实体的结构与河流运动的关系。河流生命实体的结构必须适应河流运动的规律,不但是河流的普遍规律,而且是河流的根本规律,是理解河流运动、变化、发展的钥匙。

(一)运动状态决定结构状态

河流生态系统是一个实体系统,它运动的部分,包括河水和水中生物;相对不动的部分是它的河岸、河道。我们在这里探讨河流实体运动的状态决定河流实体结构,就是研究河水的流动运动决定河流的河岸、河道等实体结构状况的规律。

因为任何河流实体都是具体的河流,它有其孕育、产生、发展壮大和消亡的存在方式,这些存在方式的变化都与河流实体的运动有因果

关系。即河流实体系统的结构与其运动存在着决定与被决定的关系。河流实体系统的结构是受运动决定的,河流实体运动变化了,河流实体系统的结构迟早也一定要发生变化。河流实体系统的结构和它赖以存在的运动之间有着十分确定的必然联系:河流实体运动决定着河流实体系统的结构方式;河流实体运动稳定与不稳定决定着河流实体系统结构的稳定与不稳定,河流实体运动还决定着河流实体系统结构变化的方向以及生灭(见图1-9)。

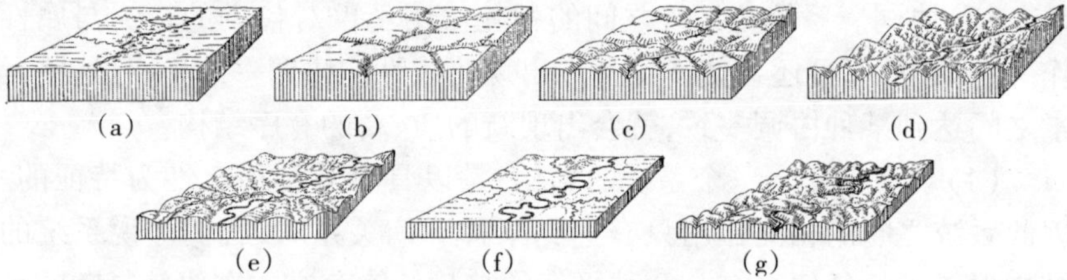

图1-9　河流运动随着年龄的增长流速变化决定河流生命实体的结构变化关系

(a)开始时的原始地貌;(b)幼年早期;(c)幼年晚期;(d)壮年早期;(e)壮年晚期;(f)老年期;(g)侵入回春,进入下一旋回的幼年期

河流实体系统的结构和运动有其共同的河流物质主体,这种共同的物质主体是结构和运动的物质承担者,它决定着河流组成成分间相互联系的性质。

河流实体运动对河流实体系统结构方式起决定作用。河流实体的运动有多种方式。为了认识上的方便,我们把河流实体的运动分解为三种运动:一种是直线运动,这种情况的河流实体运动主要是人工河流(见图1-10、图1-11)。

另一种是斜线运动甚至是与河道垂直的横向运动,这种情况在黄河的河水季节变化中比较明显。还有一种是曲线运动,包括弧线、绕圈运动等形式。例如,山洪暴发时河水在主流上表现为直线运动,在靠近岸边和障碍物的地方,河水运动则出现倾斜甚至是旋涡运动。通过河流实体的运动状态,可以发现河流实体系统的结构状态。基本上保持直线运动的河水,河流实体系统的结构也基本上保持直线,而以曲线形式运动的河水,河流实体系统的结构就呈现出曲线方式(见图1-12)。

图 1－10　人工河道

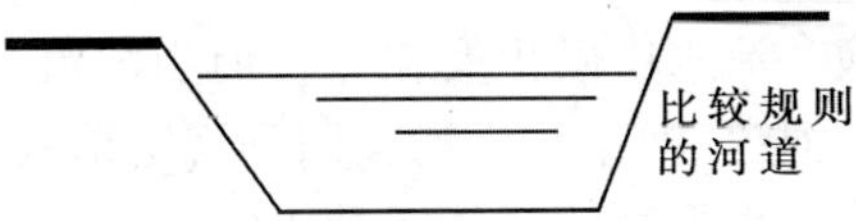

图 1－11　人工河道横断面

黄河之所以成为地上“悬河”的结构，与河流实体搬运物质的运动紧密相关。

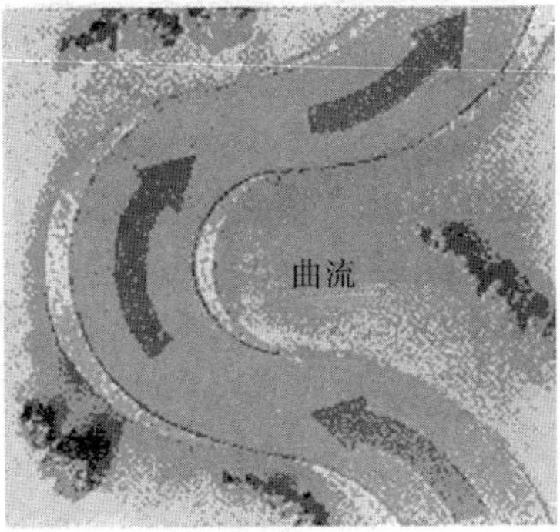

(a)河流弯曲流动

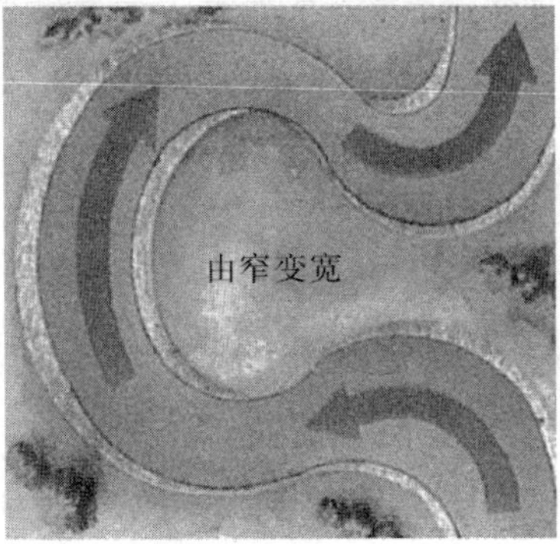

(b)河流运动变化引起河道由窄变宽

图 1－12　河水运动状况决定河道结构

在一定空间内，黄河与河源湿地以及其他支流中水的相对运动表现出一定程度的相对稳定性。因此，黄河作为一个河流实体系统的结构也就保持相对稳定性。相反，一旦黄河实体运动减慢甚至衰弱，那么，黄河实体系统的结构就会出现破缺甚至破坏。这就是黄河断流的情况。

河流实体运动还决定了河流实体系统的结构变化的方向。如河流运动的性质决定了河流实体的结构性质。包括河道、河水中的生物在量和质的结构。如果我们把河流的常规运动视为河流的稳定运动，而把河流反常的运动视为河流的不稳定运动，当一段时间这种反常运动成为主流运动的时候，河流的实体结构就会朝着不稳定方向转化；相反，如果河流的反常运动时间短，河流失稳运动——河水漾出河道，河水实体的结构发生微弱变化,包括其中的鱼类逃离河道的束缚,河岸浸泡在流水中发生变化等。但当河流运动又恢复到以前的稳定运动,那么河道、河岸和生物又回到稳定结构状态。

根据河流实体运动决定其系统结构的规律,我们可以得出两个结论:一是河流实体永远处于无休止的运动之中,河流实体系统的结构也就永远处于不断的变化过程中。那种试图永远限制河流实体系统的结构变化的想法,即使可能实现,也要付出极大的代价。二是人类要改变河流实体系统的结构,不是要单纯地改变结构要素,而是要从根本上改变河流实体运动方式着手。黄河调水调沙工程是一项改变黄河河流实体结构的伟大工作,采取的方法就是改变河流实体的运动。即在汛期把水积蓄起来,在枯水期把水放下去,达到改变河流实体结构或稳住结构的目的。

(二)结构对运动产生反作用

河流实体系统的结构反作用于河流实体运动。河流实体系统的一定结构一旦形成,总是呈现出一定程度的固定性,而一定的河流实体系统的结构对河流实体运动的质和量都有确定的要求。黄河从源头到入海口,河道经历无数次结构变化,相对直线区段的河道结构一旦形成,就对河水顺利流通产生支撑作用,保证河水运动的流速和流量;相对弯曲区段的河道结构,河水流动相对缓慢,对于快速流动的水流起到衰减能量的作用。事实上,河流实体的每一种具体结构都对河流实体运动的质和量有确定的具体要求,不满足这些要求,就不能形成这种具体结构。

实质上,河流实体系统的一定的结构对该结构中诸子系统的运动有一定的“保护”和“限制”作用。某种结构一经形成,对内,它为河流实体运动提供了场所,提供了条件;对外,则能在一定的阈限内抗拒外界的干扰,保护河流在本河道内部运动的正常进行。比如,我们年年修缮黄河大堤,保持黄河实体的结构,目的就是为黄河河水提供运动的场所和条件,保证汛期黄河之水在河道内正常、安全地流淌。这其中,河流实体系统的结构对其运动的反作用表现为一定程度的适应性和调节性。结构对它所不“需要”的、所不能够容纳的运动,也有一定的限制作用。比如,河水的流量在一定的范围内,河水只能在河道内流动。结构对运动的这种限制,是适应运动的反作用现象,而不是对运动的决定性作用。有什么结构就有什么性能。河流实体的结构一经形成就表现一定的性能,或功能,但最终决定结构方式的还是运动方式。

(三)河流生态系统的演变是结构与运动的矛盾

河流生态系统的发展过程,贯穿着河流实体系统的结构和河流实体运动的适应与不适应的矛盾运动。

自然科学的发展表明,自然界一切具体的物质形态,都是具有特定结构的物质,都有它的来龙去脉。河流实体是自然界万事万物中的一种具体物质形态,它是变化和发展的,这种变化和发展过程贯穿着河流实体系统的结构与其运动相适应又不相适应的矛盾运动。就河流实体系统而言,河流实体系统的结构必须适应其运动的性质,不适应的结构就会发生改变,甚至被淘汰。其结果,必定是有什么样的河流实体运动,就会有什么样的河流实体系统的结构。但是,就具体河流实体系统的结构而论,对运动的适应并不是绝对的,不适应的情况也是客观存在的。

河流实体只要存在就在运动,而河流实体系统的结构则具有相对的稳定性。一个是绝对的变动,一个是处于相对稳定中,两者都是处于适应的阶段中,也有不适应的一面。不适应有两种情况,第一种情况是河流实体系统的结构阻碍其运动进一步发展;第二种情况是河流实体运动维持不了原来的河流实体系统的结构。这种矛盾始终存在着。当彼此适应时,矛盾处在量变阶段,微小的不适应被基本的适应所掩盖,微小的不适应不足以冲破已成的结构。但微小的不适应会逐渐积累,由比较适应到稍微不适应,由微小的不适应,到相当大程度的不适应。随着量变的积累,不适应逐渐加剧,到了一定程度,就要求结构彻底改变,即由量变进到质变。于是旧结构被破坏,新结构就产生,河流实体系统的结构与其运动由不适应又转化为适应,两者又开始了新的矛盾运动,依次不断地往复。两者的矛盾运动呈现为“适应—不适应—新的适应……”循环往复,以至无穷的历程。两者的矛盾始终存在不断变化、不断解决,又不断产生的矛盾的过程(见表1-2)。

表 1－2　河流实体系统的结构与运动既适应又不适应的矛盾运动过程❶

河流实体运动状态	河流实体系统的结构状态	两者的适应状况	适应或不适的变化
稳定态	相对稳定型	适应	非转化
↓	↓	↓	↓
稳定与不稳定交接态	不稳定型	向不适应转折	
↓	↓	↓	↓
不稳定态	紊乱型	不适应	转化
↓	↓	↓	↓
不稳定与稳定交接态	不稳定型	向适应转折	
↓	↓	↓	↓
稳定态	相对稳定型	适应	非转化
↓	↓	↓	↓

第五节　河流自然生命概念的意义

关于黄河水利委员会提出的河流自然生命的概念，我们进行了较系统的确证，进而产生出另外的疑问：河流自然生命的概念究竟要回答什么问题，其本质是要阐释什么道理？或者说，使用河流自然生命的概念与不使用有什么本质区别？这都需要深入分析和研究。

一、对河流认识上的观念革命

探索生命的脚步伴随时代进步不断向前迈进。但应该说，关于生命，至今还没有一个准确的、普适的定义。不同学科、不同研究角度会进行不同的阐述，莫衷一是。然而定义河流生命的概念问题，不是如何从传统的生命有机体论证河流的生命性质，而是如何扩展生命认识的

❶　本表的绘制，参考了闵永昌、黄明理所著的《论自然界的普遍规律》一书的表格，见湖南大学出版社 1987 年版第 41 页，移植到河流实体结构和过程的矛盾分析中。

观念，包括生命有机体与非生命生态环境形成的整体生态系统。

在早期希腊哲学中，以泰勒斯为代表的“万物有灵论”是当时相当流行的观念。“万物都充满了神”，“神就是宇宙的心灵或理智，万物都是有生命的并且充满了各种精灵”[1]。我国古代道家思想中，即包含有这样的观点：由于“道”的存在，一切皆有生命，一切皆有灵性，一切皆有价值。这些观点，在人类认识早期，具有“泛生命论”的思想倾向。

18 世纪，地质学之父哈顿（James Hutton）写道：“我认为地球是一个超级有机体（superorganism）并且应该用生理学的方式对它进行恰当的研究。”[2]这种认识地球的方法是通过发现活的有机体的一些生理特征与地球总体特征相类似，而试图说明地球不是僵死的物质，而是活的，是一种特殊的生命形态。现在看来，这种观点仍然是以生物作为评价地球的尺度或参照系，是一种传统的观点。

19 世纪下半叶，恩格斯认为：“生命是蛋白体的存在方式，这种存在方式本质上就在于这些蛋白体的化学组成部分的不断地自我更新。”[3]恩格斯对生命的定义反映了认识生命现象的两个转向：一是生命不一定非得从生命来定义，他指出生命来源非生命的认识路线和方法路线；二是生命是地球特有的物质有序进化的现象，是通过化学的途径实现的。这就为研究生命现象的非生命思考提供了认识论和方法论基础。

研究河流自然生命的视野和基础本质上是研究范式的根本转变。

首先，在认识上改变了利用“拟人化”手法形容河流自然生命的定义方法。如有学者认为将“生命”的概念赋予河流，是采用了“拟人化”的手法。由于“与河流系统紧密联系的生态系统和生物圈是有生命的。因此，采用‘拟人化’的手法……河流似乎也是有‘生命’的”，并且“能够更加明确意识到维系健康黄河的紧迫性和重要性”[4]。然而，事

---

[1] 苗力田：《古希腊哲学》，中国人民大学出版社 1995 年版，第 22 ~ 23 页。

[2] H. Stephen，J. Penelop. Scientists on Gaia. The MIT Press，1993：3

[3] 恩格斯：《反杜林论》，人民出版社 1993 年版，第 82 页。

[4] 夏军，孙扬波：《关于维持黄河健康生命的理念、实践与方法的讨论》，见《第二届黄河国际论坛论文集——维持河流健康生命》第一册。

实上，这种拟人化的表现河流生命的方法不适用河流的自然生命，可以应用于河流的文化生命。

其次，河流自然生命的系统观必然导致“河流自然生命无国界”的认识，必然要求扩展河流自然生命群落的观念。河流自然生命概念需要改变认识方式，即不能机械地、孤立地研究河流水体本身，应该将研究视野扩展到河流生态系统与人类社会系统的相互作用关系，并在地球超级有机体视野下，把河流自然生命既定位于维持地球水圈、岩石圈、大气圈以及人类和其他生物圈相互作用的河流生态系统的活性，也定位于维持人类社会与其他生物群落相互依存的河流生态系统的生机。因此，遵循河流自然生命概念管理好河流，就要求由隔离的一国一地的国家、民族或利益集团的地域或局部管理，扩展到与全人类、与地球生命群落相互依存的河流自然生命群落的管理。也就是说，河流自然生命的维持和发展，不仅仅考虑本国、本民族或本集团的利益，而且还要考虑河流总体以及地球生物总体的利益。

二、恢复河流的有机整体性

从河流生态系统的观点出发透视河流自然生命，可以发现“河流所具有的活力”❶，或者说，河流自然生命是“河流生态系统整体的生命”❷。“河流的流量、流态、洪水、湿地、水质和多种多样的动植物共同构成了一个波澜壮阔而又互相耦合的生命关系和生命形态。”❸英国科学家詹姆斯·洛夫洛克在20世纪70年代提出“盖娅假说”，他始终相信地球是一个“超级有机体”，拥有一套全球规模的自我调节机制，可以使环境适应生命的生存，洛夫洛克称之为“一个具有自我平衡倾向的控制系统”❹。因此，我们对于河流自然生命的研究，不仅仅应当基

❶ 侯起秀、程迎春等：《对河流生命及其特征的初步认识》，《水利研究》2005年第3期。

❷ 余谋昌：《关于河流生命伦理问题的讨论——答张博庭教授》，《水利发展研究》，2005年第3期。

❸ 郎毛、胡述范：《浅论黄河健康生命的基本特征》，见《第二届黄河国际论坛论文集——维持河流健康生命》第一册。

❹ H. Stephen, J. Penelop. Scientists on Gaia. The MIT Press, 1993: 100.

于物理世界之上的自然科学手段，而且也应当基于人类世界之上的社会科学方法，这是由于越来越多的河流与人类世界有关联，特别是人类和社会对河流产生严重的生态负面影响。

认识河流自然生命，把握她是能够维持活性和生机的河流生态系统，并且这个系统不是一般的生态系统而是一个超级生命体（super-life），恢复了河流的本来面目，揭示了她的有机整体性。具体表现为以下三个方面。

（一）河流的活性

活性强调的是河流作为一种水体，要遵循一定的自然规律存在和发展，并在这个过程中表现出的自发性。自然界中的河流，虽然形态、地理位置、流域环境各不相同，但都要经历形成、发育、衰退和消亡的自然进化阶段。在河流发展的具体过程中，水量、水质、流态呈现周期性变化，河道、河床、水系的形态也处于循序渐进的演变当中。

（二）河流的生机

在《现代汉语词典》中，"生机"一词有两种解释：一为"生存机会"，二为"生命力"[1]。"河流自然生命"的概念兼具上述两种含义。河流生态系统不仅包括河流水系，还包括水生物种。河流水系为水生物种提供了生存空间、必要的物质保障、能量供给和信息传递，也就是为水生物种提供了生存机会，这强调的是河流生态系统的自然功能。而"生命力"要从两方面来理解：一是河流生态系统中的水生物种——传统概念中的生命，它们繁衍进化，直接呈现出生生不息的生命力；二是河流水系的生命力，主要表现为河流的活性能力。

（三）作为超级生命体的河流

首先，"超级生命体"强调了河流自然生命是一个由不同部分组成，各部分之间相互作用、相互影响的整体。"超级"一词体现了辩证法中整体功能大于各部分之和的思想，即河流生态系统参与自然界相关作用时产生的效果要大于组成河流生态系统的各个物种和水系的各

---

[1] 中国社会科学院语言研究所词典编辑室：《现代汉语词典》，商务印书馆1991年版，第1129页。

部分单独参与时的效果总和。其次,“超级生命体”是从“超级有机体”的概念演变而来,强调了河流自然生命具有自我调节机制,是一个自组织的生态系统。自组织是指“系统在演化过程中,在没有外部力量强行驱使的情况下,系统内部各成员协调动作,导致空间的、时间的、或功能上的联合行动,出现有序的活的结构”❶。在自然状态下,河流生态系统所具有的活性和生机正是它作为一个自组织生态系统的体现。

三、人与河流关系的伦理提升

河流自然生命的界定不仅仅停留在自然科学上的“描述”,也包含着伦理学的规定。20 世纪 30 年代,利奥波德的“大地伦理”扩大了道德共同体的边界,把土地、水、植物和动物包括在其中,或把这些看做是一个完整的集合:大地。

20 世纪 70 年代,以奈斯为代表的深层生态学更是直接指出所有生命都通过到处弥漫的亲密关系而联结在一起,生命不仅是指人类和其他有机体,而且也包括河流、大地景观和生态系统。

2003 年 2 月,黄河水利委员会主任李国英在全球水伙伴中国地区委员会高级圆桌会议上,提出建立“维持河流生命的基本水量”概念。这是国内外第一次提出“河流生命”的概念,其中蕴涵着呼吁河流生态的伦理意义。

2004 年 9 月,黄河水利委员会进一步提出《河流伦理体系研究框架》,将“河流生命”作为该框架的核心伦理概念,并由此对河流自然生命、河流文化生命以及河流的权利进行了初步的探索。2005 年 6 月,黄河水利委员会又把河流生命伦理作为重大课题提请国家水利部立项,试图进一步推动河流观念的革命。

实质上,人类社会的发展无不源于人类观念的革命,任何时代都有观念革命发生,21 世纪是人与自然关系革命的时代,河流自然生命的概念是一个革命的概念,本质上是一个伦理观念的革命。因为她不仅

---

❶ 《系统科学大辞典》编委会:《系统科学大辞典》,云南科技出版社 1993 年版,第 690 页。

仅停留在对河流的利用以及利用的方式方面的意义，更重要的是她要唤醒人类与河流相互依存的生态伦理意识，不仅仅把河流看做是人类发展过程中的组成部分，而且也把人类看做河流的一个组成部分，改变人类征服主义的河流观。

本章小结

河流自然生命是保持河流生态系统活性和生机的能力。其定位不是生物有机体的传统定义，而是基于河流生态系统的整体性。河流是有机的生命整体，由水流及其维持的动物、植物、微生物和环境因素共同作用构成。河流自然生命的核心是水，命脉是流动，其发展与演变是人与自然协同进化过程。它的特征主要表现为"源发自然性与人为构建性的统一"、"多样性与整体性的统一"、"稳定性与波动性的统一"、"内在目的性与外在工具性的统一"。河流自然生命的概念是对河流认识上的观念革命，恢复了河流的有机整体性，是对人与河流关系的伦理提升。

第二章

河流自然生命之水

在我们的日常生活中，水虽然是极为普通的东西，却是一种特殊的活物质。它到处分布。据资料记载，以大洋、冰原、湖泊和河流的形式覆盖着几乎 3/4 的地球表面，这些水体拥有 3 亿 2400 万立方英里(13 亿5000 万立方公里)的体积。在地面之下还以地下水的形式储有 200 万立方英里(830 万立方公里)的水，在地球的空气层里另有 3100 立方英里(12900 立方公里)的水，主要是水蒸气。❶

多数科学家认为在地球的原始海洋中就有了生命，水不断地供养所有的生命。在亿万年的时期里，水是形成和改变地球表面的最为强大的动力之一。冻成滑动的冰川，它能雕刻出山岭的景观，挖出巨大的凹地和湖盆，改变河道并把泥土和砾石搬运到遥远的地方。作为下降的雨水和流动的河流，它能夷平大山，造成宽阔的河谷和陡峻的峡谷，并冲蚀最坚硬的岩石。水决定着天气，形成作物和森林借以生根的土

❶ 卢纳·B·利奥波德，肯尼思·S·戴维斯:《水》，科学出版社 1981 年版，第 9 页。

壤;作为蒸汽或水力发电的动力,它还能发动现代化技术中的机器,从我们日常生活中的做饭到机械制造过程中的零部件淬火以及创造晶体管收音机的半导体,几乎在所有的制造业过程中,水都是不可缺少的最重要物质。

第一节　水是一种奇异的活物质

苏联著名的地质学家、生物圈理论和活物质理论的创立者维尔纳斯基,在界定活物质和死物质的区别和联系时,认为"活物质(有机体)的成分不可避免地包括显然的无生命物质(尸体、废物、分泌物、排泄物、粘进来的空气、水和土壤)"。[1]在维尔纳斯基看来,生命必须有水。这种水进入每一个有机体,又流出有机体。一般的水不能算活物质,只有那种"与生命有关,并充满生物化学产物"[2]的水才是活物质。维尔纳斯基认为,只有那些溶进活的有机体的生命组织中发生生物化学反应后的水,或在死的有机体尸体、废物、分泌物、排泄物等中发生生物化学反应后的水,才是活物质。为什么把水定义为活物质需要这么多限制呢？因为水作为一种物质,无臭、无色和无味,它能在地球这个物质世界、生物世界、生态世界和人类世界中起着一种不寻常的作用。

作为一种化学物质,水是独特的,它是一种非常稳定的化合物,一种很好的溶剂,又是一种强大的化学能源。水与大多数的有机物质不相接近,却被大多数的,包括它自已在内的无机物所强烈吸引;事实上,它自身的分子联结得比某些金属的分子还牢固。它凝结成固体时,不像几乎所有其他物质那样收缩,而是膨胀,于是就出现较轻的固体浮在较重的液体之上这一异乎寻常的后果。水能吸收和释放比绝大多数一般物质更多的热量。在许多物理和化学性质方面,如凝固和沸腾时的温度,水是特殊和异乎常规的。所有这些水的特性,都来源于水本身的化学结构及其性质。

---

[1] 维尔纳斯基著:《活物质》,第205页。

[2] 维尔纳斯基著:《活物质》,第212页。

一、水有一种装甲的分子键

水是人类生活中一刻也离不了的东西,但是在历史上人们对水的科学认识却较晚。今天我们知道,水的所有特殊性能可以从它的分子结构来追溯,两个氢原子和一个氧原子合起来的水(H_2O),它的分子结构确有其不寻常的特殊性。

(一)对水分子的认识

我们在日常生活中观察到:"厨房窗上的水蒸气是在炉里的火焰中由煤气中的氢原子和空气中的氧原子联结而成的。甚至人体也能在消化食物的过程中合成水,大致每周有半加仑。"❶这种有趣的现象是由于氢和氧原子抵制把它们拉开的力,它们总是愿意合在一起。氢与氧彼此之间具有这样一种巨大的吸力,只要给予最轻微的推动,它们就能猛烈地走到一起,形成水并放出很大的能量。"大约 0.5 公斤的纯氢和 4 公斤的纯氧,如果合成 4.5 公斤水的话,放出来的能量足以供 60 瓦的灯泡点亮 325 小时"❷。氢—氧的反作用确实是很好的一种能源。宇宙飞船"双子星 5 号"曾首先应用有氢—氧反作用的燃料电池,作为长效的动力发动机。

1937 年,著名的大型飞船兴登堡号遇难:气囊的氢被一个火花燃着时,与空气中的氧融合,在美国新泽西州赫斯特湖上空爆炸。爆炸时释放能量产生了水。

与水的合成相反,把水分裂成它的要素氢和氧,也需要很大的能量。卢纳·B·利奥波德和肯尼思·S·戴维斯认为,对水分子的这种认识只是晚近的现象,因为在大约 200 年之前,水还被认为是一种不可分裂的元素,不是一种化合物。❸事实上,在古希腊,泰勒斯就把水看做世界万物的本原,认为是不可再分的原初物质。一直到 1783 年,卡文迪什(Henry Cavendish)做了合成水分子的诚验,震惊了科学界,这才弄

❶ 卢纳·B·利奥波德,肯尼思·S·戴维斯:《水》,第 10 页。
❷ 卢纳·B·利奥波德,肯尼思·S·戴维斯:《水》,第 10 页。
❸ 卢纳·B·利奥波德,肯尼思·S·戴维斯:《水》,第 9 页。

清了水这种物质实际是由一份氧和两份氢组成的化合物。

长期以来把水看做是一个单元素的原因，是牢固的水分子在许多其他物质到了凝成固体或加热到瓦解的温度时，依然保持原封不动。因为水分子的原子被强力的键连接在一起，要用最有进攻性的动力，如电能或某些化学品，才能分开。有一种化学品是钾，只要把一小块钾放入水中，就能使水分子急剧分裂，盛水的容器还可能爆炸。这种惊人的能量来自水分子的特殊结构。

（二）水分子的特殊结构

这种惊人的能量完全来自水分子中缚住两个氢原子与一个氧原子的巨大的力。形成原子外层的那些电子之间建立了联结，那是一种强力的链，称为共价键。

氢原子只有一个"层"围绕它的核。虽然这层可容两个电子，但它只有一个。氧原子的最外层能容纳 8 个电子，但也只有 6 个。这些没有填满的层是不稳定的——不能稳定地保持着有活力的电子，它们会迅速地与其他电子联合，以便填满这一层的所有空间。空间被填满了的外层才是一种稳定的形式，一旦构成了这种形式，就顽强地抵制分裂。

一个氧原子加上两个氢原子上的电子就能填满它的外层。与此同时，氧原子的两个电子与两个氢原子的外层联合，也会把它填满。这就是说，这些电子为三个原子所共有，赋予了水分子的显著稳定性（见图 2－1）。

共价键是水的另一些特性的基础，例如成为一种强力的溶剂。这种性质是从分子的形式来的。当两个氢原子与一个氧原子结合的时候，连成一种不对称的分子，氢原子位于氧原子的一侧，彼此构成一个 105°的角，有些像一只兔子头上的两只耳朵（见图 2－2）。这种畸形结构的后果之一是电荷的一种不对称分布，水分子的氢的一侧变成正电荷，氧的一侧成为负电荷。这样，分子变成了两极，相当于一根磁棒。一侧的电荷不同于另一侧，正好像一块磁铁两端有不同的极。

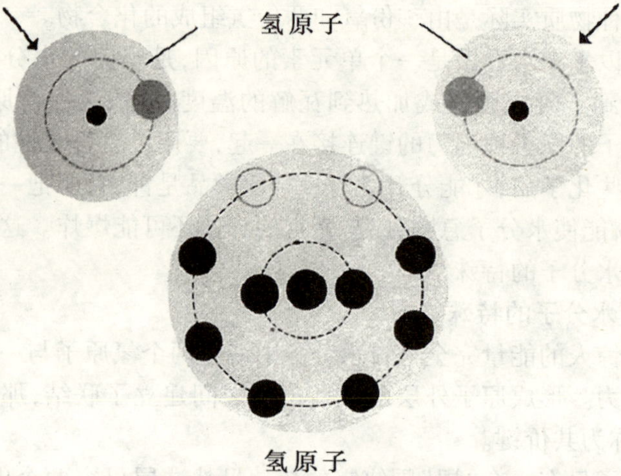

图 2－1　形成水分子前的原子结构[1]

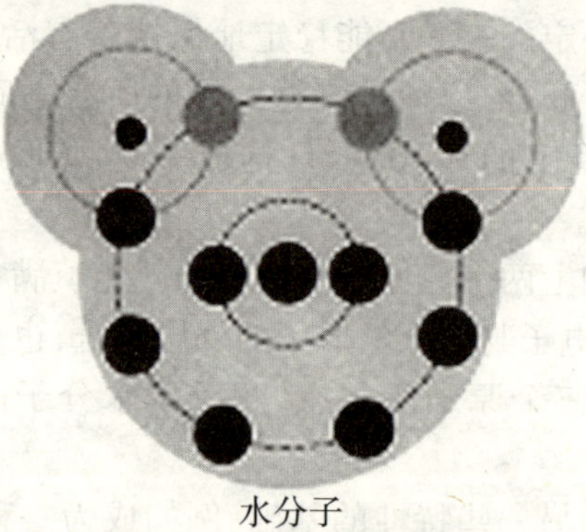

图 2－2　水分子结构[2]

两极在电荷方面的作用很像一根磁棒对磁性的作用。正的一端会被负电荷吸引，负的一端会被正电荷吸引。从这些电荷获得的电力能抵消其他电荷的影响。当水接触某几类化合物时，这种作用变得特别明显。

---

❶ 卢纳 · B · 利奥波德，肯尼思 · S · 戴维斯：《水》，第 10 页。

❷ 卢纳 · B · 利奥波德，肯尼思 · S · 戴维斯：《水》，第 10 页。

在许多物质中，原子不是由共价键而是仅由电引力结合起来的。食盐——氯化钠就是一例。在这种化合物中，每个原子带有正电荷，因而吸引其他原子，以保持盐分子的结合。如果带电的原子或离子之间的吸力受到阻碍，这个分子就要分裂。

如果一个水分子开始嵌进形成盐分子的两个离子的中间，它的两极作用将消除离子间的一些电吸力。吸力减弱会使离子分开，使水能更多地浸进，更快地瓦解两极作用。水以这种方式进入离子之间，消除着它们的相互吸力并分开它们。这些分离了的离子就全被水包围——被溶解。由这种称为离子键的单一电键结合的很多化合物，都易溶于水。

二、水是万能的溶剂

（一）“牧童套牛”的机制

在天然分布于地球表面上的所有物质之中，水是最常用的溶剂，也是近似万能的化学溶剂，几乎能溶解任何物质。事实上，自然界中如果真有纯水的话，大概也很少。从一个玻璃杯中吸出的水，除其他东西外，还可能含有极小量的玻璃分子。在空中凝结和降落的雨水，会溶解大气中气体那样的一些物质。落到地上，雨水仍然能溶解其他物质。几乎所有化学元素的半数能溶解在天然水中，有些只是少量的，有些是大量的；地球上的每条溪流、水塘、湖泊或大海都是一种水溶液。

没有水的溶解特性，营养就不能维持。一切有生命的有机物依靠水来溶解食物。植物的根在土壤中不能吸收食物，除非食物是一种溶液；人的食物必须先行溶解才能进入血液。

水分子接触别的物质的动作像牧童从牛群中截住一头牛那样，它们闯入粒子群当中，把它们分开，使它们不能活动。水的这种能力确是很惊人的。

（二）溶液的导电性

水的可溶解性质，也使它成为一些汽车蓄电池的重要溶剂，具有导电性。事实上，纯净水或蒸馏水是不导电的。水具有了导电性，就是水中有了带电荷的粒子流动，这些粒子（往往是被水溶解的盐）在不干净的水中很多。根据水的这种导电性,在水中加入盐的量的多少,能调整导电的传导通量。

三、水的物态变化和温度特性

(一)地球不会"冻死"的秘密

水的固态、液态、气态的变化[1],是我们司空见惯的现象。如我们在冬天看到河面上结成了冰,冰下面河水并没有停止流动,说明了冰起到了隔热的作用;我们春天看到河面上走冰排,大块的、小块的冰漂浮在水面上随流而下,这说明了冰比水轻。但是,谁能够意识到这是水的特性,谁能够把这些特性与地球生态环境的特性联系起来呢?

按物理行为的所有规则而言,冰是不该如此的。几乎每种物质,不管是固体、液体或气体,总是在温度下降时体积就缩小。在它收缩时,变得更紧密。因此,液体状态的物质总是比气体状态为重,固体状态比液体状态为重。水在气态时,完全符合这个规则。如果是液态,在温度下降到冰点的96%过程中,也稳定地收缩,但到达3.9℃时,不同情况发生了。再继续冷下去,水却膨胀而变轻,到0℃时,它凝结成固态,变得更轻,一直到它最后扩大了大约9%的体积时为止。水的这种接近冰点时的从3.9℃到0℃的变态——膨胀变轻,要放出大量的能。我们在日常生活中,冬天暖气管子冻裂,就是这种情况。

水的这种特性保证了地球的温度,适合生命和人类的生存。如果水像其他液体那样的凝固,地球上将不会有生命,因为水会不可避免地在海、湖和江河中结成永不融化的冰。现在的情形是,冬天来到时,水形成了冰,悬浮在水体表面,成为一个隔热层,保护了下面的水不再冻结。假使冰比水重,它就会沉到底部并从那里渐渐堆高,不久,那些现在只有表面盖有一层冰的湖泊和北冰洋就会全部冻结成固体,可能在最热季节,这个冰结成的固体最上层才会融化,有一层薄薄的水。世界

---

[1] 这是水的"三态",一股热的水流在一块冰上凿出锯齿状的洞时,水表现出它的所有三种形态。有些水分子立刻分散,成为看不见的气体,然后迅速冷却,凝结成小水滴,在冰块上形成升起的雾团,随便什么时候,水作为冰的形式时,总有一些液体和气体。

上多数的水源，植物、动物或人都无法利用了。

随着这样的一种情况而来的最重要的影响之一，将是世界气候的巨大变化。在这种冰封的世界里，每天温度的升降可能达几百度，季节间的交替变化甚至更为激烈，围绕这个世界吹个不停的风是干燥而焦灼的。因为要有水吸收并储存太阳的热量和慢慢地把热量释放出来，世界气候才能变得温和。

（二）唯独地球有水的原因

在18世纪中叶，帮助英国发明家瓦特提高蒸汽机的热效率的学者，是苏格兰的化学家布莱克（Joseph Black），他发现了水的“潜热”现象。有人这样评价他的发现：

“因为冬天里一个阳光灿烂的晴天不会立刻融化掉山上的积雪，一个严寒的夜晚也不致突然地在池塘中盖上一块厚冰，布莱克博士早已确信，这是因为从雪花里慢慢地滴出来的水吸收了大量的热并储存起来；另一方面是水慢慢地变成冰的时候，它放出了很多热。所以，在融冰时，把一只温度表从空气中移到融化的雪水里，温度总是下降的；而在严寒日子里，把温度表插进冰水中，温度就上升。由此可见，第一种情况是雪在接受热量，后一种情况是水让热量再放出来。”❶

布莱克发现了水的两个重要特性：一是他认识了水的极大的热容量，也就是它的吸收热量的能力。热容量可解释为某一特定量的物质温度升高到一定程度所需要的热量，我们每个人都有烧开水的经验，可以感受到烧开一壶水将消耗不少的燃料。二是发现“潜热”的事实。称这种热为“潜”是因为水的物态变化可以放热或吸热，但温度不变的潜在性质。

水的潜热异常大。冰完全变成水，温度不变，所需要的热量相当于等量微温的水达到沸点所需的热量，大大超过多数其他普通物质融解时需要的热量。例如铁的熔点是1530℃。其固体一旦达到这样的温度时，如再增加可以烧热450克水的热量，就可以熔化8倍的铁。当水再凝结成冰的时候，它会在凝结过程中释放出在融化时吸收的同样多

---

❶ 卢纳·B·利奥波德，肯尼思·S·戴维斯：《水》，第12页。

的热量，放出来的这种热量能使四周环境保持温暖。

因为水有潜热能力，在夜间冷得结冰的时候，放在花房里的一盆水就起着储备供应热量的作用。盆里有些水到了第二天早晨可能已经结了冰，但是在它结冰的过程中释放的热量，使室内空气比室外暖和。所以，住在海边的人比住在内陆的人度过较为暖和的冬天，虽然两地都受到同一风暴的袭击。另一方面，在一种老式的冰箱里，冰的融化从周围的食品中吸出热量。同样地，冰块使饮料变凉，并不全是因为冰是冷的，而是因为它在融化过程中，从周围的液体吸收着热量。

一种物质在蒸发或凝结时，它吸取或丧失能量，和它融化或冻结时一样。把液体加温到沸点时，继续加温，将液体转化成气体，这就有一个热量被吸收而温度不升高的暂短停留时间。如果以后再将蒸气持续地冷却，在沸点时温度又将停止下降，虽然热量继续在释放。这种停留和温度保持不变的现象要持续到所有气体都已变成了液体时为止。

谈到蒸发的潜热，或者与其相反的潜热，即凝固的潜热，水比其他多数的物质都大。沸水变成水蒸气需要吸收的热，五倍于把冰水变成沸水时需要吸收的热。水蒸气凝结到恢复液体状态，又恰恰放出等量的热。

由于水的潜热的效果，天空中水蒸气的每个分子和云里的每颗雾滴都是一种热能的空气团。这种水蒸气在大气层中的流动形成了全球气候和局部地区的天气。

在地球上，由于水的潜热性质，大量的水和空气中的水蒸气可以调节温度的极端性，在热天吸收热量，在冷天放出热量。天然水少的地方，例如，沙漠地区，温度的差别可以从白天灼热的60℃到夜间远低于冰点的温度。

水蒸气中储藏的能量，可以从夏天里飞腾的积云变成高耸的雷暴云砧来观察。当云里的水蒸气冷却并凝结时，释放出大量的热能，云内的温度使水汽沸腾，产生暴烈的对流。雷暴云砧内部的上升和下降气流可达到飓风的风力；一个夏天雷暴释放出来的总能量等于一颗大的原子弹。如果能把它的能量集中像一颗原子弹那样的话，它就可以产生同样大的破坏作用。

水的凝固和沸腾的温度也是异乎常规的。水在0℃凝固，在100℃沸腾。这不符合同类化合物的模式。多数的同类物质都有可以预告的沸腾和凝固的温度：一种有秩序的沸点和凝固点的级数，是随着分子量的增大而增高的。在化学上与水同类的四种化合物的一属之中，水最轻，应当有最低的沸点和凝固点。如果水遵循它的化学姊妹的模式，应当在 -91℃左右沸腾，在 -100℃左右时结冰。要真是这样的话，地球上就可能没有液体的水，只能在空气中找到水蒸气了，幸运的是，水在这一属中是离奇的，它的沸点和冰点不是最低而是最高（见图2-3）。

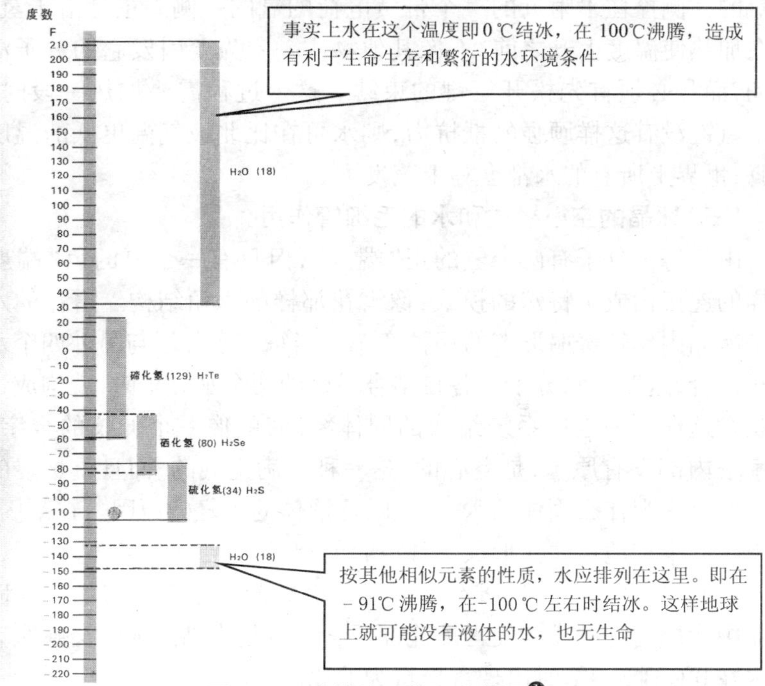

图2-3　水的特殊的温差范围[1]

如图2-3所示，冰点和融点之间这一跨度是奇怪地不按化学理论来安排的。在构造上与水相似的物质——H_2Te，H_2Se，H_2S 按正常模

[1] 卢纳·B·利奥波德，肯尼思·S·戴维斯：《水》，第14页。

式降低等级,分子量愈低,温差范围愈低愈窄。水是这四种物质分子量中最低的一种,温差范围都应该属于底部(灰色柱)。但事实上,水的温差范围是在图中最高部分。化学家认为水分子本身之间有强力的键使它结冰较快,但到了较高点才能沸腾,不同正常。

水与热之间的奇特关系来源于水分子的结构:电荷集中在两端的不对称的分子被其他有相似电荷分布的分子所吸引。这些极性的分子,正负相吸连接在一起,像许多非常微小的磁铁。这样的电子结,名为氢键,最容易使一个水分子去连接另一个水分子,一个分子带正电荷的氢的一侧拴住了附近的一个带负电荷的氧的一侧。正是由于氢键,水在加热使温度上升之前,不像其他物质一定先要引发它的分子活跃运动,而是必须首先松开氢键的束缚。这个过程需要加热一段时间。如果氢键没有这样顽强的抵抗力,则水可在比北极气温更低的温度中沸腾,世界上所有的水都会马上蒸发了。

(三)冰晶的空心模式和水的毛细管作用

由于每个分子有两个氢的正"端点",但只有一个氧的负"端点",这样的连接构成了特殊的模式,像雪花那样的六角结构。雪花的六角星是冰晶中比较普遍形态的一种变态。当每个水分子与另外四个水分子相结合,这四个水分子又各自结合另外的两个水分子时,就构成这种形状。这样一种连接系统组成的固体结晶,就像一个伸长的金字塔。金字塔内部没有原子,是空心的,是一种充满空气的、而且重量轻的结构。这就是为什么固体的水——冰,比液体的水轻的原因。在凝固时,水由氢键牢牢地拴住而形成一种空心的架子。

只有在固体状态时,所有水分子是由氢键连接在一起的。在固体结晶中形成的这种模式使得冰能漂浮。这就是水结成冰时会膨胀和液态水在0℃到3.9℃时出现奇异行为的原因。

冰加热到融点时,一些氢键分裂了,分子的模式排列开始瓦解。这时分子可以移动得更靠近:液体的水就比水结成的冰更为紧密。由于分子的密集而形成的水的密度,在冰的融点0℃到3.9℃左右时,继续增加。在这段很小的温度范围内,有些分子仍然结在一起,成为冰的模式,另外一些分子,氢键已经分裂,就自由地运动着,随着温度的上升而增加着运动的速度。到了3.9℃以上，更多的氢键分裂了，有足够的分子能够加速运动，使水因温度的增加而膨胀（因为分子不再密集），这就和别的物质一样了。

粘紧的氢键（分子之中最坚固的一种键）还使水的行为得到其他有用的特性。分裂氢键时需要很大的能量——热，此种情形足以表明氢键的力量。这就是为什么升高水温必须提供很多热的原因，也是为什么水的冰点和沸点异常高的原因。

但是，氢键的最奇怪的结果，可能是水在管子内部可以向上爬的不寻常能力，好像是和地心吸力挑战似的。每个人在饮水的玻璃杯中可以看到水的边缘有些向上微微的弯曲，它粘着玻璃杯内部，轻微向上，形成像嘴唇那样的边缘。液体沿固体物质表面而升高的趋向称为毛细管作用。在一个非常细的管子里，毛细管的作用足以抵制地心吸力而使水升高，有时可达相当的高度。对于水穿过土壤，植物从根部吸收养料和人体血液循环，毛细管作用都很重要。

由于在管子里的氧原子和水分子之间形成氢键，管子才把水推上去，这种引力使水的边缘升高。但是水自身内部的键同时拉紧水面，尽量使其平坦，这些相互的作用，以一种交替过程逐步地把管子内的水升高了。先是水的边缘升高，于是水中的张力尽力拉平水面，又把更多的水带上已经升高了的边缘。这样的进程，要进行到已经升高了的水的重量与推动水的边缘上升的毛细管力量互相平衡时，才停止下来。水龙头边上具有张力。在一个滴着水的龙头上最能看出一个水面上建成的氢键的强大张力。首先出现在龙头口的水的平面薄膜好像是一片圆的很薄的透明橡皮。像一张有弹性的膜一样，龙头口薄膜包的水重量增大时，薄膜就慢慢地鼓起来，但并不破裂，最后它好像把自己从水龙头上拉开，并在一个自由下落的水滴周围碎开。这个水滴如果不受空气压力而变形，会成为一个完整的球体。所有的形状之中，球体是一种单位体积内具有最小表面积的几何体。下落水滴有这种形状才能成为最紧密的整体。

因此，在下落的水滴这样常见的形状中，可以看到使水具有特殊性质的分子力，这些难能可贵的性质，使水成为地球上最重要的一种物质。

如果地球上最普遍的物质——水,突然开始像它的分子结构那样行动起来,生命就要遭到一系列的巨大灾难。血液会在身体中沸腾,植物和树木会凋谢死亡,世界会变成一片干燥的荒原。但是水分子结合在一起不同于其他化合物,由于这一原因,它们具有独特的和自相矛盾的特性。例如,水是液体比固体重的很少物质之一;液体的水能够在一个管子里不顾地心引力而向上爬升;水很仁慈,无数种生命能在水中生存;水又有腐蚀性,经过相当的时间,它可以分解最最结实的金属;虽然看起来水可以那么容易地改变它的形态——有时一条河或一个湖里同时存在它的固体、液体和气体——但水发生这些转化一定会放出或吸收巨大的能量,实际上,融化一座小冰山时需要吸取的热量,可以驾驶一条大轮船横贯大西洋 100 次。

第二节 水是生命的源泉

一、生命自水开端

"生命之水"不只是一种诗意的成语。生命实际上是先从水中出现,然后开始漫长的进化道路的。在早期进化过程中互有联系的原始的动植物,几乎就是水。人体的三分之二也是水。在出生之前,一个人的大部分生活,是在母亲子宫内有庇护作用的膜质囊里的水中度过的;水在人的身体内川流不息,一直到他死亡为止。人没有食物可以活几个星期,一个印度修士不吃食品活过 81 天。但是没有水,人可以活下去的最长时间只能是 10 天。有些细菌可以在没有氧气情况下进行繁殖,但是,无论是细菌或者是任何其他生命,都不能在没有水的情况下生长。水无视层层阻碍,穿透动植物的活细胞;水战胜地心吸力,爬上最高的树木,把养分输送给树顶的枝叶。

生命开始于远古的浩瀚海洋——水、二氧化碳、沼气和氨的丰富混合体。几亿年来,水蒸气和从火山口喷出的其他气体进入大气层,在那里冷却、凝结、变成了雨落到地面,随即又重新蒸发。后来地球渐渐地变冷，水不再蒸发，开始在海盆内聚集。倾盆大雨下降的时候，雨水把碳、氢、氧和氮——构成所有生物身体组织的98%的有机元素——从大气层中冲洗出来，带着生命不可缺少的组合成分注满海洋。由于太阳的强大紫外线能，闪电时的电和地球本身的放射性，又对这些组合成分发生刺激，使其结合再结合，最后在完全巧合之下，形成了能自身复制的化合物——第一个有生命的分子。这个生命起源的观点，现在已由假设的古海洋环境中的试验结果，获得支持——产生了活性蛋白质的先驱：一些复合化学制品。

生命自水开端这一事实，还反映在所有动物和植物的生长过程中，最简单的单细胞有机体也受到水的包围渗透，水通过它们的细胞壁进进出出，送进食物和氧气，带走废物。此种原理同样适用于高级形式的生命，只是过程要复杂得多。

除了很少的例外，植物是利用水和空气制造食物的（见图2－4）。为了生存，它们必须像导管那样，从土壤中吸取水分，送到细胞中备用，并将剩下的部分送入空中。植物的地下细根毛吸入的水，穿过主干和分支的无数细微的长管子上升，再通过叶子上叫做气孔的微小细孔蒸发，回到大气层（这些细孔也是植物光合作用和生长所必需的二氧化碳和氧的进出口）。1平方英寸（6.5平方厘米）的叶面可能有30万个气孔，大多数都在叶的背面，释放出的水分，数量惊人。虽然植物蒸发的水分，随着温度、湿度、光照、风力和土壤湿度的不同而变化，但在生长季节里，蒸发的水分总重量，可能达到植物本身干重量的几百倍。一种植物，比方说玉米，一生中释放出的水量，足够在它生长的整块地面铺上28厘米深的水。在暖和的日子里，一株欢喜水的香蒲属植物在沼泽中生长，靠着周围的水维持它的生命。一株白桦树能释放227～303公升的水。

这种具有惊人能力的运水系统机械结构，现在还没有完全弄清楚。水在某种植物（比方说很高的树）内的运动，成为生物学中最令人困惑的难题之一。但人们已经知道的情况一再表明水的与众不同的特性。

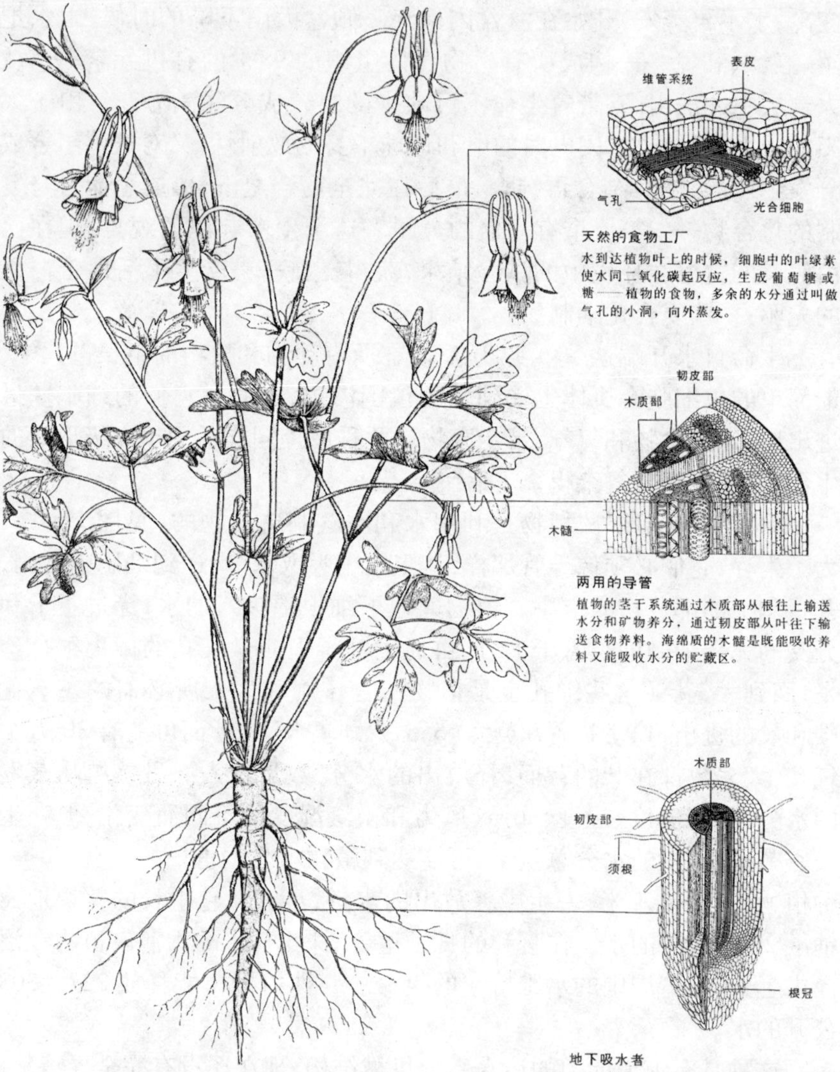
表皮
维管系统
气孔
光合细胞
天然的食物工厂
水到达植物叶上的时候，细胞中的叶绿素使水同二氧化碳起反应，生成葡萄糖或糖——植物的食物，多余的水分通过叫做气孔的小洞，向外蒸发。
韧皮部
木质部
木髓
两用的导管
植物的茎干系统通过木质部从根往上输送水分和矿物养分，通过韧皮部从叶往下输送食物养料。海绵质的木髓是既能吸收养料又能吸收水分的贮藏区。
木质部
韧皮部
须根
根冠
地下吸水者
许多植物的根部有数以百计的根梢，每一个根梢有几十亿条须根，因此可以扩大它的吸收表面达2 000%。突出的根冠由死细胞的硬表层加以保护。
辛劳工作的花
蓝花耧斗菜的庞大根网把水送向复杂的茎系统，然后再慢慢送上叶部。一路上供应植物的细胞。在叶子里，水转化为液体食物，由另外一个网状茎系加以分配，一路送回根部。

图 2－4　植物与水的秘密

动物与植物不同,为了生存,必须对体内含水量保持相当严格的百分比。可是,大多数动物都能改变生理机能,适应生活环境中的供水状态:沙漠中的更格卢鼠靠着最小量的水生活,豌豆象鼻虫需水量也极少——但水母必须浸在水中。在这两个极端之间,有些令人惊异的情况。鲱鱼体中含水量,大致和哺乳动物相同。蚯蚓体中含水量比水生的龙虾和两栖的蛙都要高(见图2-5)。

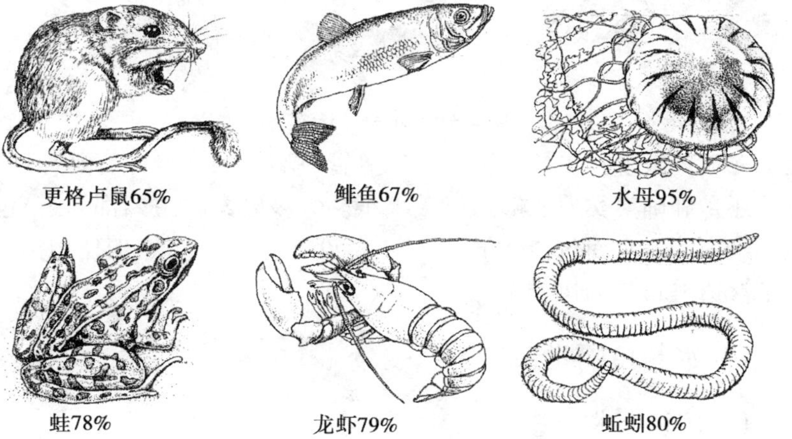

图2-5 动物与水

供给人们大量水分的水果和蔬菜,到了成熟的时候含水的比例会增多。因此,含水量仅为10%的苹果籽,会产生出含水量达80%的苹果。成熟的菠萝或西红柿实质上是饱含着水,而玉米粒比不可食用的玉米棒含有更多的水分。人们可以吃炒过的葵花籽,但其含水量仅为5%(见图2-6)。最多水的食物是西瓜,成熟以后,是夏季的解渴良品,含水量高达97%。

地下水以渗透作用的特殊扩散方式进入植物的根毛,这是一种几乎发生在所有生命组织中的基本过程。

通过这一过程,水分子能够透过不能以水滴形式穿过的黏膜。此种看来自相矛盾的现象可用一张玻璃纸来加以证明。玻璃纸是与自然膜非常相像的人造膜。滴在玻璃纸表面上的一滴水不会穿过,在这一意义上玻璃纸是不透水的。即使用一架普通的光学显微镜来观察,也

图 2－6　水果中的水分

无法在玻璃纸上找出一个细孔。但尽管玻璃纸很平滑并有延伸性，水分子还是确确实实地能够透过玻璃纸。大多数家庭主妇都知道，包在玻璃纸内的一片面包会变干，当然不及没有包的那么快，但比用铝箔那样不渗透材料包的快。

二、水与植物生命

（一）“钻心术”

植物的黏膜看上去也是平滑而且有延伸性的；即使用最高倍的显微镜，也无法在它上面找出一个细孔。但是，水还是能以某种方式透过植物黏膜进入植物体内。这一种令人迷惑的现象，现在还没有充分的解释，但运用现代实验室技术的结果，已对黏膜发现某些可能的线索。像所有物质一样，膜是由分子组成的。对于所有分子，不管它们排列得多么紧密，分子与分子之间一定还有空隙，这就使微小的水分子有办法通过。

电子显微镜已经发现：一个细胞膜是由三层分子组成的，每一层形成一道分隔的屏障，阻止水分子的通过。每一层内分子不断地作横向运动，这种情形似乎使这三道屏障成为难以克服的障碍。但是，水分子还是能够照常透过这些屏障，科学家对这种能力有两种基本理论。

一种理论很简单，认为薄膜上毕竟是有细孔的，只是过于微小，以致用电子显微镜都看不出来。另一种理论认为，细孔是运动分子在偶然队列中产生的、暂时性的与不断移动的通道，也可能是静止的大分子（例如连通黏膜内外层的蛋白质）在不等速运动中引起的结果。有些科学家相信两种理论都有根据。

扩散是在推动分子透过植物膜过程中具有主要作用的力，发生于分子的任意运动，也就是分子持续不断地来回颤动。它们互相撞击又互相分开，总是由排列得很紧密的区域向集中程度较小的区域扩散。这种行动与液体中溶解分子的扩散一样——也是一块糖能使整杯咖啡变甜的道理，不管咖啡是否受到搅拌。

分子透过植物膜的速度取决于分子和假设中细孔的大小。像水分子这样小的分子，透过有机膜的速度是相当快的。有些可溶于水的物质，例如矿物，分子较大，通过有机膜的速度就要慢得多。由于这种传输速度的不同，黏膜才能起到筛子的作用，能将矿物留在一边，同时让水通过。

（二）“攀高”的绝活

上述过筛行动能产生相当大的压力。这是因为植物外部的水分子，相对来讲，比植物内部的水分子多；植物内部的水通常含有矿物。因此，水分子都从数量比较多、密度比较高的区域流向密集程度比较低的地方。这种渗透压非常可观，能在一棵树干中使水柱升高 66 英尺（20.1 米）。

渗透压仅是驱使水从植物根部通过主干到达叶子的动力之一。除了渗透压之外，还有毛细管作用，即水分子和其他化合物分子的互相吸引，这些化合物能通过植物极微小管道把液态水向上拉升。在大多数植物中，单单毛细管作用就能使水升到几英尺高。大气压也会把水推上，填满植物内部压力较低的区域。但是，在这类机械作用之中，没有哪一种可以说明为什么水实际上可以输送到非常高大的树端。比如，在美国西北部太平洋沿岸有一种红杉，高度差不多是 400 英尺（122 米），根深入地下 50 英尺（15.2 米），从根部到达树顶的水总共要攀升 450 英尺（137 米）。这项工作需要的压力，要比海平面上大气压力大 12 倍以上。

没有人确切知道水怎样能够达到这种令人咋舌的高度。最完善的流行理论是用水的另一个奇异特性，张力或抵御拉开的阻力，来解释这种情况。氢键将液态水分子紧紧地连在一起，在某种意义上，能使一支水柱像一根坚韧的链子那样坚强。实验室的试验表明，封闭在细长而不透气的管子里面的非常纯净的水，能够承受每平方英寸5000磅(34500千帕斯卡)的拉力——接近某些金属的张力。植物内部液体的张力要小一些，相当于每平方英寸3000磅(20700千帕斯卡)，但是仍然能够使封闭在树内微细纤维管内的小股液体，抬升数千英尺——远超过任何树的高度。图2-7所示是实验室内人造根的试验。

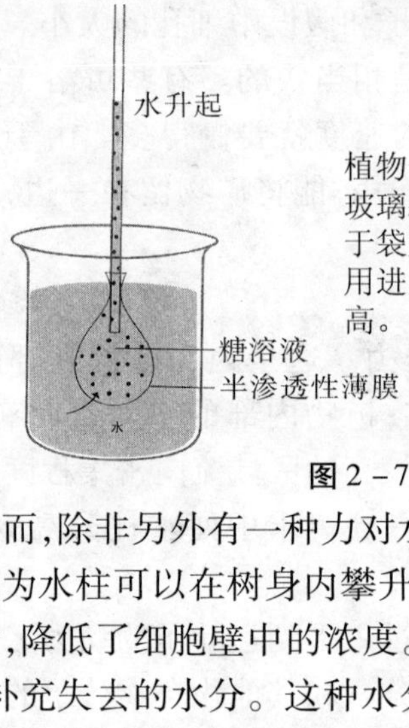

一支插在玻璃纸袋中的玻璃管像植物一样往上吸水。袋内盛有糖溶液，玻璃纸让水通过，但不让糖通过。由于袋外的水密度较高，水通过渗透作用进入袋内。因此管中的糖溶液也升高。

图2-7　人造的根❶

然而，除非另外有一种力对水柱发生作用，否则水的巨大张力还是不能成为水柱可以在树身内攀升的因素。这种力来自蒸腾。水从叶上蒸腾时，降低了细胞壁中的浓度。细胞壁就从嫩枝的液汁中拉进水分子，来补充失去的水分。这种水分子的转移使树木内部的水柱处于紧张状态，好像树顶有一种力量把它们抓住，并且拖着它们上升。因为这些水柱是连续性的，从树叶一直延伸到树根，树顶的拉力把一个一个的分子从根部往上拉，结果是树内液汁向上移动。

这项理论似乎有明显的漏洞。要是细长的水柱断了又会出现什么情形？水柱断了，持续不断的升水过程应该中断。但树木在狂风中摇曳的时候，树内水柱难免中断；所有树枝都剪光的时候，水柱的中断更是无法避免。可是，不论是风或者是人的剪割，树内水柱的上升似乎都

❶ 卢纳·B·利奥波德，肯尼思·S·戴维斯：《水》，第105页。

没有受到严重影响。所以从某些方面来说,树中液汁的上升过程依然是一个谜。

三、水与动物和人类生命

(一)动物生命水

动物体内靠水循环保持生命,其动力来源于心脏,心脏类似水泵来辅助毛细管作用和渗透作用向身体各部分供水。由于这种额外的复杂性,动物体内水的利用就变得更加复杂。像植物一样,水在动物体内负责运输食物、废物、氧和二氧化碳,并在食物消化工作中起关键性的作用。除此以外,水在动物体内还能够润滑关节,使其不致嘎嘎作响;以及润滑软组织,使其不致硬化。水的冷却作用又使新陈代谢产生的热能保持于一定程度,不致变得无法忍受。而且,所有这些要求都需要有关的系统,这些系统用于控制水。动物体内水的数量和集中程度必须得到精确的调节,太多或太少都会导致迅速死亡。

(二)人类生命水

人体的水有几个来源。大约只有47%来自最为明显的方式,即喝下去的水。另外14%的日常所需的水,是身体本身制造的,属于细胞蒸发这一化学过程的副产品。其余39%左右来自我们心目中的"固体"食物。大多数食品——供食用的蔬菜和肉类的有机细胞——所含的水分至少与人类细胞相等;只有脂肪,例如奶油,基本上不含水分。西红柿,就有95%是水。肉类50%到70%是水,面包的含水量约为35%。

人体最基本的生活过程都离不开水。食物消化借助于叫做酶的催化剂。酶可以把碳水化合物的大分子粉碎成简单的分子群,其中最主要是体积非常小的葡萄糖,足以通过细胞膜而被吸收。在那里,这些分子和氧结合,以溶液的形式进入细胞,形成新陈代谢:食物氧化了,或者可以说是"烧掉"了,产生身体需要的能量。这种燃烧所得的产品是有机化合物。例如能够储藏的淀粉,必须立即散发的热,以及送向肺部的二氧化碳等等。在新陈代谢的"燃烧"中出现的另一产品是额外的水,留在体内,与从外界取入的水合在一起。

身体新陈代谢之“火”放出的热远远超过人们的想象，一旦需要，能作出惊人的贡献——火地岛的原始印第安人，没有衣服，能在接近北极的严寒气候中生存，一点都不发抖，靠的就是这种“火”的贡献。

水帮助控制这一种热。它吸收大量的新陈代谢的热而很少增加温度；它通过血液流遍全身的迅速循环，能把多余的热带到身体表面，迅速向周围的空气中散发。从这个意义上来说，水的工作恰似液体冷却发动机中的冷却剂。与此相关的一个特性，是水蒸发时的巨大潜热，进一步帮助了身体，防止体温升高。水以汗的形式在蒸发过程中带走的热量，几乎三倍于同重量的酒精。人体中水占的比重如图 2－8 所示。

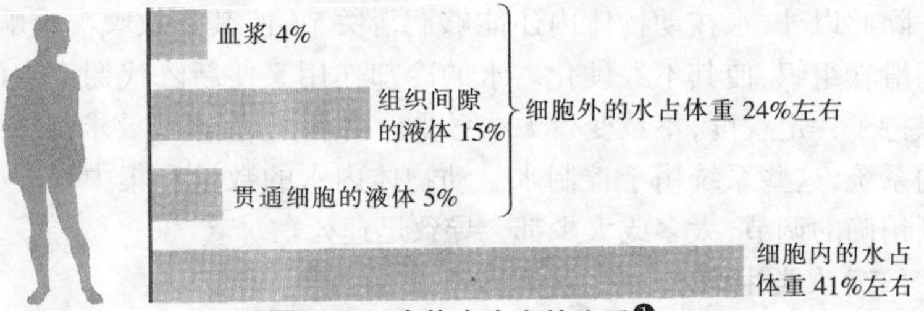

图 2－8 **人体中水占的比重**❶

处于饱和状态的人体中，水占体重 65%。这些液体渗透到人体内的所有组织，填满细胞间的空隙和骨孔并通过 60000 英里（96558 公里）长的动脉和静脉不断流动。细胞中的水占体重的 41%，血浆占 4%，各种腔（如肠和眼球）内液体占 5%。这一分配并不是稳定不变的：水并不理睬身体内部的界线，它通过黏膜不断地从身体的一部分向另一部分移动。

四、水是生命的限制因子

（一）人命系水

由于水是身体内部各种工作过程中的强大稳定剂，它自身的平衡就必须得到节制——不仅在数量上，同时也在溶解物质的浓度上。水在体内的平衡必须十分精确，比正常情况不到 1% 或 2% 的偏差都能感

---

❶ 卢纳・B・利奥波德，肯尼思・S・戴维斯：《水》，第 106 页。

觉出来，不是口渴就是痛苦。主要的控制中心是下丘脑，就是大脑中心的一个小区间，在脊髓的上方。下丘脑控制必须自动作出反应不能拖延时间来思考的一些过程，包括心脏活动、睡眠、醒觉、食欲、性欲、消化和干渴。它分泌一种荷尔蒙调节肾的工作，同时也刺激咽喉后部的神经，来保持水的平衡。真正的干渴主要是在咽喉后部感觉到的。

过多或过少的水都会造成灾难性的后果。一个人只要失去体内正常水分的5%，皮肤就会皱缩，嘴巴和舌头就会变干，还会产生幻觉；失去正常水分的15%通常就会致命了。过多的水分又使人恶心虚弱，强制饮水——某些野蛮人对付敌人的水"刑"——能导致精神混乱、定向力消失、颤抖、痉挛、昏迷与死亡。

除了控制总的水量以外，身体还要仔细地计量在体内水中溶解的物质。出大汗时过多地失去盐分，会导致热痉挛，肌肉细胞对失去盐的反应是收缩为一个个坚硬的疼痛结节。过多的盐分——例如喝海水——会使细胞干瘪萎缩，造成痛苦地死亡。

（二）适应干旱的生命

水离开身体有几种途径，大约15%是呼吸时吐出的，汗蒸发占去另外的20%，在热天可能达到33%，其余是直接排泄掉的。尽管这些比例可能变动，但排出的综合比率总是保持在变动很小的限度之内。直接排泄很少低于每天4品脱（约2.3升），不论一个人是怎样失水。为了生存，人类每天平均要取得5品脱或6品脱（2.8～3.4升）的水，来平衡这种有限度的损耗，不能太多或太少。

有些动物和许多植物没有受到这样的严格限制，能够在似乎根本没有水的地方繁荣生长。它们当然是实实在在需要水的，但是非同寻常的适应力使它们能够只要一点儿水就可以生存下来，能够从隐蔽的水源取水，度过漫长的完全干旱季节。沙漠中的动物用夜间出来觅食的方法保留水分，夜间的温度低，使它们的水分损耗比白天少得多。它们尽可能避开太阳，经常生活在地下。许多动物，诸如犰狳和生活在沙漠中的蜥蜴，身上有实际上不透水的皮，防止因出汗而损耗水分。生活在美国西南部沙漠的小囊鼠和更格卢鼠，都是小型的啮齿动物，可以不饮水，它们将空气中的氧与吃下去的植物和干燥种子中的氢结合起来，制造自己需要的水。

美国西南部沙漠的龟,是由一些多汁植物取得所需水分的。它的上壳内表皮上有一对球状囊袋,能够储存相当于1品脱(0.57升)的液体,以备在干旱时应用。有几种生活在加利福尼亚州和内华达州南部“死谷”区(世界上最为干旱的区域之一)的几种小蜗牛,仅在能找到嫩绿色植物的短暂季节觅食。在其漫长旱季中,它们躲进深深的缝隙或岩石底下等阴凉处,用黏液筑起一道墙封住壳口,防止体内水分蒸发。植物的习性更是变化多样。有些必须应付非经常性干旱的植物能一下子中断或急剧地减少蒸发。这些植物叶子气孔上的保卫细胞,结构特殊,要浸饱水时才把细孔撑开;一旦植物因水分缺乏而枯萎,细孔就关闭。

最干旱沙漠地区的植物适应缺水的过程就更进一步了。它们叶上的细孔在正常状态下只在夜间打开。像墨西哥松之类的植物,是在干旱季节落叶,雨后生长新叶,来达到同一目的。仙人掌的叶缩成一根根细刺,还有一层厚厚的蜡质表皮,防止水分的散发。桶状仙人掌以吸水和储水能力著名于世,有许多故事,说桶状仙人掌如何救活美国西部沙漠中濒临渴死的旅行者。一场雨后,桶状仙人掌数以千计的根就从土壤中吸进水分,柱形的身体膨胀开来,成为圆桶形状,仿佛替得到的水分准备一个储存的地方,水分一旦用完,柱形的身体便重新缩小。但是,跟流行的信念相反,单单砍去桶状仙人掌的顶端,并不能喝到它体内的液汁。因为桶状仙人掌内部是白色的果肉,必须加以挤压,才能榨出味苦但可以饮用的汁液。

(三)沙漠中死的教训

对人类来说,沙漠依然是一种充满非常恶劣情况的环境,就像太空和大洋那样冷酷无情。一个人没有能力来限制身体对水的消耗或减少损耗量——完全要按时摄取水分。他冒险进入干燥内陆时,这种情形最易见到。

1965年,一支埃及沙漠巡逻队在执行日常任务中,遇到五具旅行者的尸体,躺在灼热的太阳之下。这一悲剧的异于寻常,只是死者留下了详细记录。从笔记本和照片上——其中一张是临死前数小时照的——使我们可以重写一篇有关他们发生了什么情况的确切报道。

他们是住在埃及的德国人，在6月的第一个星期六乘两辆大众牌汽车:(一辆小轿车和一辆旅行汽车)，从开罗出发，想穿过300英里(483公里)的利比亚沙漠，到西瓦绿洲的罗马圣殿废墟作一次短期旅游。他们沿海滨公路一路前行，当天下午抵达阿拉曼，然后向南拐，穿越荒无人迹的沙漠。到了星期天某一个时候，先是轿车，后是卡车，在沙漠中毁坏了。这时他们还有颇为丰富的水:2加仑(9.09升)清水和5大罐芒果汁。

假使他们利用每一种可能的办法来减少出汗——把身体遮盖起来，临时搭个小棚或静静地呆在车里——很可能会生存到被人发现。但是，他们也许是被60℃的高温热昏了头脑，竟然愚笨到穿了泳衣去寻找救援。不到两天，他们都死了，身上的水分全被烤干。由于无视水这种维持生命的脆弱锁链，这五个没有受过沙漠教育的旅行者不可避免地走向了死亡。

本章小结

河流生命的根和本是水，水是一种奇异的活物质，有着特殊装甲的分子键，也是万能的溶剂，具有众多的兼溶解性和有条件的导电性。水的物态变化和潜热性质是地球之所以容水的原因，也是地球气候模式适于一切生命繁衍的必要保证。水是生命的源泉，生命自水开端。薄膜渗透和毛细管作用是水能够帮助植物吸收养分的特有功能，人和其他动物与水紧密相关，而且绝大多数陆地上的动植物(包括人类)都依靠淡水为生，河流的淡水是保持陆地生命生生不息的基本生存条件。地球之水是河流成为流动的河流、地球成为水星球与生命星球的重要标志。

第三章

河流自然生命的脉动

河流自然生命的活力和命脉是流动。这种流动是地球保持生态不断地朝着熵减的方向进化的本性，也是河流自然生命的功能。这种流动体现为以海洋储库、大气储库和地下水储库为基础，通过地表的河流联结起冰水、雨水和地下水，形成走向海洋的河流运动，随之地表水——主要是海洋水的蒸腾作用，在大气圈中集结并以雨的形式降落到地表面，补充地下水和河流水。在进行水循环运动过程中，水又以“三态的变化”雕刻地球，造就了今天地球上适应生命和人类生产生活的环境。

第一节　对地球水循环的认识

一、水循环发现的历史

一个完整的循环概念——水，从海和陆地上蒸发，吹到大气中，作为雨和雪降下，渗透到土中，再度出现为河流，回到海里。多少年来吸引了一些有才智人士的注意。可惜当时无法证明,因而没有获得公认。但16、17世纪现代科学的发展,不断地把一般人的注意力引导到自然界的循环模式,诸如牛顿提出的每个作用必然有反作用的定律;哈维论证的反复循环的血液系统;哥白尼假设的行星循环轨道;等等。这些平衡和反复的规律已由精密的观察和仔细的测量而确立了。因此,寻找世界水源中的类似平衡和用类似的技术寻找这种平衡,是很自然的情况。

水的分布上明显的不均衡情况,曾使古代人士迷惑不解。在他们看来,雨和雪不能算作湖和河的水量,因为没有全落下来。住在尼罗河边干燥区域的人怎能想到尼罗河中每年泛滥的水量来自数千公里以外的山区降水?其他若干世纪的人亦觉得无法想象固体的地面能成为雨水的吸收者和搬运者;无论如何,掘井取水时,只能在条件比较好的地方得到水。在17世纪以前,多数人对泉水和深井水的解释只是两种。有人认为这些水来自一个巨大的地下蓄水池,也就是隐藏在地壳岩石下面的淡水洋;又有人认为水是来自海洋,经过地下渠道,稍被净化,然后上升,作为泉水喷出,或藏于地下,将来成为井水的供应水库。这两种解释中的前一种不太令人满意,它忽略了地下蓄水池也需要有水补充。

17世纪中叶,法国两个科学家分别地求解河流之谜。首先是伯劳尔(C1aude PerrauIt),稍后一些是马里奥特(Edm Mariotte),他们测量了塞纳河分水谷的雨量,再测量塞纳河的排水率,即在一定时间内流进海洋的水量。他们的测量虽然不够精密,却证明了与古代信念相反的一种情形,只用雨量就能够计算河流的流量。此外,还有足够的水留作泉水和井水。马里奥特更前进一步,指出雨水深深地渗入土地,向下透过多孔的土壤,一直到碰到了不透水的物质为止。

另一个循环分布中的重要事实——雨和雪的来源,还有待证实。在伯劳尔和马里奥特完成他们的调查之后不久,英国天文学家哈雷指出,地球上的降水量,可以由蒸汽来平衡:一个大水体的蒸发量等于这个水体从注入的河流重新获得的补充量。哈雷的发现关键是蒸发率的确定。他用一种巧妙而简单的装置完成了此项工作,他对这种装置的描述如下：

“我们拿一盘水，盘子大约深 4 英寸，直径 7 英寸。我们在盘子里面放入一支温度计，并用一盘煤来加热，使水中的温度达到我们在最热的夏天观测到的空气温度，温度计正确地表示着这种度数。一切做好以后，我们把这一盘水连同水中温度计放到天平的一端，在天平的另一端用砝码使天平完全平衡，把煤盘移到小盘下面或移开，我们很容易使盘中的水精确地保持于同一温度。”

从一小盆水损耗的重量，哈雷能够计算出在“我们最热的夏天”那样的温度中，水的蒸发率是多少。于是他应用这个比率去估计地中海的水量，并且相当正确地判定，他认为这个蒸发量等于由河流注入地中海的水量。

水文循环的概念揭开了古代人对水不能了解的谜。现在的人都能够懂得水从地球表面跑出去以后，一定有相同量的水跑回来——没有起点、中点和终点的一个永恒循环。保持这个循环需要在任何时候平均有 13000 立方公里的水，以蒸汽或小水滴的形式分布在整个地球的大气中。虽然这个数量看来很多，但跟大气的全部分量来比较，实际上还是微小的。如果 13000 公里的水全部变成了雨突然落下，覆盖在地球上的水只有 2.5 厘米深。这种循环的轮转十分迅速，平均每 12 天一次，空气中的水会全部落下，随即由新来的水代替。

二、水文循环

（一）循环的总量平衡

据资料记载，每年大约有 95000 立方英里（396000 立方公里）的水进入空气中。其中绝大部分——近 80000 立方英里（333000 立方公里）——是从海洋上升的。只有 15000 立方英里（62000 立方公里）来自陆地，或来自蒸发的湖泊、河流和潮湿的土壤，最主要的是来自植物叶子上蒸腾出来的水分。

进入大气的水绝大部分——296000 立方公里——直接返落海洋，另外 38000 立方公里落在陆地上，流入江河，但在几天之内，或最多在几个星期之内，又流回海洋。余下来 15000 立方英里的水浸入土地，可以参加植物和动物的生活过程。在这些过程当中,水的进入和排出数量也是相等的,动物和植物生活中呼出、排泄和散发出来的水,就是早先通过根或嘴吸入的。

虽然水文循环是平衡的,整个地球上,有多少水上升,就有多少水下降,但在个别地区这种相互关系却不能维持。蒸发的水量和下降的水量有很大的差别。

水的蒸发数量应该是在赤道上最大,因为最大的太阳能量直接照射该地区。但浓厚的云在赤道上比大多数其他地区更为常见,减少了太阳从天空中到地面的辐射。而且在赤道的北方和南方,强劲的风扫起的湿气,比相当平静的赤道风扫起的湿气多。风对水的蒸发能发生至为重要的作用,因为热,干风吸收的湿气往往比温带地区的暖风多。地球上水的蒸发率最高地区,是在北纬15°至30°之间的红海和波斯湾。太阳强烈地增热使红海每年蒸发的水不少于3.5米。

陆地上的蒸发率变化更大:暴露的水面较小,但有比海洋更高的温度和更强烈的风。地球上若干沙漠中,有些地区的蒸发率为零,因为那里没有什么可蒸发的。雨林地区是另外一种情况,蒸发率接近于在同样风力或阳光下的海洋。

(二)水循环过程

如图3－1所示,水总是不停地从陆地及海洋表面运动到空气中,然后再返回,这种运动就构成了水的循环周期。每个水分子个体在循环过程中停留在某一阶段的时间长短不一。水分子进入空气以后,平均停留9～10天,然后作为雨、雪降落下来。当它降落时,也可能立刻又蒸发出去。如果它降落到陆地上,可能被土壤吸收,进入含水层。如果含水层离地表不远,并且是由碎石粗沙这样易渗水的物质构成,那这个过程只需要几天;但如果含水层较深,那这个过程可能就要几百万年了。水分子可以在河流中只停留几天,但如果河水又把它卷入大湖中,那它可能会在那儿呆上几十年。以雪的形式降落的水可能会融入冰片或冰河。如果水分子进入极地冰片,它可能会被困在里面成百上千年;但如果是在较小的冰河里面,可能几十年就被释放出来。如果水分子进入了海洋,可能会停留在那儿长达3000年。

水分子在每个循环阶段中所经历的时间叫做“停留期”。除了被深深埋在地下含水层的水分子以外，其余水的停留时间长短同循环过程中每个阶段水的数量成正比。空气中含水较少，所以水分子停留在那里的时间就短；冰片与海洋中含水较多，所以水分子的停留期就长。

图 3－1　水循环

在循环的每一个阶段中水的数量并不是一成不变的。在冰河时代，冰片与冰河扩张，它们的面积比现在大得多。它们那时含水多，水分子的停留时间就要比河流及含水层中液态淡水水分子的停留时间长。水在冰片中积聚，海洋中的水量就要减少。水从海洋这个水库转移到冰河的同时，海平面下降了。当冰河时代结束，冰融化时，水又返回海洋，海平面再次上升。

大多时候，水循环是处于平衡状态的。水可以蒸发成水汽，进入空气后水汽凝结成云，又通过雨或雪的形式返回地表。在海面蒸发后形成云的水总量同降落到陆地后由河流带回海洋的水数量是相等的。只有极少量水在大气最高层消失，因为太阳能将水分子分解成氢原子和氧原子，氢原子挣脱了地球的引力。此过程中损失的水可由火山释放出的"岩浆源水"来补充。

(三)地形影响

降水量比蒸发率的变化更大。雨量和雪量的戏剧性的对比在陆地上几公里内就能看得到。通常,山地环境和在平原环境比较,山地接受到的雨水更多。例如夏威夷的韦阿利尔山每年平均要降1168厘米的雨水,而24公里以外的雨量器一年中只有46厘米的雨水记录。这些变化是因地形干扰了地面上空风的流动而形成的。山阻碍了风,使风中带来的水分,不能以降雨的方式相当均匀地分布到地面。当一股盛行风吹过大海或吹过蒸发率高的陆地区域,它变得饱含水分。向着山边移动时,它被迫上升和冷却,所含水分凝结成雪或雨。到了这股盛行风下降到山的另一侧时,一度潮湿的空气,因为水分已经变成雨和雪,落到地面,就成为一种沙漠风。在风和雨的模式上,山的阻挡作用称为"地形的作用"。

美国各地,除了阿拉斯加和夏威夷外,每年平均降雨量为76厘米,而且还不是均匀分布的。在西北沿岸,风从太平洋持续地吹向喀斯喀特山的西坡,有355~380厘米的年雨量降落于高而厚的针叶林中。但是在东南1450公里的裸露死谷里,每年平均降水只有4.3厘米。

平均这些地方性变化,使其成为一种长期平衡的水文循环,是由太阳决定的。太阳的辐射能量使水能从地面升入大气,因而也能再降落。这种循环好像一个蒸汽发动机。在水文发动机里,太阳是燃烧室,锅炉是海洋和陆地,冷凝器是寒冷的地球上层大气。这个发动机大规模地进行工作,它形成天气,造出气候,指挥洋流,切割河谷,堆造三角洲和维护陆地上的生命。

上述水循环运转,多数是通过各种物态变化方式围绕地球作热的转换,水蒸发到大气中,进入全球的盛行风系。它以蒸汽和水滴的形式回到地面之前,旅行了数千公里。这样做,使它能围绕地球运送巨大的热量并调节极端的气温,否则极端气温就会在很多地方出现。

三、水循环中的变态

(一)水变成冰

据资料记载,一百多万年前,地球的温度微微下降。热的损失可能是1.7~2.2℃。但是,即使在这样很小的温度差异下,几亿年以来,能使水文循环对地球上气候保持相对稳定的微妙平衡,也受到了扰乱。大约一百万年前,世界进入循环状态恶劣的冰期。科学家们相信像这样一种事件至少已经发生过3次。

地球上增加了的降水储存为冰,冰川有时前进,有时后退,至少曾经有4次大前进,而可能有20次小前进。冰川慢慢地侵蚀了阿巴拉契亚山,挖出大湖盆地和数百个其他盆地,还剥蚀了新英格兰丘陵上的大量土石。最大范围的冰层有数千英尺厚,含有等于今天双倍的冻结水量,覆盖了几乎半个北美洲,一直到距离墨西哥湾1046公里的地方。

水文循环中的这些变化具有许多副作用。当大量地球上的水变成冰的时候,海洋水平面下降90~120米。结果是美国东部和墨西哥湾沿岸增加了大约650万平方公里的土地。阿拉斯加和亚洲之间,陆桥连接在一起。不列颠群岛和欧洲亦互相连接。到了大洋再次上升到接近原来的水平面时,大部分增加的土地又淹没了。

冰川最后一次的退却,大约开始于17000年以前,目前仍在退却之中。水文循环现在可能又获得从前那样的平衡(但是无法知道冰期是否已经过去)。

(二)水蒸腾成气体

地球表面的水的蒸腾区域,有两大领域。一个是地面上的海洋、江河、湖泊和湿地等,另外一个是"地球上的出气孔"——高热的蒸汽冲出地球表面上的裂隙,以蒸汽的形式释放出地下水。这样的喷口或气孔是在有热岩把水变成水蒸汽的地下火炉上形成的。水蒸汽的压力逐渐增大,使蒸汽能通过地球上的出气孔释放出来。气孔几乎总是出现在火山活动烧热了岩石的那些地区。

但从量来看,地球水蒸腾的区域主要集中在海洋。海洋储存13亿2000万立方公里的水,占地球上全部水量的97.2%。在海洋表面，无数水分子每分钟都在蒸发；但在洋底的一个水分子要等待 2000 年才能进入循环。

每年，经过水文循环程序从大洋抽出来的水，大约是 350000 立方公里以上。如果海洋不能由其他来源经常获得水的补充，这样损耗的水量，每年要使海洋的水平面降低 99 厘米。从海洋中抽水的抽水机是太阳，它提供能量来蒸发大洋的水，变成蒸汽，送入空中。图 3－2 标出了地表水蒸发的当量。

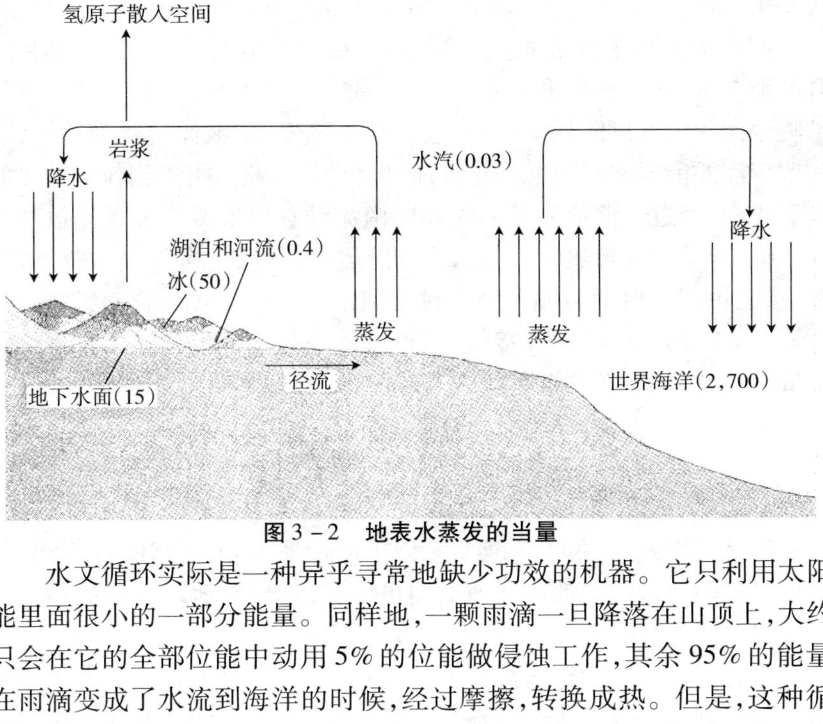

图 3－2　地表水蒸发的当量

水文循环实际是一种异乎寻常地缺少功效的机器。它只利用太阳能里面很小的一部分能量。同样地，一颗雨滴一旦降落在山顶上，大约只会在它的全部位能中动用 5% 的位能做侵蚀工作，其余 95% 的能量在雨滴变成了水流到海洋的时候，经过摩擦，转换成热。但是，这种循环提供的能量，一向多于它能够用去的能量，而且总是永恒地在运动中。它是由太阳的巨大动力而继续不断地重新获得本身动力的。

水文循环中由蒸发而抽到空中的水再凝结并散布为降水。任何时候，大约只有 12927 立方公里的水，不到总水量的十万分之一保持在大气之中。即使这样小的一部分，如果突然变成了雨，会有 2.5 厘米厚的水淹没着整个地球。

水文循环常常会短路。从海洋蒸发出来的水，大部分立即返入海飑；陆地上的一些雨水降落后也立即蒸发，回到空中。但是，停留在空中的水，总量永远保持恒定。水蒸汽的每次增加，最终都变成雨滴、雪花或冰雹。空气中保持的水通常多于可能的降水。它代表水蒸气分子聚集的潜能量。当这种潜能量逐步增大时，循环通过风暴把它释放出来。一阵飞沙走石的雷雨释放出的能量比一颗120000吨当量的核弹还要多，世界上每天有10000次以上这样的雷雨。

如果水从寒冷的深海上升到地面表层时会出现什么情形？如果上升的地方是热带，它就和大约26.7℃温度的地面水混合。首先，它帮忙将地面水的温度降低。然后，它从地面蒸发，从液体转化为蒸汽，这一改变需要能量。水吸取的这种能量就是热。蒸汽可以当作一种热的传送媒介，经过气流从赤道向北和向南流动。如果蒸汽进入赤道高空的气流，地球的自转迫使它朝东北方向运动，直抵北纬30°。在那里冷却后，它可能下沉而且倾斜地穿过北温带，与北冰洋来的冷空气相遇，性质全然不同的气团这样接触，会形成一股强烈的风暴。蒸汽骤然凝结成液体，释放出在热带吸收的全部热能，来使冷空气变暖。在此过程中，如果液体水再结冰的话，释放出的热量更多。

水蒸气并不是把大量的热量从低纬度送到赤道北面和南面高纬度的唯一方式。大洋中有“河”在流动，有些河是从热带来的暖流，另外有些河是从极地来的寒流。这些水流的宽度、体积和速度各不相同。它们流过的河道一般都比陆地上的更稳定，它们对地球各地的环境发生长期的影响。

人类对水力发动机的与日俱增的知识，已经使水的许多古代的难解之谜得到了解答。我们知道雨从哪里来，井里为什么有水。我们甚至能够造雨。但是我们也知道，人类致力控制这巨大的地球发动机——像一个不熟练的技工进行修补工作那样——可能招致预见不到的和不理想的结果。如果通过人工造雨的方法，使一个地区有雨但是另一地区没有雨，这样的活动广泛展开的话，那么世界各天气模式的变化可能导致全球气候的剧烈改变。

第二节　地下水库

一、地下水世界的认识

(一)有无地下水脉

对理性的科学表示尊敬的现代,仍然保留着古代水巫的习俗。几年前,在美国丹维尔的弗蒙特镇的一个集会上,一群探水人表演了一次探水习俗。他们伸出“探水杖”,走过几公顷的草地,最后,“探水杖”一拖,找到“水脉”的所在。他们掘下去2.4米、3米,直至3.7米(这是预计的深度),坑里还是像夏天的灼热尘土那般干燥。一个探水人用手指搓着土壤说:“我们挖得不够深。”

这探水人的话是正确的。地球上的绝大部分,只要挖得够深的话,一定会有水,不管用不用探水人的探水杖。美国新英格兰方面,水是丰富的,深于6.1米以上的任何一个洞,每分钟都能供应7.6~18.9升的水。所以,世界上差不多每一个地区的土壤里,总有一定数量、一定形式、藏在一定深度中、适于饮用的水。撒哈拉这个名词是“完全干燥”的同义词,但撒哈拉沙漠下面还是有水的。全部世界淡水830万立方公里,可以取得的总水量达97%以上,这些几乎都是藏在地球的深处。相信这么大量的水源,有一半在地下0.8公里的范围以内,是能以合得来的代价取用的。

所有地下水经常在运动中,大部分最后会升到蓄水层内。该层的作用像一口井里封闭的水管,构成足够的压力,水喷出地面成为泉水或河流,有时也经由植物或人力抽上地面。大量地下水在土壤里流动,不露一点踪迹,供应了很多喝的水、洗涤的水和工业用水。它能溶解土中的盐分;它能在地下造成许多洞穴,并在洞穴中装饰着钟乳石和石笋;它还能产生冒气的矿泉和华美的喷井。

因为地下水是隐藏的,关于它的位置无法避免迷信的想法,关于它在地下的活动,也有着互不相同而且稀奇古怪的传说。未受训练的人,尤其是假使他们生长在多水的湿润地区,不会懂得从地面看出什么地方有水的迹象。但在干燥地区，天气和水源是最令人关心的主题。美国亚利桑那州和新墨西哥州的农民，多数能推测一条河流的水量、一块作物地里需要的水量以及地下水町能隐藏的深度。

地下水的特性和运动情形不比地表水和空气中的水更神秘。在任何环境中，水显示出它的特性并服从物理和化学的一般规律。地心吸力吸引天空中的水，把它拉到地面之下，分散在含水层中并且影响它的流动方向。

降水接触地面时，总有些浸入土地，向下渗透直到某种深度而被不透水的岩层堵住，再水平地向外伸延，使这片土地饱含水分。最后，水渗入了蓄水层，通过透水的土壤，从一个细孔流到另一个细孔。只在少数洞穴里，地下水成为明确的池塘或可以辨认的河流。土壤中并无所谓水“脉”。一口井不过是下通到水分饱和带的一个洞。水从饱含水分的土壤渗入洞内。在这个洞邻近挖出的任何洞穴，只要达到同样的深度，通常也有水。

(二)多水的地下世界

大陆的最外层大部分是多孔的、相当疏松的物质，主要是砾石、砂、泥沙和腐烂的植物。大部分的这些物质下面是多孔的沉积岩，例如砂岩和石灰岩。沉积岩的下面是基岩。由于原来是熔岩或者后来受到热和压力，基岩非常结实，除了有断裂的地方外，其他地方完全不透水。在不透水的基岩上面的地层都有地下水。根据水的含量，有水的地层可以分成两个区域:通气带和饱和带。

1.地下水的通气带

渗进地面下的水首先到通气带，这是土中含有水与空气的过渡地层，深度在湖泊中是零，在其他地方可能达到数百或数千公尺。这个地层里面，水粘在土和岩石上，表明它有粘力。由于分子吸力而造成的孔隙里，保存的水量变动很大又很快。一场暴雨之后，通气带可能马上就出现水的过饱和状态；不一会儿，可能就含水不多了；在时间很长的干燥时期，可能几乎不含水。进入这里的水，有些沉入下面几层，有些被植物吸收，有些蒸发到空中。通气带的范围到名为毛细管边缘的潮湿区为止。这个潮湿区的水是从下面的饱和带经过毛细管作用上升的。

毛细管边缘的宽度随土壤孔隙的直径而不同。如果孔隙相当大，不容易把水拉上来，毛细管边缘就很窄；如果孔隙小而且是连接的，水可能爬到2.4米的高度。有时，毛细管边缘可以一直达到地面。但这种情形并非常见。

包括土地饱和带在内的、比较深的湿润层，是主要的水源。凿井的深度要到湿润层；泉水、河流和湖泊是湿润层在地球表面的天然露头。向下渗透的水，到了这个湿润层就不能再下去了；里面的每个细孔、裂缝和空隙都充满着水。

图3－3是地下水面形成示意图。

通过图3－3所示的过程：流进土壤的水沉下去，形成饱含水的地下层（中图）。在地下挖出一个洞，即一口井，水将升到地下水面的同一高度（下图）。地下水面根据降水情形而深度不同：在湿润期最接近地表，在干燥期下降较深，井有时会干枯。

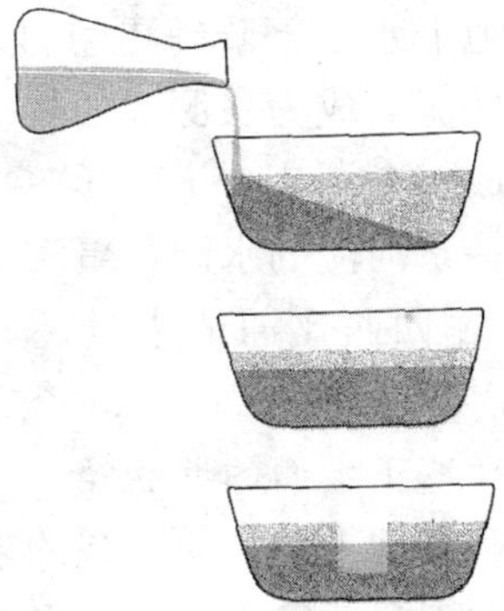

图3－3　地下水面的形成示意图

2. 地下水的饱和带

饱和带的顶层，它与毛细管边缘之间的界线称为地下水面。浅水井底部闪闪发光的水就是地下水面露出的部分。在它的周围以及在它的延伸部分，是同一地下水面——不论露出与否，不论在地面上或在地面下。湖泊和河流的表面也是地下水面的露出部分，在一个水文学者的眼里，湖泊和江河与地下水面混成地表形态。

地球与地下水面的关系可用把水倒入装满沙的桶来说明。水透过沙下沉，看不见了，表面很快完全干燥。如果在沙里挖一个洞像井一样，或在沙里挖一条槽和一处凹地，像河流同湖泊一样，底部都会出现水，而且洞里、沟里和凹地里的水都在同一平面上，这个平面就是沙桶的地下水面。

沙桶是蓄水层的过分简单化的模型——水透过砾石、沙土、多孔岩石或其他粗糙物质构成的蓄水层，比透过地球上的其他地方容易。蓄水层的地质很少像沙桶里的沙那样均匀一致；蓄水层里的水，由于地层中各种物质的孔隙率和粒子大小的差异，会遇到不同程度的流动阻力。结果是水以不同的速度达到它的平面，它几乎从来不会像沙桶模型中的水那样平。

3. 地下水与地表水的关系

地球上地下水面的变动是由地表水显示出来的。有些湖泊高于另一些湖泊，山上的溪流都是倾斜地向山下流动。必须把这些湖泊或溪流的各部分连接在一起的地下水面就要倾斜了，地下水面的等高线反映出地上的部分地形：在山地下较高，在河谷下较低。有时候地表的平面比地下水面下降得更急，切进地下水面，揭开地下水的饱和层，因而水向外流出成为泉源。如果一片宽阔的地面倾斜到地下水面以下，就会造成一个湖或一个沼泽；穿过一个河谷的最低倾坡时，地下水面上的水是一条河流的水源。事实上，每条河的基本水流来自饱和带的泉水。例如，密西西比河的水量，基本水流占一半；另一半的来源是降水和径流。

4. 地下水面的升和降

影响地下水面等高线的因素之一是水面上的陆地等高线。在理想的地形中最能看出这种联系。一座低而倾斜平缓的小山，两侧各有一个河谷，两个河谷下面都是相同的多孔物质。雨水降落并向下渗透时，水储积在多孔物质的底层上。地下水面均匀上升像沙桶模型中那样，基本上保持平坦。到了更多的雨下降时，地下水面上升，高出基层很多，达到两个河谷最低的地方。现在，水从河谷中渗出，注入河谷里的水道。

此后，地下水流进这两条河。雨水会继续落到小山上，浸入土中，向下渗透到蓄水层，因为蓄水层现在高于谷地，并在小山两边渗出。如果从小山两边渗出的和经由水道流走的水量，恰巧等于浸入土中后渗进蓄水层中的水量，地下水面就不变。但是摩擦作用介入了，水与它穿过的裂隙产生摩擦，液体内部分子的滑动面之间，也有较小程度的摩擦，结果，水的运动阻滞，停留在小山底下的地层里。

现在地下水面不再是平的而是向上耸起。它的最高点在小山的顶部下面，它的最低点接近河面。地下水位的斜坡类似小山的斜坡，不过没有那么陡。

图3－4为下降的压力示意图。下降的压力发生在自流水系中。自流水深锁在地层里面，近水的地方，受到很高的压力。假使这个地方有一口井，自流水会强烈地喷出。自流水在地下流动遇到摩擦时，就减少它的压位差。因此，自流水的井离水源愈远，井中的水上升高度愈低。湖泊和河流的表面也是地下水面的露出部分，在一个水文学者的眼里，湖泊和江河与地下水面混成地表形态。

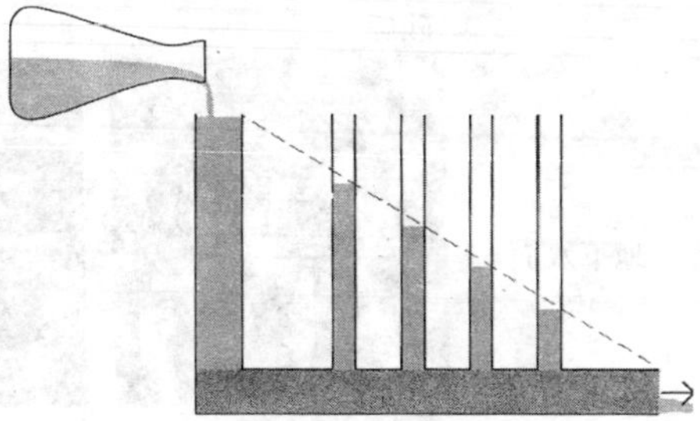

图3－4　下降的压力示意图

二、地下水的特殊情况

(一)通道和障碍

降落为雨或流在河中的水侵入土壤后，就开始大规模的地下移动。地下水的流动像任何河流一样也有它的目的，但它流动得极为缓慢，穿过1.6公里的沙地，可能需要135年。

水浸入土地中的比率因土壤性质而不同。如果土壤是干燥而多孔的，水能大量渗入。最不好的条件是突然的倾盆大雨落在倾斜的不很透水的物质上，例如黏土的表面。这种情形的大部分降水会从地表很快地流走。

图3－5所示为降水浸入土壤中的通道和障碍。页岩、砂土和砂砾都储存水，但以不同的速度输送水。水可以很容易地穿过大而松散的砂砾，可以慢慢地穿过孔隙小的砂土。但几乎完全不能通过孔隙不连接的页岩。

地下水在活动和压力方面有很大的变化，如图3－6所示。在左上方，从石灰岩洞中流出来的小溪注入一条河里，这条河又获得石灰岩洞下面的泉水供应。河床区域的水既渗进表土，亦向下渗入更深的地层。大多数河流，都像左方中央的那条河一样，由地下水面渗出的水，取得

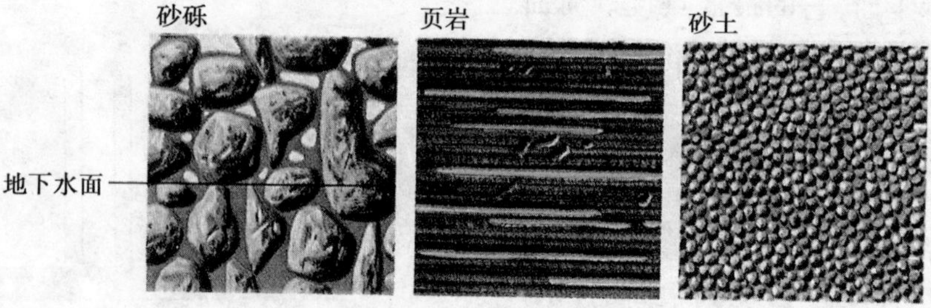

图 3-5　通道和障碍

水的供应;比较少见的,是一条河以同样方法,把水渗入地下水面,使其流回土壤(右方中央)。地表水和自流水一样,流过漫长的距离,最后入海(右方边缘)。有些盐水侵蚀着陆地,会形成一个咸水带。

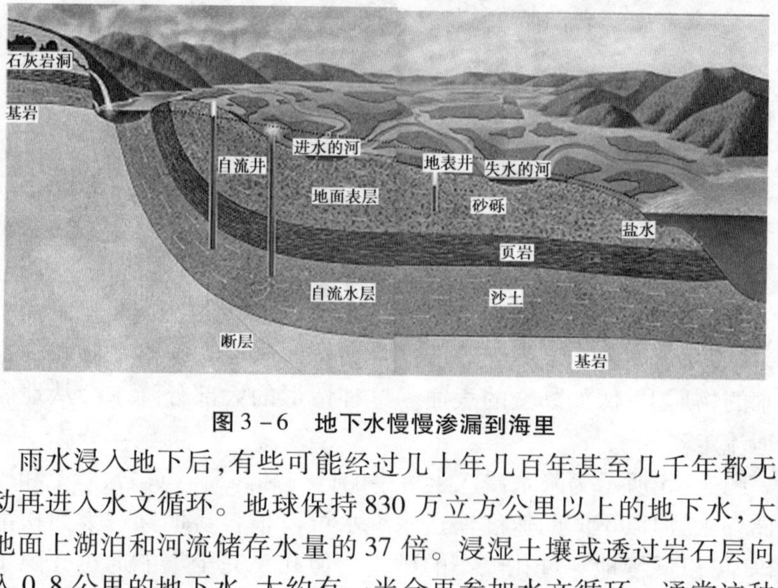

图 3-6　地下水慢慢渗漏到海里

雨水浸入地下后,有些可能经过几十年几百年甚至几千年都无法自动再进入水文循环。地球保持 830 万立方公里以上的地下水,大约是地面上湖泊和河流储存水量的 37 倍。浸湿土壤或透过岩石层向下深入 0.8 公里的地下水,大约有一半会再参加水文循环。通常这种行动很缓慢,从泉源中慢慢涌出(但有时是突然返回水文循环的,例如喷泉)。另一半则储存在地下 0.8 公里与 4.8 公里之间,完全不能返回循环,要到地球内部发生灾变时才能出来。但是没有水会永远被关在循环的门外,甚至陷在地表以下 4.8 公里的 1 万年以前的雨水也不会。

一股有相当数量的地下水浸透地面附近的土壤。在底层被岩石限制的水,不断向下渗透,最后形成一条完全饱和的地带。这个饱和带的顶层就是所谓地下水面,并非全部地下水都保存在地面附近。因为地心吸力的影响,有些地下水进入更深的地层(自流水层),夹在不透水的岩石层中间,上面水的重量对它构成一种压力。这种地下水常常向侧面延展到32公里以外,从一条河或一股泉水取得水的补给,然后流到遥远的表层土壤或流入海洋。夹在岩层中受到重大压力的地下水经过抽汲后的上升高度(如图3-6的中点线),随着水流与水源的距离而转变,距离越远,高度越小。

想汲出地下水,可在地表的土壤中挖一口井,或向下深钻,达到自流水层。深入地下水面的井,水会自动流入井内,像一根麦秸管插入玻璃杯后,水可以进入管内的情形一样。但自流井的水,是在压力下向上喷出的,常常高出地下水面,有时甚至还高出地表许多米。

(二)天然的复合管道

地下水面的部分升高,会引起水的地下运动。上部的水向下,压着下面的水,正如屋子里水管中的情形一样。地下水系统运转得像一个巨大的天然自来水系统。控制水穿过裂缝和间隙的因素,与控制水穿过人造水管的因素相同。这些因素包括管子的粗细和把水推过管子的压力。

地层下面水可以通过的孔隙连接起来,成为延展的通道。如果孔隙大,水遇到阻力便小而易于流过。如果孔隙小,或者这个通道很长,水流就会阻滞。碰上无孔物质时,水流就转向。

不像城市自来水装置那样,天然的地下水系统不能保持均匀的水流。上述自然因素中,任何一种因素的改变,都能减少或增大地下水流。向下渗透的雨水或雪水假使比排水点上流出的水快,水流就增大;地下水面增高,压位差也增大。相反地,进水不能和出水相抵时,水流就减小,地下水面和压位差降低。如果水在排水点升高,压位差又减小;在水源和排水点之间的高度差异减小时,排水和水流都同时减小,水还可能完全停止甚至倒流。例如突发的洪水能够把一条河的河面高度抬高到地下水面之上。在这种情况下,水不再从蓄水层流进河里,水流倒向，从河里流入河岸。

推动地下水的压力通常不大。水慢慢渗进井里或从泉源慢慢流出。但是，有时候地下的一个洞会在极大的压力下放出水来。这种情况，在许多地区很常见，称为自流水。这个名称出自法国北部的阿图瓦省，那里一连串的自流井在12世纪时引起了人类的注意，但人类对自流水情况早已认识了数千年。公元前几百年，中国人知道把几百米长的竹管插进自流井，引出井中的水。这种工作往往需要几代人去完成，这些井称为"爷爷井"。

地下水渗入不透水物质构成的两个地层当中，就会出现推动自流水的压力。这些地层阻止了水的流散，像水管的管壁一样，能在压力之下保存水。蓄水层向地下倾斜时产生压力，上层的水压在封闭的下层水上。一口井戳穿蓄水层时，可以释放的压力大小，取决于戳穿的地方与蓄水层中最高水平面之间的高度差异。这种差异可能很大，因为自流的蓄水层中的水，可以填满到接近自流井井口的高度。

自流的蓄水层在地下任何深度都能发现，但许多蓄水层藏在很深的地下。在伦敦，18世纪和19世纪时，井要向下挖到91~152米的深度，才遇到饱含水的白垩层，夹在城市下面大片的黏土层之间。这些井一直每天供应很多公斤的水。

到了19世纪中叶，人类才用有效的缆索工具钻自流井。1841年，最早的自流井之一在巴黎的格勒内尔郊区完成。钻井工作长达七年，引起了国际上的兴趣。井的深度是548米，完成以后，喷出一股高入天空的抛物线水柱，使钻井队的人大吃一惊。不久以后，在格勒内尔附近的帕西，又钻了一口自流井，深579米，达到地下的蓄水层。井里一股不间歇的水流喷出地面，高达16.5米，一天可供水2080万升以上。

（三）一个热水系统

自流井提供冷水的这种地质构造也是许多热泉或温泉的泉源。自流的蓄水层通常是深深地埋在地里，地下水的温度随深度而增高，大约每18.3米增加0.6℃。封闭水的不渗透岩层如果非常深，就可能把水带进了能变成高温的地区。

一个出名的温泉是美国佐治亚州的温泉。温泉所在的村庄南面

3.2 公里以外有一座松山，落在松山上的雨，是这个温泉的水源。雨水渗进透水的被当地称为霍利斯的岩层，向北流动 1.6 公里，达到了几百米的深处。开始的时候，水的平均温度大约是 16.7℃。但霍利斯岩层向下倾斜 914 米，到了这样深的地方以后，水才碰到不透水岩石而止流。现在，这股水很热，又在压力下回升到达最高层，在地面出现时，温度是 31.1℃。

人工装置的地下管道系统会影响温泉的运动，有时影响很大。从蓄水层中任何一处汲取水，都不可避免地要影响整个蓄水层。在地下水面的蓄水层以外，自流水系统也有这种情形。汲水可能减少水流，减少压力，减少输送的水量，或者三样都减少。除非蓄水层中补充的水等于汲取的水，否则水的供应最后总将大为减少。

土壤孔隙率对地下水的供应有很大影响，在等量的物质中变化很大。此处以图 3－7 的两个简图为例，物质的量两者相同，但(a)图上孔隙率几乎是(b)的两倍。(a)的岩石(假设是砂岩)的孔隙率为 47.6%；与此相比，(b)土壤的孔隙率(可能为黏土)只是 25.9%。

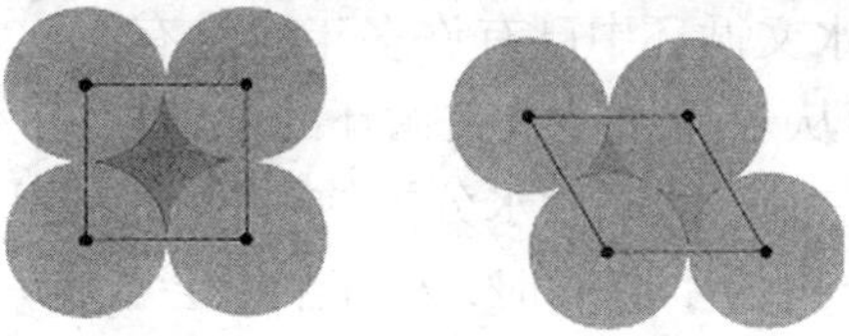

(a)　　　　(b)

图 3－7　土壤孔隙率

甚至一口井都能显著地影响地下水位。井从四周的饱和地层中取水，实际上能使饱和带的一部分水枯竭，在地下水面的平滑表面上形成一个凹痕。当大量地从井里汲出水，快于流入井里的水时，地下水面上的这一个凹痕会变成一个更深更宽的锥形，成为水文工作者所称的“凹陷锥”——地下水面中没有水的圆锥体部分。这些凹陷锥在每口井的周围，是井水抽完了以后形成的。每个凹陷锥因为增加了局部的压位差，可以增多一个蓄水层的周围地区流出的水量，一直到流入井里的水与汲出的水保持平衡时为止。自流水如果要保持水流不断，也要获得水的补充。从井里汲出每一加仑水,必须定期地在蓄水层中补进一加仑水。但这种平衡状态很少见,许多自流井的水过去是在它们自己的压力下流出来的,现在却需要抽汲了。

(四)供应的枯竭

在美国中西部,一股自流水夹在两个不透水岩层之间的巨大砂岩层内,在怀俄明州和南达科他州的黑山地表流出。蓄水层接受了雨水和地表径流,并把这些水运送到地下,弯弯曲曲地穿过了几个州。许多水流丰富的井都得益于这个巨大的蓄水层。但从1890年后开始,黑山的水需要供应的量成倍地增加,一些自流井的压力和水流量已大大减小。密苏里河的皮尔附近有一口井的水位,在35年内下降了91米。

因为已经开发的水源不断枯竭,有人提出了对地下储存的水作更深层的探索。现在的自流井的地层下面还有许多蓄水地层,保存的水比目前取用的水源还要多。

这种没有接触过的水,有些在地球深处藏了足有亿万年,埋在古代海下面沉积岩的气孔中,称为"原生水"。这个名称来自拉丁文,意思是"同时诞生"。水文循环中已有许多年代没有原生水了。但是,地球内部的深处,还有从未参加过水文循环的水,是几十亿年以前,从形成地球的宇宙尘埃中泄出的原始水分子的一部分。这种水封在结晶的岩石之中,作为水合物的水。有时,火山作用会放出一些这样的"少年水",让它以蒸汽的形式,在地表上出现。

不幸的是,原生水或少年水都不能供多方面的应用。原生水储存在灼热的地球深处并且处于极大压力之下,与矿物质相接触了好多亿年。现在,这种灼热的和受到压力的水已经充满了溶解盐。

开发地球深处的水源是不切实际的,而且无此必要。靠近地面的地下淡水的供应量相当丰富,如果获得适当的管理和储存,可以满足人类的需要。人类对地下水特性的了解日益增长,已使寻求可用水的工作,不再是工艺或碰运气的问题,而是一种可靠与科学的行动。

一些简明的迹象,长久以来,已由探索水源的人借鉴,作为工作上的指导。因为地下水面是可用水的上界,在小山脚下比较接近地表。这个位置为几千年来钻井的人所利用。池塘、沼泽和河流中的地表水,提供了更加有力的暗示:那里的地下水面实际上已从地下露出了。一个地区的植物群提供大自然的另一种简明启示,因为植物能指示水的存在与否。在干燥地区,旱地植物证明水的缺乏。例如,仙人掌能适应缺水的环境,它的存在就表明了可用水的缺乏。另一方面,水生植物或"井水植物",只生长在它们能够把根深入地送到毛细管边缘(事实上就是伸进地下水面)的地方。对于训练有素的观察者,他们会说"就在这里挖"。美国的几种水生植物——盐草、牧豆树和刺茎藜——都能指示某些干燥区域下有水;在另一些地区,柳树、火枫树、杨木和棕榈也是重要的指示水源的植物。

泉水通常产生于图 3-8 三种方式中的一种。最通常的是地下水流进了一层岩石上的所有孔隙,露出地面,成为一股泉水(左图)。有时,一层地下水因为地层中产生移动后造成了一个地质断层而露出地面(中图)。第三种泉水是时常受到重大压力的一层自流水冒出了地表。

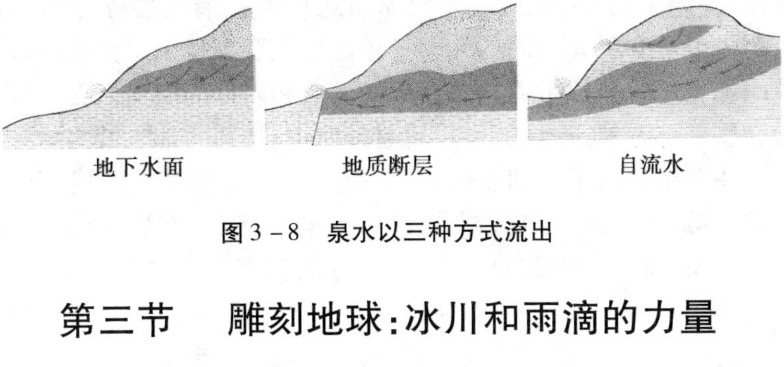

图 3-8　泉水以三种方式流出

第三节　雕刻地球:冰川和雨滴的力量

1540 年 9 月,天气很炎热的某一日,卡顿纳斯在现今的北亚利桑那州替西班牙探险家科罗纳多进行考察时,穿过一个平坦的似乎是一望无际的高原。忽然间,他毫无准备地发现自己站在一个深渊的边缘。这个深渊,今天叫大峡谷,是地球表面上的一条令人吃惊的裂缝,有些地段深达 1 英里(1.6 公里),但却是那么陡峭,只要站在它的边缘几公尺以外,就一点都看不出。卡顿纳斯是第一个到大峡谷里观察的欧洲人。现在,大峡谷荒凉的壮景——巨大陡壁上的华丽条纹,像多层的彩色蛋糕一样,已使成千上万的游览者感觉眼花缭乱,也许真可以在世界景观中叹为观止。峡谷很深,有时在岸边都见不到底,科罗拉多河在谷底流动,河水混浊,跟“科罗拉多”这个名称的意义相符。科罗拉多一词出于西班牙文,意义是“红色”。大峡谷就是科罗拉多河造成的,河流穿过红色和浅黄色的砂岩、绿色的页岩和红棕色的石灰岩,一英寸一英寸地慢慢侵蚀,一直到最后,在谷底的20亿年前的古老黑色片麻岩上,冲出一条河道时为止。阅读这一段故事,我们在感慨之余也联想到:事实上雕刻地球的力量不仅仅局限在河流,还有冰川和雨滴。人们对冰川的认识,可能更疏于对河流的认识。

一、冰川的力量

(一)冰川理论

冰有助于形成景观的想法只有150年的历史。首次提出这种想法的人是瑞士瓦莱州的一个未受过教育的向导潘劳丁(J. P. Perraudin)。他仅仅是“精干的羚羊猎人,以及冰川地形的业余观察者”,但他用洞察一切的眼光来研究四周的壮丽景色。他注意当地山谷旁边的高处有成堆的砾石——磨圆了的,大大小小都有,和附近的山上岩石不同。他认为这些砾石,一定是目前已经后退的冰川,从别的地方带来的。

有些瑞士地质学家同意潘劳丁的想法,但有很多人怀疑,其中,最重要的人物是纳沙特尔大学的青年自然学家阿加西斯(Jean Louis Rodolphe Agassiz)。他想证实冰川不可能像潘劳丁说的移动得那么远,在一段时期内测量一个山谷冰川的标记位置,但发现潘劳丁的话是对的。这一发现使阿加西斯把其他人士的观察和想法组成一个统一理论。结果,他建立了气候变迁和冰期的伟大概念,首先在欧洲后来又在美国哈佛大学广泛介绍。他在哈佛大学有一段长时期的丰富多彩的教学生活。

现在地质学家知道冰川作用——可能多达20次——是最近200万年以来地球气候的主要特征。巨幅冰盾曾一再前进和后退。平均夏季温度只要稍稍下降2.8~5.6℃,就能造成冬雪在地球上大片地区不能融化,堆成很厚的冰层。这可以从地面上得到证明:仅能在远处发现的岩砾以及不成层次的堆积物，例如石子、沙子和黏土，都是冰把它们推到现在位置的。

形成气候变迁的原因是一个争论的问题。从太阳接受来的热量，由于某种原因，例如地轴的摆动，吸收空气热量的二氧化碳变薄或太阳的辐射能量发生变化，可能出现减少情况。

最后一次大冰期到底何时开始，我们仍然未能确切知道。有些迹象表明冰期的第一次冰川作用开始于150万年以前。另外有些迹象指出，可能要向后推迟一点，大约只有100万年。一旦冰期开始，冰川就重复前进和后退。地球上至少发生过四次大冰期，或许还不止四次。在这些冰期之间有较长的温暖的间冰期，那时的天气可能比今天还暖和些。

最近一次冰川作用开始于5万年前，在17000年到2万年前进入最盛期。冰川范围更广时，覆盖了北欧大部分，加拿大全境以及美国北半部，冰层厚度达1.6公里甚至以上。现在植物繁茂的绿色地区那时是蓝色冰川和白雪的冷冻荒原。世界地形也和现在大不相同。几百万立方公里的原有液态水，从海洋流出，冻成坚硬冰块，使海平面降低91～122米。这些冰块一直到1万年前才退出美国大陆。

冰盾发源于北方，像一片固体的洪水在陆地表面上流动，改变了地形。冰盾退却时，不是倒流回去，而是从南部边缘步步融化。慢慢地把一路带来的或向前推进的物体遗留下来。例如，在美国伊利诺斯州，就能找到许多铜块，是从966公里以外的密执安米岛上部剥蚀下来的。

山谷冰川像河流一样，向山下流动，也向外流动，就像滴在桌子中央的蜂蜜一样，由于中央厚积部分的压力而向四周扩散开。冰川底部的冰受到上面重量的巨大压力以及受到下面地壳的加热，因而融化而成为一层液态水时，冰川就能在地面上滑动。但是冰川也能在自己的内部移动，因为大量的小冰晶会在整块的重量下稍稍移位。这些几乎看不出来的变位能够促成整个冰川的巨大运动。

(二)冰川的移动

冰川是沉重的流体，向前缓缓移动时，以几种方式带走岩石和砂粒。由于一时融化和一时冻结，有些砂石就埋在冰盾里面。大冰块底部的压力,特别在冰块向坚硬岩石挤推时,可能非常大——能使一个个冰晶的氢键破裂,变成液态水。这种水会流下,环绕着岩石周围,到了压力减轻时,水又重新冻结。这种由于压力变化的融冻交替能把相当大的岩石包入冰盾内部;然后,冰盾带着它慢慢流动。冰融化后的水也能渗进底岩的缝隙中,这种水再次结冰并膨胀时,底岩就疏松而裂成大石块。美国新罕布什尔州的康韦附近,现在还有12000年以前留下的这样一个巨砾,直径27米,重量达到10000吨。但很多冰川只是推着、拖着或顶着岩屑移动。

一条移动缓慢、满带岩砾的冰川,在地球上起着锉刀的作用。它粗糙不平的底部以及它拉动或推动的疏松而有碾磨力的物质,改变了山脉两边的形状,并且挖出U形谷地。如果山的旁边有几条冰川在工作,山的顶峰会削成尖点或尖“角”。两条冰川从一个山脊的两边伸展,可能在源头联结起来,在山脊上割出一条狭窄而陡峻的山隘。从谷地下移的冰川很容易从碎裂的地带带走石块,可能挖出一系列盆地,注满了水,形成一串湖泊。美国纽约州的芬格(意为手指)湖系就是最后一次冰盾把主河谷挖深并扩广后造成的。在底岩露出的地方,冰川能把地表磨光,有时像愚蠢的雕刻者那样留下相当深的伤痕。美国俄亥俄州桑达斯基以北、伊利湖中凯美岛附近的基岩上,就有这种伤痕式的沟槽,61厘米深,91厘米宽;加拿大大熊湖以西的麦肯齐河谷中还有一些沟槽,15米深,46米宽,长达1.6公里。

冰川融化时,遗留下来的泥沙杂物会形成景观上的许多其他特征。美国西北各地的一些广阔平原是冰川泥沙所铺成的,这些泥沙在冰川融水的冲洗中平坦地分布着。新英格兰境内散布的砾石使耕作很费劲,这些砾石是冰川推动的并且滑过的漂砾。有些绵延的低丘可能是另外一种冰碛——留在冰川早已过去的河谷边缘的堆积物,或是在冰川末端逐渐集积出来的终碛。冰川融化后,就留下了砂石、砾石和巨砾的堆积。这种冰碛可达数百米高,包容着上百万吨的物体。

冰水是有力量的。冰川是能磨蚀山地的大冰块,任何地方,假使温度允许长期积雪,多年不融,就会出现冰川。在格陵兰,100万年的积雪形成了3048米厚的冰冠。在这么多的积雪下,内部压力都能达到每平方英尺7吨(670千帕斯卡),冰的底层受到如此巨大的压力,就开始像图3－9所示那样地流动。

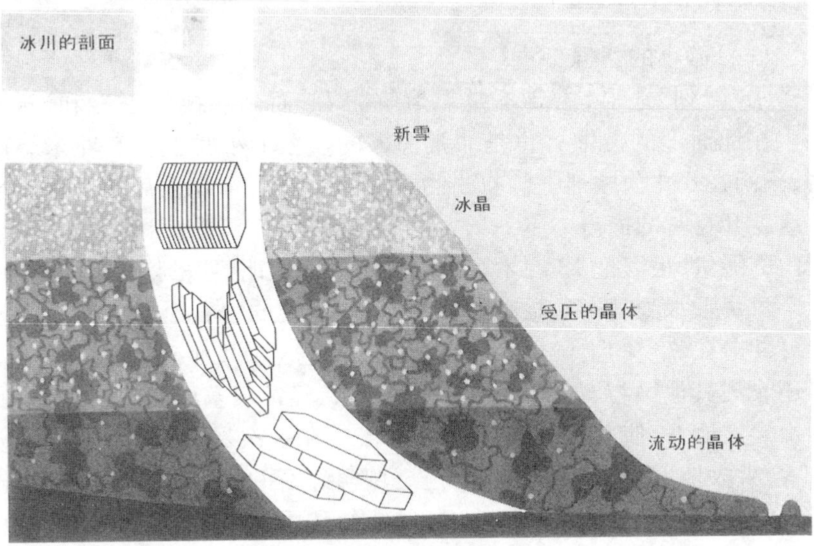

图3－9　使固体流动的压力

图3－9表示一条冰川,其中白色格和一条河流一样流动着,但要经过好几百年才能爬下一个山谷。冰川凿开陆地时,大量的岩石磨成细粉,法国勃朗峰上冰川前缘的水流,每年从冰川边缘带走大约8万吨的岩屑。

按照最近公认的理论,冰川的流动是因为巨大重量改变了冰的分子结构。每一冰晶含有60个水分子,集成六角形层次,见于冰川顶部。内部压力使冰晶变形,使冰层滑动:在冰川的底部,压力最大,使冰晶层自由流动。

经常可以在加拿大境内看到的一些孤立湖泊也是冰川形成的。这些湖泊称做“锅穴”,是大冰块留下的凹地。在附近冰川早已融化掉以后,冰块还长时间保持着冰冻状态。

许多河谷冰川目前仍在世界各地前进。它们是不是开始缩小,或者是不是会在另一次冰期中再度膨胀并冻结大地,这是一个仍待讨论的论题。

二、雨滴的力量

(一)微小的橇棍

水“雕刻”地形,主要不是靠溶解岩石,而是靠挟带砾石和泥沙。雨水在地面上的侵蚀力也是非常惊人的。在1小时下2.5厘米暴雨时,雨滴在0.4公顷地上的打击力,相当于一辆74.6千瓦的汽车以最快速度开行时的撞击力。一场大暴雨,每小时降5厘米深的水,在一小时内的能量,足够把18厘米厚的0.4公顷大的地层送到79米的空中。

每一颗水滴是一条微小的橇棍,从最坚硬的岩石上撬下松软的碎片。冲击在疏松的土壤上,它会挖出孔穴,把土粒飞溅到空气中。水本身还收集其他微粒,形成浮悬着污泥的水,经常填塞地面,防止后来的雨水渗入地下,使其在地面上积成片流。在一次暴雨中,片流经过搅拌,会大大地增强后来的径流运走土壤与碎石的能力。这些土壤与碎石,作为磨具,发生洗刷并切割地面的作用,更进一步地增加了侵蚀。径流能把微细的土石散布到最近的小川。小川在流动过程中,一路冲刷,将水中的沙石泥土带进了河流。河流再不断地进行这种过程,利用山地和山坡的土石,铺出低地,泛滥平原、宽广的冲积谷地,伸进海里的三角洲。

虽然河流对人类很重要,但河流科学的数学理论是在相当近的期间出现的。根据能量关系的概念反映出世界河流系统中存在着异常的一致性,使人类对那些古老的问题,诸如洪水、沉积、侵蚀与河道迁移等,得到更深入的了解。

(二)滴水溶岩

水造成的一些戏剧性变化是由肉眼不能看到的微观过程来完成的。一个雨滴落到地面上,可以有每立方英寸2.3磅或16千帕斯卡的压力(通常在一次倾盆大雨中,每秒钟大致有500万个水滴降落到0.4公顷的土地上)。储留在岩穴中的冰晶由冻结的水汽所形成,以每立方英寸400磅(2760千帕斯卡)的压力向外膨胀;许多冰晶力的乘积足以分裂岩石。蒸发水汽留下的盐晶会在岩隙内生成和扩张,直到岩石产生裂缝时为止。水也在地球上施加一种深远的化学力。地下水中含有丰富的某些元素,水和露水对岩石中矿物能发生作用,使其在土壤中溶解,有时成为植物养料。

如果水能用各种方式毁坏岩石,它也能重新造出岩石。地球表面3/4的面积被沉积岩层所覆盖。沉积岩层是挤压的物质,从一处冲走,再在另一处重新沉积而造成的。

在陆地上水起的作用更为壮观。水不仅是巨大的冲击力量,也是不显眼的却是稳定的溶剂。最突出的情况或许是地下水溶蚀的地下石灰岩洞穴。石灰岩在纯水中不能溶解。但雨水里含有一些二氧化碳,是在大气中降落时以及后来在渗透过植物根部与腐殖土或腐烂的植物时,先后吸收到的。结果是,雨水变了地下水,就成为稀释的碳酸,和多数是碳酸钙的石灰岩起化学反应,把不溶的碳酸钙变成为碳酸氢钙,能在水中溶解。在地下裂隙里,这种轻酸溶蚀了石灰岩,把裂隙扩大成巨大的洞和走道。然后,从洞顶上掉下来的水滴开始形成美丽冰柱似的钟乳石和从洞底向上生长的石笋。这些钟乳石和石笋也是碳酸钙到碳酸氢钙的化学反应造成的。碳酸氢盐的溶液蒸发时,释放出二氧化碳,沉淀物转化成碳酸盐——石灰岩。附着于洞顶的水滴是碳酸氢钙的浓溶液,蒸发的时候,就在洞顶上留下小量的石灰岩。同样地,一滴水掉到洞底而蒸发掉了,也在洞底添上一点石灰岩。因而,钟乳石向下伸长,石笋向上生长。

世界上的所有岩洞,除了少数能在石膏矿和盐矿床中找到外,差不多都是这样形成并装饰起来的。有些岩洞确实非常壮丽。新墨西哥州东南部的卡尔斯巴德迷宫虽然还没有完全挖出,深度已经超过355米;其中有一个不规则的洞穴,高达85米,底部面积达5.7公顷。

在潮湿的气候中,地球表面也会因为水对石灰岩的化学风化作用而发生急剧的改变。有时这种过程形成一种奇特的景观,称为喀斯特地形。喀斯特是南斯拉夫一个地区的名称。那里的石灰岩里面都是洞穴,地面也满布凹陷,叫做落水洞,即积了大量的水能使洞穴崩坍。当地的河谷会突然扩大或收缩,相当大的河道会突然消失,到了地下;深的凹地架在天然石桥上面;分支河谷高悬而不能成形,因为切割悬谷的水没有了。

第四节　雕刻地球的河流

一、对河流的理论认识

(一)河流的生存状态理论

有关河流雕刻景观的长期观点,是美国的台维斯(William Morris Davis)——一个热情奔放的具有强力品格的地质学家,在19世纪80年代中叶发展起来的。台维斯把河流与河谷看做是活的有机体,从幼年起,不断生长,经过青年和壮年,最后达到老年。按照台维斯的说法,河流的生命循环在新的陆地从海洋中出现就开始了。雨水下降,冲击沟渠,沟渠的水汇成河道。湖泊在不平坦地面上的低洼处汇集了水,但浅水的小河把河道挖深并向下切割出陡坡的V形谷地时,湖泊很快就消失了。从河流的主要干流分散出来的支流像一棵树的分枝。河流成熟时,河谷加深,支流伸展得更长。

台维斯说,河流也有从活跃的壮年进入迟钝的老年阶段。在这个时期内,大部分的坡面露出而受到侵蚀,河流带走了大量的砂石。但干流的下游流动在平缓的坡面上,可能无法继续带走那么多的砂石,因而把其中一部分堆积在泛滥平原上。不知不觉地,河流就从活跃的壮年进入老年期。所以,谷坡大为减少;一度陡峭而凹陷的河流盆地变成了一个“浅碟”。到了这个阶段,河流逐渐缓慢,水面仅稍微高出海面,河水中的沉积物也不多。

台维斯的结论,有些是不正确的,例如,新的观察结果表明,河流在平缓的坡床上,实际比在某些陡峻的坡床上流得更快,带走的土石更多。但台维斯的生物比喻是引人入胜的,虽然已由实地测量所得的较多理解予以修正,现却仍然被人引用。对这种实地测量从事统计分析的一位先驱者是美国水利工程师霍尔敦(Robert E. Horton)。他在河流系统方面的统计叙述是初等数学的最早指标之一,对世界上所有河流都讲到了。霍尔敦按照河流分支的复杂程度以及大小来将河流分类。

没有支流的河标明是第一级；只有一条支流或几条第一级支流的河属第二级；至少有一条第二级支流或几条第二级支流的河才能归入第三级。密西西比河是第十级，世界上最大的亚马逊河和刚果河各自列入第十二级和十三级。

现在可以看出，地球上几乎每一河系包括的河流，都是高等级的少，低等级的多。级别愈高，河流愈长，注入主流的支流总数以及分水岭内的流域面积也愈多愈大。更令人吃惊的是数学关系可以断定每一级河流会有多少支流。实际情况证明，每一河流平均有三条或四条次一级支流。这就是说，一条第二级河流是由三条至四条第一级小川供养的，一条第十级河流是由三条至四条第九级河流供养的。波托马克河估算为第七级，它的支流谢南多亚河、波托马克南北支流和诺开西河大致是第六级。

这是供养一个河流系统的区域，是一种地质等级。按照给养的支流种类，把一切河流列出等级。在这种分级中，第一级河流是没有支流的，完全从一股泉水或雨水形成。第二级河流是由第一级河流供养的。图 3 - 10 中所示是第三级河流。它的流域盆地完全是由第二级和第一级河流（第二级流域盆地以蓝色表示）组成的。这种河流分级方法是 20 世纪 40 年代由美国水文工程师霍尔敦创立的。

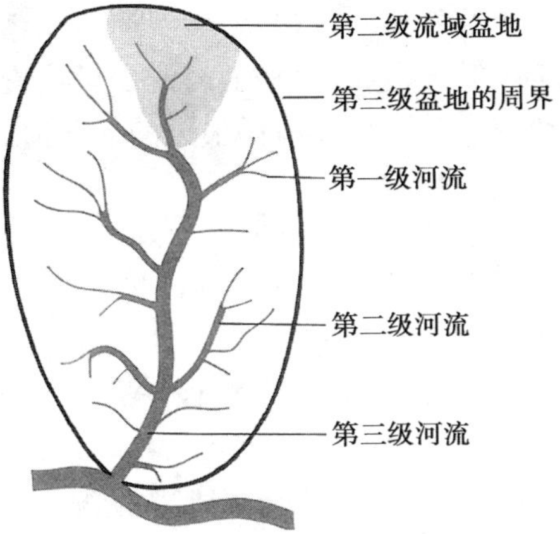

图 3 - 10 流域盆地示意图

这些广泛的关系弄清楚了以后，就可以表明基本的自然法则如何控制着河流的行动。此种情形使美国地质调查所的伦贝因（Walter B. Langbein）和他的同事们把河流比作能源系统。当河水从海里蒸发，升入大气中时，一条河流就获得能源。这是位能——和从地上举起一个重体所得的位能一样。如果重体下落，位能就变成动能，即转变成下落重体的速度。最后，动能在下落重体撞到地面上时消失。在同样情形之下，大气中的湿气的一些位能，也在凝成雨滴下降时变为动能，到雨滴降落地面时，动能就消失。但下落的雨滴，有很多仍然保留着位能，因为它们落在比海洋平面高的上空，没有一直落到“底”。这种残留的位能转移到小川同河流的水中，在水从山上流下时逐步减少——经过各种磨擦后变成热能，直到了最后河流注入海洋时才全部用完。向下流动的水面坡度是整个河流上能量损失的测度。

（二）河流的热动力理论

伦贝因应用热动力学理论研究河流，他发现与能量损失率有关的两个事实。第一，能量损失率必然是沿着河道相当均衡地分布，河床的每一部分的能量损失大致相同。这就是说，河流在一处的磨擦和在下一处的磨擦大致上是一样的厉害。但损失率的绝对平均分布是很少见的，能量损失集中于一处也是罕见的，只有一条救火水龙带扭结时全部喷水力才会集中于扭结的那一点。第二，一个河流系统的全部能量损失率加在一起一定很低，这意味着整个河流尽可能慢慢地消耗它的能量。一条河流假使有一个瀑布要消耗很大的能量时，它就会设法减缓瀑布，以求恢复平衡。

伦贝因理论的两个条件是最小损失率和损失率的均衡分布、相互矛盾。河床的坡度适合一个条件，就不适合另一个条件，因此需要加以调整。结果是河流永远达不到损失率均衡分布和损失率最小的两个条件，而只是牺牲一个条件去满足另一个，像家庭妇女平衡一个收入不够支出的预算一样。

这些理论研究的实际成果常见于相似的情况之中。扭结的救火水龙带因均衡分布的要求，不会老是扭结：在管子扭结处的能量集中，会迫使水龙带自身解开，成为缓缓弯曲的一长条。一个瀑布因为两个条件的需要,也会急速地把峭壁蚀成倾斜的河谷。瀑布的突然降落既构成高损失率,也构成集中损耗;水的冲蚀能提供一个均衡的分布,将峭壁变成坡度较缓的河谷,就是一个实例。

二、河流的力量

(一)河流的迂回

河流形成曲流是上述影响的一个更复杂的例证。除非两边是人造堤岸,否则一切河流都是弯曲的:天然河道很少在10倍于河道的宽度的距离内保持直线。因此,一条宽30米的河流就不会在300米内直线延伸。

曲流似乎是一切河流的特征。它的直接原因看来是河底的起伏不平。河床不是平坦的槽,而是一系列由沉积物堆积而成的洼塘和浅滩的交替组合。沉积物随意流入水内,但砂粒却迅速地一堆一堆分开——像汽车在繁忙的公路上排列成队一样。

河水在浅滩上形成急流,每一单位长度消耗的能量比在浅滩后面低平洼塘上消耗的能量多——除非例外地受到平衡作用的干扰。为了补救洼塘中缺少坡度的情形和增加洼塘中每单位长度消耗的能量起见,流水不得不改变它的方向并且要走弯曲的道路。这样,河流才可以平衡它的收支,使能量损失保持均衡的状态和最小的限度。理论的数学计算给任何一个观察者解释了这样的事实:曲流在洼塘部分弯曲,在急滩上是直线。

曲流作用在平坦的河谷里更为显著。那里的堤岸比陡峻的岩岸更易于侵蚀,曲流具有自身的模式:一系列的弯曲水道,全部长度是河道宽度的5倍到7倍。一条30米宽的河流,平均1.6公里有8~10个弯曲水道。这些弯曲水道的形状也很特殊,不是圆弧,而是特别的三角曲线,在一定的长度内,使整个弯曲能保持最小限度。

河流——或大或小,出名或不出名——迟早都要流入海洋,能量消耗掉了,在三角洲上卸下从陆地上冲刷下来的物质,最后同海洋里的水混在一起,帮助海盆的形成,一直到一部分受太阳蒸晒,变为升空的蒸汽,再回到和一百万年以前,一个月以前,甚至一天以前完全不同的地面。

图3－11是河道的迁移示意图。河流向侧旁转移,成为曲线,这是河水侵蚀并沉积河床物质而造成的结果。水绕过曲线会受到离心力的作用。底部的水受磨擦而减速,流动时比上层的水慢。这些影响加在一起,使水有一种螺旋式的运动,结果,从外岸冲下来的泥沙就沉积到内岸,形成曲线的弧逐步增大。但是液态水总是在刻塑着大地。

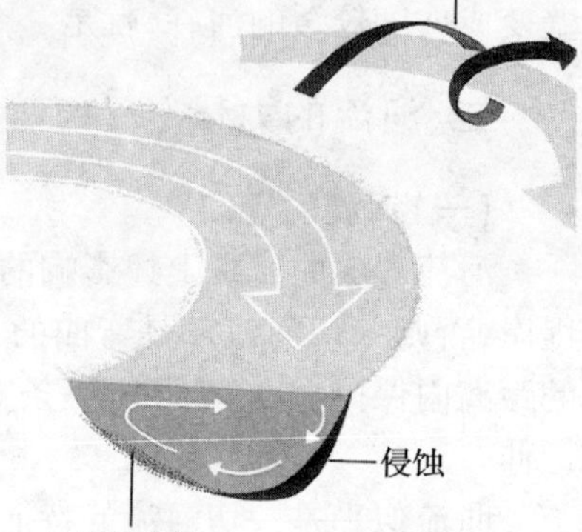

图3－11　河道迁移示意图

图3－12所示为水刻蚀的山。美国犹他州亨利山的山脊,柱状山坡和峡谷,是由降水的径流在极长时期中切割而成的。这个地区最初是荒凉的页岩平原,后来受地球岩石圈的压力,才向上隆起,成为圆顶的山。过去8000万年中,侵蚀的河流逐步把页岩顶层切削成现在的地形。

(二)河流的景观塑造

自从40亿年以前地球表面开始形成以来,水已经在地球上进行了重新塑造的任务:夷平山地,挖掘峡谷,建造三角洲。从构造运动使地球上岩石圈或地壳外层的位移从而形成景观的时候起,水就开始它的工作,开凿了粗糙的大地形,刻画出精微的地貌。河流与降水,冰川与海浪,都参与了这个塑造过程。利用重力的帮助,水运走各种土石,包括雨水中排出的最微小的泥沙到洪水推动的巨大砾石。有时候,水在山崩或泥流中,突然间推移着大量物质,造成灾难性的后果。但更常见的过程是缓慢的,水不依不挠地咬啃地面,小川和小河汇合成大河与大江。水在陆地上工作时,总是用一定的速度消耗它的能量。因为如此,水憎恶障碍物,遇到什么东西就把它们带走。如果水能称心如意地工作,地面上将根本没有景观,所有河流会以均匀的速度,没有障碍地一路流入海洋。

图 3－12　水刻蚀的山

水从山地流入海洋，地球上没有一个山缝或裂隙能够逃过它不可抗拒的力量。造成各种地质形式的侵蚀工作表示在图 3－13 中。流动的冰川、弯曲的河流、澎湃的海浪，再加上巧妙的风化作用：把河谷雕刻成平原，改变了海岸线。

图 3－13，这幅复合的景观图表明了水和地形的许多相互作用。图的前面，海浪在沙岸上侵蚀着。图后面的山岭上，冰川挖出了谷地，山地（图中最右边）因为排水的关系，表土都没有了。小川与大河（图中）把沉积物带到了海里。沙漠地区（图中右）上，水蚀成了岩质峡谷，并且冲掉了土质松软的高原。悬崖时常受到附近河流的洪水的侵蚀。这种风化在一万年间造成明显的变化。

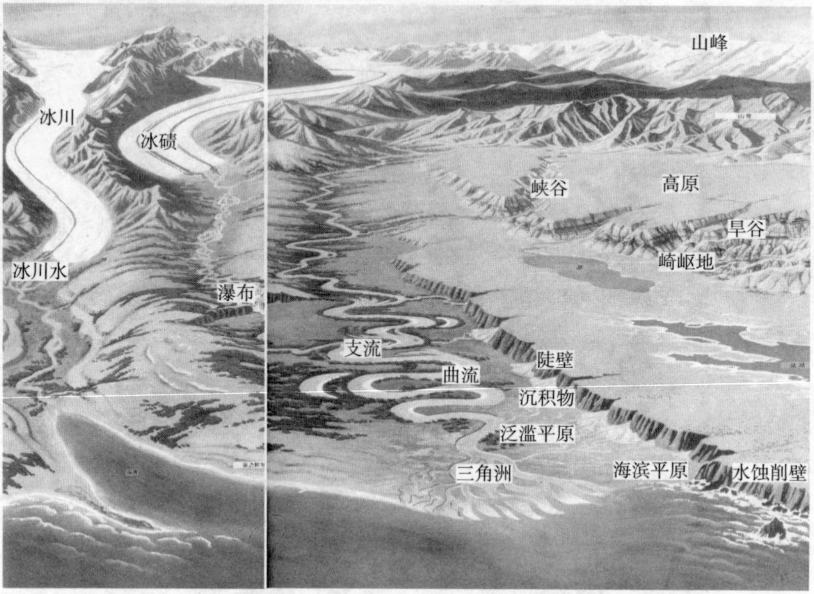

图 3-13　河流冲击和水侵蚀变化的地貌

水遇到最大的阻力时,工作得最坚强。在山坡上,奔腾的急流(有时是冰川)穿过坚硬的岩石。到了较为平坦的平地,水在松软的土壤上割出弯弯曲曲的宽阔的河道,一面侵蚀,一面沉积。如果不是因为这种侵蚀与冲积的平衡作用,地面将迅速地缩减为一个全是陡壁与深谷的不适宜于生存的地方。

在漫长的地质年代里,另外一种平衡出现——在山地的侵蚀与重造之间。例如,美国东部的阿帕拉契山在过去2亿年中已经7次上升,为地球的剧烈运动所抬高,然后又在千千万万年中为雨水所切蚀。如果没有这种侵蚀作用,阿帕拉契山的最高峰将比珠穆朗玛峰高出1.6公里。

虽然一次凶猛的洪水或一次毁灭性的旱灾,可能在比较短暂的时间内,在地表形态上留下一个区域性的损伤痕迹。但水的侵蚀带来的许多巨大变化是要以千万年来计算的。其中原因之一是,变化是只有一小部分河流的水力消耗在有效的剥蚀土壤与岩石的工作上。如果全美国所有的水的潜在能量都能够有效消耗在侵蚀作用上，那么提供的力将等于500万辆堆土机工作一昼夜。

图3－14的景观与图3－13表示的是同一地区的地质构造景观，但二者是相差一万年的景象。图3－14是一万年以后地貌经过河流的冲击和水的侵蚀可能真正发生的变化。

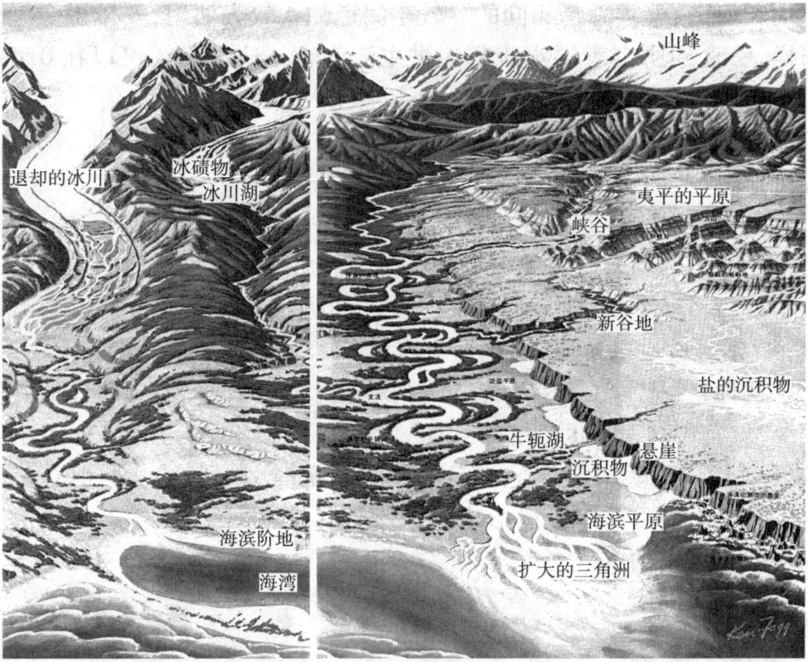

图3－14　相对图3－13已经变化一万年后的景观

这一段时间等于石器时代到现在，从地质学上来说，一万年是一段很短的时间。例如，喜马拉雅山已经不断抬升了大约2500万年。不过，即使在一万年中，大量的水力工程仍然经常在进行。举一例来说，过去一万年中，密西西比河流出来的水足以填满8个墨西哥湾，带来的沉积物足以建成比珠穆朗玛峰还高的山峰。

和一万年前见到的同一景观相比，图3－14右面的地面有了大的改变。山谷冰川（后方）因天气变暖而后退；海岸线（前方）的中央部分削直，只在右方形成了一个三角洲而向外伸出；山峰（右后方）蚀低，山谷挖深;河道(中央)中出现了牛轭湖。在平原上,一个湖自蒸发干涸,成为盐床;另一个湖泊在一条河流冲出一个谷地后消失了;崎岖地域已扩大,使高原面积缩小。

(三)自成的水系

无论什么地方,雨水从陆地流开,就会挖掘出自己的水系,形成的小沟和河道,模式总是相同的。较小河道注入较大河道,安排得像树枝那样,一直到所有表层水流都注进主流为止。这种模式可以在0.4~0.8公顷的排泄沟谷中看到,也适用于注入一条大河的支流。就是这样地,密西西比河及其广大支流网排泄了323.7万平方公里地区的水,每年把205亿立方米的水量注入墨西哥湾。

虽然雨水落地并从陆地流开的模式是不变的,但是一个地区内排水道的数目却随着降水的数量和土壤的性质而变化。在新墨西哥的一个旱谷内,43条小川同河道排泄1.5公顷的水。在阿巴拉契亚山坡上,43条河道足以排泄1690公顷的水。

这种基本模式的不变,是因为树枝状水道排列最为有效:任何其他系统会需要总长度(即所有支流的总长度)更大的河道替同样大小的地区排水。因此,在建造它自己的排水系统时,水到处流动,但总是朝着阻力最小的方向。自然形成的水系是有生有无的,图3-15拍摄了一个即将消失的古老河道。

图3-15　古老岩石中的河道

(四)冲刷出峡谷和河谷

即使最小的河流也具有可以产生侵蚀作用的磨碾力。而一条河道中的强力水流,由于瀑布或急流加速时,这种磨碾力能造成可观的成果。流得比较缓慢的河流会刻蚀成宽广的、坡度平缓的河谷，流速快的河流，会挖掘出狭窄的、陡峻的河谷，称为峡谷或山峡。在一个深峻的 V 形的峡谷的谷底上，水中的岩屑冲刷出一条河床，需要上千年的时间。甚至在挖掘自己的河床时，夹在峡谷中的河流会挖进峡谷的两岸，使更多的岩石倒入水中，保持侵蚀过程，并使峡谷日益扩大和加深。

从某种意义来说，瀑布是一种意外的侵蚀事件。当一条河流突然从坚硬的岩石流过松软的岩石（如石灰岩）时，松软的岩石迅速遭受侵蚀，先形成一个急流，然后再形成一个瀑布。侵蚀性的切削慢慢地使坚硬岩石的边缘倒坍，瀑布一步步地向上游移位。尼亚加拉瀑布自从 1 万年以前形成以来，已经后退了 11.3 公里，按照这一速度，在 22800 年以后，它将消失在伊利湖中。

伊瓜苏河在阿根廷与巴西边境的巴拉那峡谷形成了世界最宽大的瀑布——伊瓜苏瀑布。瀑布冲击着 1 亿 8000 万年前的古代熔岩层。瀑布顶上的一个坚硬岩冠，被翻腾的水以平均流量为 1246 立方米每秒挖空，岩壁陷落，瀑布向上游退却。

图 3－16 所示，是美国黄石河流域的一处被黄石河刻蚀了的深达 366 米的峡谷。由于径流和冰川的侵蚀力，峡谷形成了 V 字形。在重力的帮助下，径流和冰川从峡谷两侧剥落石块，滚入下面的急流。在峡谷源头，一个急流的瀑布和一条河流汇合，在那个地方穿过黄石高原上比较松软的火山岩。

我国川西、云贵高原和西藏等地区，峡谷地貌突出，金沙江、沙鲁里山、雅砻江、大雪山、大渡河、邛崃山等地区峡谷地貌极为典型，构成中外闻名的高山峡谷区。黄河上也有许多峡谷，主要集中在正源卡日曲到龙羊峡、青海龙羊峡到宁夏青铜峡间及晋陕峡谷三河段。

图 3－16　一个峡谷的扩大

一条河流在一个平原上冲出一条曲线河道时(见图3－17),河面的水(用箭头表示)从一岸沿对角线向对岸流下,部分的水冲击并侵蚀河岸,另一部分的水沉降,侵蚀河床。从受侵蚀区带过来的物质沉积在同一边的下游。这样,在每一弯曲处,一岸被冲去,一岸就堆积起来。结果是这条河弯曲得更甚了(河水在流动过程中,根据流量、流速以及流经的不同环境条件,可能弃老河道,开辟新河道,如图3－18所示),出现牛轭湖。

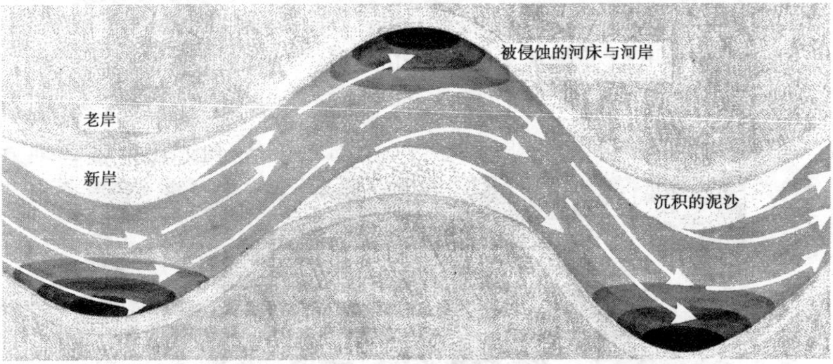

图3－17　河流切割出更弯曲的曲线

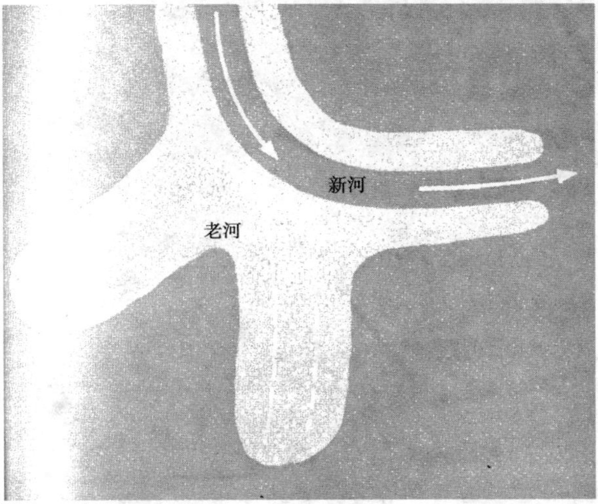

图3－18　牛轭湖(中央)

(五)河流挟带泥沙建成了三角洲

在平坦的泛滥平原上,一条河流往往在它自己冲出的河床上流过。这个平原是河流在不断弯曲流动的过程中流下的泥沙层建成的,或者是在河流的洪水泛滥时期建成的。一粒泥沙从山顶移动到海洋,可能要好几千年。经过侵蚀的物质在一连串的短距离行程中冲刷下来,一粒泥沙也可能在几天内就到下游,接着是停留在岸边几千年,等待着再一次的短距离行程的机会。一条河流注入一个湖泊或海洋时,它的速度就受到限制,要把沉重负荷的泥沙倒在湖底或海底。当泥沙堆积起来以后,河流的出口处就成为一个新的陆上三角洲。

科罗拉多河带着沙石向下流入加利福尼亚州和亚利桑那州边境的哈瓦苏湖,在河口造成一个扇形地区(见图3-19)。无论在什么地方,

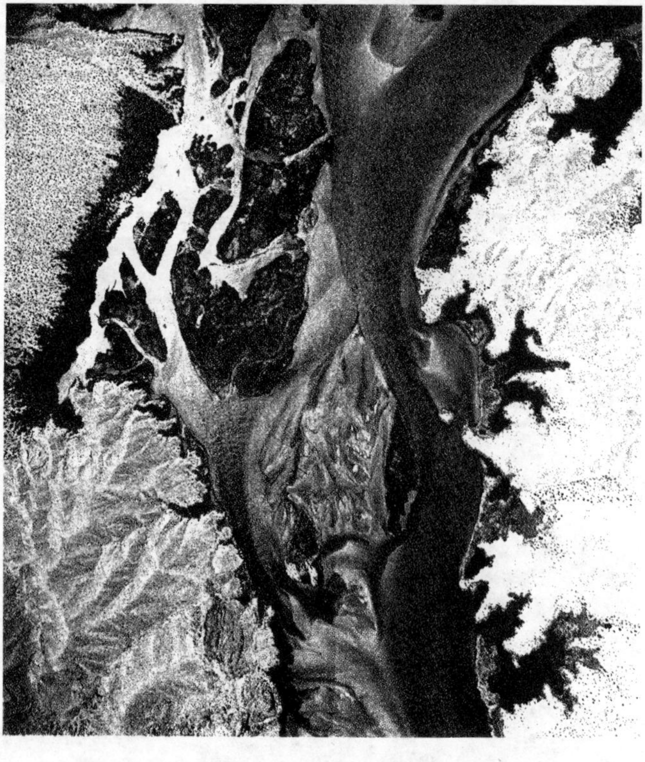

图3-19　三角洲的建成

流动的水遇到了一片静止的水，就能形成这样的三角洲。这个时候，沉积物堆积起来，能使一条河的主流改道注入新河。密西西比河每天有200万吨的冲积物，沉积到墨西哥湾，这种大量的沉积物的重量，足以使地壳变形。地壳每百年要下陷0.9米。

本章小结

河流自然生命的命脉是流动。人们对水流动的认识，是晚近的现象。河流流动的内在目的是保持河流生命的健康，外在目的是维持地球水圈的水循环。这种水循环在总量上是平衡的，河流充当了从陆地到海洋的水循环的中间环节。在这个水循环过程中，冰川、地下水、雨水为河流提供了物质和能量的补充，也是河流生生不息的根据地。河流不仅以流动的方式脉动，而且也以雕刻地球的方式为河流自身发展和地球上的生物（包括人类）开辟进化的道路。

第四章

维持河流自然生命的健康

“维持河流健康生命”的理念是对“维持黄河健康生命”理念的扩展，是有助于人类社会可持续发展的河流治理开发与管理的终极目标。维持健康的河流自然生命是维持河流健康生命的首要任务，它建立在全面认识河流自然生命的结构与功能的基础上，勾勒出河流自然生命与包括人类在内的大自然休戚与共的壮美图景。

第一节　河流自然生命的类型

河流自然生命的类型，根据人类干预自然的程度，可以分为三种，即天然河流自然生命、复合河流自然生命和人工河流自然生命。

一、天然河流的自然生命

天然河流是人类活动没有干预到或经过人为干预后基本恢复源发状态的河流。其生命形态保持源发自然性，自然规律发挥主要作用，决定着河流自然生命的存在状态和发展形式。无论对河流自身还是对自然界来讲，一般情况下天然河流的状态是比较健康的，这也将为我们探讨河流自然生命健康评价标准提供有益的借鉴。

(一)天然河流的结构

1.天然河流自然生命的形成和运行

在地球的演变历程中，出现过多次陆地板块的分离和碰撞，相应发生过多次的陆海变迁。河流是一定地质和气候条件双重作用的结果，地球内力作用导致地壳运动，喜马拉雅山在新生代第三纪中期崛起，导致了我国出现西高东低的地势，从而形成我国大部分河流由西向东的流向。到新生代第四纪，东部形成了广大的冲积平原，出现了当今我国主要河流的雏形。地壳运动形成的线形槽状凹地提供了集水场所，地势的高低之分导致凹地内水的流动形成河流。河流多发源于地势较高的地区，冰川和雪山融水是河流源头的主要水源，在重力作用下，河水由高向低流动，沿途接受来自大气降水、地表径流和地下水的补给，其中大气降水是河流的主要水源，最后流入海洋。

从整体的空间结构上分，河流包括上游、中游和下游。从河流水系的组成部分上分，河流包括河源、干流、各级支流、连通湿地和湖泊以及河口尾闾。河流具有流量、流速、水质、水位、年径流量、洪水流量、悬移含沙量、流域面积、水文周期等水文参数，自然条件下，这些参数主要受气候和下垫面因素的影响。洪水就是多种水文要素共同作用的结果，是河流运行过程中表现出的生命高潮，它冲刷或淤积河床，甚至使河道变迁；它为湖泊、湿地和土壤补充水分，为物种提供生境，为海洋输送更多的营养物质，它是河流生态系统自组织下的自我调节机制，是河流存在和保持完整性的必要因素。

河流的流动过程中，河水的侵蚀、搬运和堆积作用下，河流形态不断演变，经历幼年、壮年和老年的演变过程。幼年河开辟出 V 形河谷，河床浅，河道较直较窄，流量小，流速低；壮年河河床更深更宽，河道曲折，由窄变宽，流速和流量都明显提高；老年河更容易改变河道，从而呈现环形或弯曲状，牛轭湖就是老年河的代表地貌。

随着河流的诞生并不断发育，河中相应出现了适应特定水生条件的水生物种。在河流水系与水生物种相伴共生的过程中,河流水系为物种提供生命支撑,物种的生命活动完善了河流水系的功能,二者有机作用,成为有序的生态系统,构建出完善的河流自然生命的结构。

2. 天然河流自然生命的系统结构

研究河流,不是把它看做一个单独的、孤立的生命实体存在,而是看做一个包含河系本身及相关水生物种在内的生命集合整体。"因此,可以把河流看做是开放的生态系统,或更准确地说是比较大的地球水圈复合系统的亚系统。"研究河流自然生命的结构,就是研究河流生态系统的结构。

河流生态系统是由若干要素组成的,各要素之间存在着特定的关系,形成一定的结构。

关于生态系统的概念有两种理解:一是指生物群落与无机环境相互作用的自然系统,是无机环境与生物群落的有机结合,生物群落包括生产者、消费者和分解者,无机环境是指非生物物质和能量。这是从生态系统的结构方面来解释的。组成河流生态系统的要素主要包括河水无机环境和生物群落。二是指一定空间中的生物共同体(动物、植物、微生物)与其环境组成的动态平衡系统,其中包括人类在内的各成员借助能量流动和物质循环形成一个有组织的功能复合体,这是从组成结构的人类、其他生物和环境各要素之间存在数量关系、空间关系、时间关系和相互制约关系上解释的。这种解释适用复合河流系统。

在河流生态系统的结构中,河源、干流、各级支流、连通湿地和湖泊、河口尾闾,水中生物群落以及流域内的森林、草原等植被系统构成了河流生态系统的结构要素(如图 4-1 所示)。这属于上述生态系统概念的第一种解释。

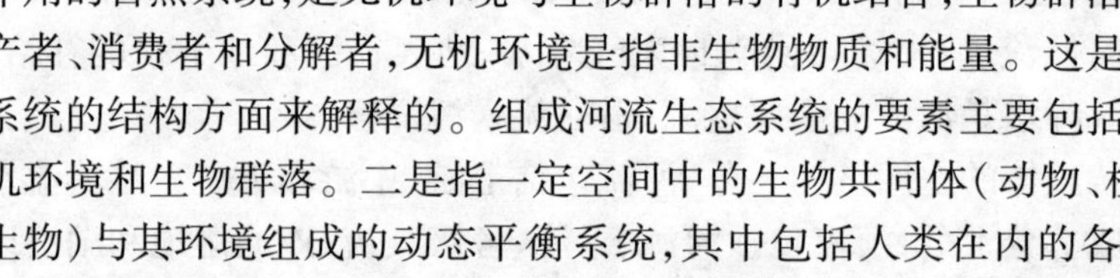

图 4-1　天然河流自然生命的结构要素

河源是河流的诞生地，是河流存在的必要因素。河道在整体上限制了河水的流向，河床则将河水限制在河槽中，随着一年中汛期、中水期和枯水期的变化，河水在河床中涨落。湿地和湖泊与干支流构成了天然的连通器，发生洪水时，河水会漫过河床，流入河道两侧的漫滩，大量流进湖泊和湿地；在正常的枯水期，湿地和湖泊的水又会流进干支流河道，确保河流维持流动的基本水量。太阳辐射源源不断地为河流生态系统提供能量，河流生态系统中的水——主要是河道内的水——吸收了太阳能辐射转化为能量，一部分能量在水分蒸发中消耗，一部分则成为河流流动的动能，还有一部分保留在生态系统中。

生物群落是河流生态体系的另一组成要素，而它又进一步由生产者、消费者和分解者三个要素组成。

河流中的植物系统，流域的植被系统特别是森林，是河流生态系统的生产者，它们通过光合作用把无机物制造成有机物，把光能转变成储存在有机物中的化学能。河流生态系统中的许多动物，如水生昆虫、各种鱼类等，它们自己不能制造有机物，其生存必须直接或间接地依赖于水生绿色植物，它们是河流生态系统中的消费者。河流生态系统里还有巨量巨大的细菌和真菌，它们能将动植物的遗体、排泄物等含有的有机物分解成无机物，归还到无机环境中，再被水生绿色植物重新利用，进行新一轮的能量流动和物质循环。它们是河流生态系统中的分解者。

在河流生态系统中，各种水生生物之间会由于食物关系形成食物链。例如：小鱼吃水草和浮游生物，大鱼吃小鱼，这是河流生态系统最简单的食物链。河系越庞大，生物的种类越复杂，其中的食物链就越多、越长，彼此之间的联系也就越复杂。因为一种水生植物可能是多种鱼类的食物，而一种鱼类既可能吃多种水生植物，也可能成为其他鱼类和动物的捕食对象，从而，各种食物链彼此交错，形成网状。在一个生态系统中，许多食物链彼此相互交错连结，会结成复杂的营养关系，即食物网。食物链和食物网是生态系统的营养结构，是生态系统进行能量流动和物质循环的渠道。同样，河流生态系统中的食物链也结成复杂的食物网，为河流生态系统的能量流动和物质循环提供途径。

能量流动和物质循环将河流生态系统的各个组成部分紧密地联系在一起，更能体现出河流生态系统的整体性。

（二）天然河流的功能

河流自然生命作为自然界的产物和组成部分，自然功能是其最根本的功能。河流自然生命的自然功能是其遵循自然规律，为自然环境服务的能力。主要包括水文功能、地质功能和生态功能三部分。

1. 水文功能

水文功能是河流自然生命最基本的自然功能。“地球系统由地圈、水圈、大气圈、生物圈和人类圈所组成，各圈层之间进行着复杂、广泛的物质迁移、能量传输和信息传递过程。河流是水圈中最活跃的因子，是实现地表物质迁移最重要的载体和动力条件。”进一步再从河流作为水体来讲，地球是一个富水的星球，整个地球是一个大水圈，由地质水圈和水文水圈两大部分构成。由于地质水圈分布在地壳下部到下地幔的范围内，通常我们研究的水圈是分布在地球大气圈到地壳上半部之间的水文水圈，研究的水文循环也是发生在水文水圈中的。

水文循环是地球物质迁移，能量交换、转化和信息传递的重要途径和方式，它与自然和生命的形成、发展有极其密切的联系。尽管河流水量只占整个地球水储量（水文水圈水储量）的0.0002%（见表4－1），但它处于无休止的运动之中——全球河流中的水每12天就可以更新一次，是所有地球水体中水更新速度最快的。

表4－1　地球水储量（水文水圈水储量）分布[1]

水体	水储量		咸水		淡水	
	$10^3(km^3)$	%	$10^3(km^3)$	%	$10^3(km^3)$	%
海　洋	1338000.0	96.54	1338000.0	99.04		
冰川与永久积雪	24064.1	1.74	—	—	24064.1	68.7697
地下水	23400.0	1.69	12870.0	0.95	10530.0	30.0606

[1] 侯起秀，程迎春：《对河流生命及其特征的初步认识》，《水利研究》2005年第3期。

续表 4 - 1

水体	水储量		咸水		淡水	
	$10^3(km^3)$	%	$10^3(km^3)$	%	$10^3(km^3)$	%
水冻层中冰	300.0	0.022	—	—	300.0	0.8564
湖泊水	176.4	0.013	85.4	0.006	91.0	0.2598
土壤水	16.5	0.0012	—	—	16.5	0.0171
大气水	12.9	0.0009	—	—	12.9	0.0378
沼泽水	11.5	0.0008	—	—	11.47	0.0337
河流水	2.12	0.0002	—	—	2.12	0.0061
生物水	1.12	0.0001	—	—	1.12	0.0032
总 计	1385984.6	100	1350955.4	100	35029.21	100

河流因其形态特性，在地球水文循环过程中充当着纽带的作用。大气一部分直接补给给河流，还有一部分入渗形成地下水，其中一些也复归河流。在河流的运行过程中，冰川雪山融水、地表径流、地下水也是河流给水途径。河流将一部分水量供给连通的湿地、湖泊等静水水体，向它们提供水源，它同时连通着海洋，最终将水输入海洋。

此过程中，植物的蒸腾作用，各种水体的蒸发，使水分以气态的形式回归大气层，由于温度等原因，大气层内的气态水凝结成云，最后作为大气降水重新回到地面，开始新一轮的水文循环。

另外，在河流的联结作用下，一定区域内的水体共同构成了一个连通器，即使在缺少降水的条件下，各水体间也会保持水量平衡，不致迅速干涸。水文循环过程如图 4 - 2 所示。

河流产生伊始是作为一种水体而存在，因此从一定意义上说，河流的水文功能决定了其他功能。河流流量是河流的基本水文要素，它会呈现周期性变化：一年中有丰水期和枯水期，不同年际间还分为丰水年和枯水年。河水的侵蚀、搬运和堆积作用是实现河流地质功能的途径，而流量、流速等水文要素则决定了侵蚀、搬运和堆积作用的效果。河流的水文特征不但决定了河流自身的状态，还决定了其作为水生物种生境的状况,影响了河流的生态功能。

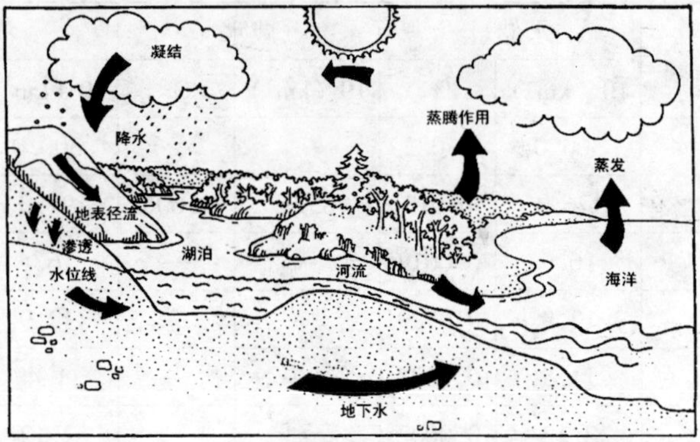

图4-2　天然河流自然生命水文循环示意图❶

2. 地质功能

河流作为水体是塑造全球地形地貌的一个重要因素。

地表流水是最主要的地貌外力之一,河流是最主要的地表流水。在流动的过程中,径流和落差组成水动力,河水侵蚀地表岩石和风化物,形成形态各异的侵蚀沟谷,主要表现为不断加深河道状态,扩大流域范围;同时,河流搬运被侵蚀的物质,并将它们沿途堆积,形成各种各样的堆积地貌,主要表现为冲积平原。河流在冲积平原上蜿蜒游荡,不断变换流路,相邻河流时分时合,形成冲积平原上的特殊地貌,也不断改变与河流有关的自然环境。

3. 生态功能

河流自然生命是形成和支持地球生态系统的重要因素,河流的生态功能包括生境(栖息地)功能、通道功能、源汇功能、过滤和屏障功能。

(1)栖息地功能,是河流自然生命作为生态系统所具有的最基本的生态功能。河流自然生命能够为相关生物提供生存环境,不但包括生命过程所需的物质条件,如生存空间、食物等,还包括非物质条件,如

❶ HarDarshan Kumar. Environmental Technology and Biosphere Management. Science Publishers,2002:25

对生命过程的基本保护。

(2)通道功能。通道功能指河流自然生命可以作为能量流动、物质输送、信息传递和生物迁移的通路。河流的地质功能、水文功能和水文要素的连续性、水文地理的网络特征,以及河水的水力学作用,使河流具有通道功能。具体表现为三方面条件的共同作用:一是河道四通八达及其独有的连通作用,为各种传递、转移过程提供了空间上的可能性;二是在水文要素的同时作用下,河水具有连续性和巨大的能量,为传递、转移过程提供了动力;三是河流具有溶解性,为传递、转移过程,尤其是物质的输送提供了载体。

河流自然生命的通道功能是其源汇功能和过滤、屏障功能的基础。

(3)源汇功能。“源”是起始地之意,“源”的功能表示河流自然生命能够为相关生物和生态系统提供物质和能量;“汇”是聚集之意,“汇”的功能表示河流自然生命能够不断从外界吸收物质和能量。“源”和“汇”是彼此联系,无法分割的。

河流连接湿地、湖泊等静水水体,向它们输送水源,同时河流为相关生物提供水和食物,这就是“源”的功能;由于水流具有溶解和挟带作用,河流沿途汇集来自冰川、地下的给水,挟带流域内的沉积物,这就是“汇”的功能。

(4)过滤和屏障功能。从河水的角度来讲,河流自然生命具有纳污、排污和自净功能,河水能够在一定的阈值范围内溶解化学物质和固体物质,同时通过水流的物理作用、化学作用和生物作用对所溶解的物质进行分解,保障水体的水质,起到过滤器的作用。同时,河流能够有选择性地允许物质、能量、信息和生物的通过,起到屏障的作用。

河流自然生命的过滤和屏障功能不但能够保护河流自然生命自身的安全和健康,还能够对物种分布、沿岸土地资源起到合理控制和有效维护的作用。

二、复合河流的自然生命

随着地球演化和生物进化,人类作为自然进化的一个物种出现在地球上,与其他陆地上的生物一样,人类依赖淡水生存,复合河流正是天然河流经过人为改造的结果。复合河流的自然生命,最显著的特征是源发自然性与构建自然性统一,它决定了复合河流的自然生命同时具有社会属性和自然属性,它在自然规律和人类社会规律双重作用下存在,是自然—经济—社会的复合系统,增加了人类社会这一要素,它成为影响复合河流结构(如图4-3)和功能的根本因素。

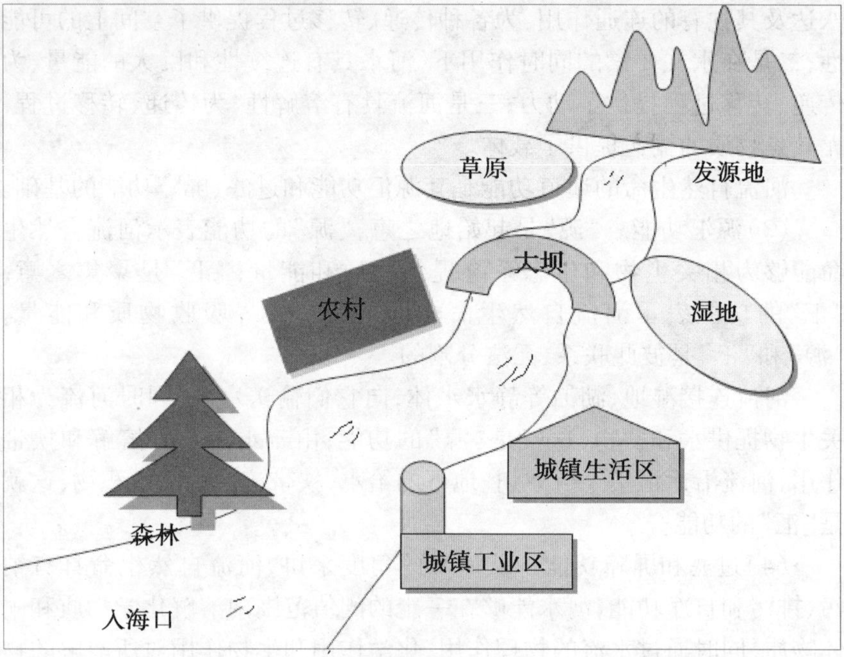

图4-3　复合河流自然生命的结构要素

在复合河流自然生命系统中,对于人类社会而言,它与河流生态体系的关系不仅仅是要素—系统的结构关系,更体现出子女—母亲的依赖关系。人类社会依河而生,依河而兴:人类不但从河流中获取淡水作为维持生存的最根本条件,还依靠河流发展工农业,兴建乡村城镇——人与河流荣辱与共,一旦危及了河流母亲,人类子女只能夭折。这种关系可以史为鉴。黄河流域是华夏文明的发源地,先秦时期,黄河中上游地区气候温和,整个黄土森林覆盖率超过50%。人类在这里逐水而居,繁衍生息。由于毁林造田,植被破坏,"黄土高原沟壑纵横,满目疮痍,致使黄河频繁泛滥……黄河流域经济逐渐衰落”❶。

人类社会发展到现代阶段,水利设施是人类社会作为要素影响复合河流自然生命系统结构的主要因素之一。

大坝是河流上最普遍、最具代表性的水利设施。“大坝对流域生态系统环境的影响主要体现在河流非生态变量及生态变量变化两个方面。非生态变量是指流域水文、水量、水情、泥沙、水质、地貌、河道形态、下层地层构造、区域气候等流域特征。生态变量是指初级生产量及高级营养级。二者的变化是相互联系,相互作用的。”❷在对河流非生态变量的影响方面,大坝“改变了河流的水文特征、水力学特征、水体物质及营养特征、河流地貌特征,使河流生态系统依赖的基本条件均发生了很大的变化。”❸通过人为地改变了河流水量,天然洪水过程将消失,不但减弱了河流丰枯的自然周期性特征,还会阻碍河流重新改造河道形状、分配河道沉积物。大坝对河流生态变量的影响,主要表现在对生物栖息的破坏方面,“大坝毁坏了部分陆生植物的栖息地,使依赖于这些陆生植物生存的生物资源发生了变化。大坝还阻隔了洄游性鱼类的洄游通道,影响了物种交流,改变了水库下游河段水生动植物及其栖息环境等”❹。栖息地破坏将直接导致物种数量的危机和生存危机。例如,举世瞩目的长江三峡大坝在提高供水供电能力、造福沿岸社会的同时,严重阻碍了中华鲟的洄游通道,尽管大坝全线封顶之际,3 万余尾人工繁殖的小中华鲟被投放进入葛洲坝以下江段繁衍生息,但每年10 月份,三峡工程开始蓄水,将使下泄流量比天然流量有所减少,这就有可能干扰中华鲟在葛洲坝工程下游的栖息和产卵活动。

由于与人类社会的特殊关系,除了天然河流自然生命所具有的自然功能外,复合河流的自然生命还具有社会功能。河流自然生命的社

❶　水利部国际合作与科技司:《河流自然功能的利用及保护研究》,中国水利水电出版社 2005 年版,第 55 页。

❷　祁继英:《阮晓红. 大坝对河流生态系统的环境影响分析》,《海河大学学报(自然科学版)》2005 年第 1 期。

❸　水利部国际合作与科技司:《河流自然功能的利用及保护研究》,第 55 页。

❹　Mccullyp. Silenced River. ZedBooks,1996:109

会功能是河流满足人类社会生产生活需要的能力，反映的是“河流对人类社会经济系统的支持程度，是人类维护河流健康的初衷和意义所在”❶。

古代社会，生产力低下，复合河流自然生命的社会功能主要体现为它为人类解决食的问题。人类饮用河水、捕食河流鱼类等水生动物、收获冲积平原上生长的植物。随着生产力提高，人类掌握了一定的自然规律，开始发挥自身的主观能动性，利用河流的范围不断扩大，程度不断增强。河流自然生命的服务功能也进一步扩展，河流的灌溉、航运、动力（主要表现为水车的广泛使用）功能都得到了大力发展。近代以来，人类在机械世界观的指导下，科学技术的辅佐使人类能够“随心所欲”（较先前状态而言）地支配自然，人类将自身视为自然界的主宰，河流自然生命的服务功能进一步扩展为供水（不但包括生活供水，还包括生产用水）、灌溉、航运、发电、渔业、防洪排涝以及娱乐。

人类享受复合河流自然生命的社会功能的同时，人类社会活动也对河流自然生命产生了影响，这主要通过人类社会作为复合河流生态系统要素，与系统其他要素相互作用表现出来的，而这种影响往往是负面的。

系统要素间的作用效果是相互的，在人类社会改变河流通系其他要素的同时，也受到同等的影响。在黄河治理的实践中，为了降低洪水危险，增强沿岸的防洪能力，人们人为地抬高河床，最终使黄河成为一条地上悬河，洪水对于沿岸人类社会的威胁有增无减。同时，沿岸修建的大坝水库、开渠引水，直接改变了黄河的流量、流速等水文要素，对于河床的改变直接导致了黄河的流量减少，流速降低。作为一条多沙河流，流量和流速状况的减弱又导致了河水冲击和搬运作用不能正常发挥，黄河河槽升高，人们继续抬高河床，陷入了恶性循环。同时，人类社会对河流生态系统的改变，也反映出河流生态系统在人类社会规律下的存在和运行状况。

---

❶ 刘晓燕：《黄河健康生命理论体系框架》，见《第二届黄河国际论坛论文集——维持河流健康生命》第一册。

三、人工河流的自然生命

人工河流是人类为了满足自身需要，在天然河流或复合河流上开辟缺口，将河水引入人为开凿的河道而形成的河流。

人工河流自然生命是人工河流生态系统的基本结构特征和属性，其生命的维持遵循人类社会、经济和环境协调发展的规律，图 4－4 表明人工河流的自然生命功能。

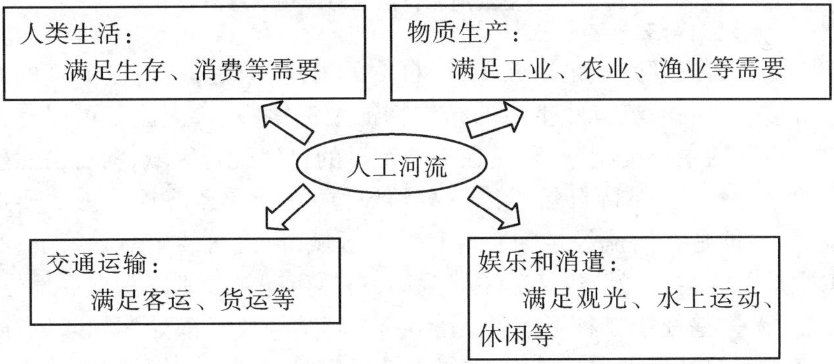

图 4－4　人工河流的自然生命功能

第二节　复合河流自然生命的健康

从河流生态系统的结构和功能两方面来考虑，复合河流自然生命的健康包含结构完整和功能健全两层含义。

一、复合河流自然生命结构的完整

复合河流自然生命的结构是一个人类社会与自然相复合的有机整体系统，它包括河流的源头生态系统、河道生态系统、河岸工程系统、地下水系统、人类社会经济系统和河口生态系统构成（如图 4－5 所示）。因此，要保持复合河流自然生命的健康发展，就要认识到这些结构组分的整体性、作用的有限性、涨落的稳定性以及其相互作用结果的时滞性。

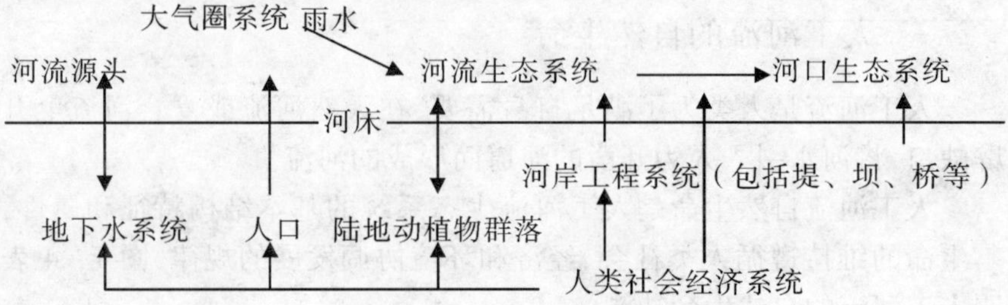

图4-5　复合河流自然生命结构示意图

（一）整体性

复合河流理论上是半人工、半自然的河流，但是，从河流流经的地域所呈现出的河流自然生命的结构特征上考察，复合河流又可以分为两种不同的主导类型：一种是在河流经过的自然荒野区域，河流自然生命的结构性质，保持自然规律占主导地位，社会和经济规律占次要地位；另一种是在河流经过的乡村和城市区域，河流自然生命的特征，则主要是以社会和经济规律为主导规律，自然生态规律则降为次要地位。然而，无论是处于哪种形态的复合河流，其结构要素都处在相互依存、相互作用的过程之中。其中，局部河流的破坏，或河流某种构成要素的破坏，都会波及河流整体的变化。

（二）稳定性

人类对复合河流自然生命的影响，主要有三个途径：一是作为水资源——河流之水供给工农业生产和人类社会生活需要；二是人类社会污染物和废弃物直接或间接地排放到河流中去；三是洪水暴发期人类对河流的调控作用。这三方面影响的程度可以根据水质、水量的变化表征出来。复合河流在保持其自然生命的正常状态下，河流的流动根据不同的季节呈现一定的波动性和稳定性，其中，根据“益于人类，促进生态”的原则调控复合河流的结构要素及其关系，是维持河流自然生命的稳态变化的旋钮。

（三）有限性

复合河流自然生命是通过其河流整体生态系统的结构的相互依存和相互作用，形成一定的整体功能。在最好的形势下，复合河流能够满足生态用水以及人类生产和生活用水。相反，在最坏的形势下，复合河流在某个季节可能出现水量锐减，甚至发生断流，就会直接导致河流自然生命的危机，影响到动植物的生态用水和人类用水。复合河流也可能暴发洪水，可能对人们的生命和财产造成损失。人类合理利用复合河流的一个基本出发点，就是如何利用绿色工程调控河流的水量，使复合河流的流量变动，在任何情况下都保持在一定限度范围内上下波动，这就需要开展复合河流自然生命的研究，揭示复合河流变化的规律，在一定限度内合理利用河流。

（四）时滞性

时滞性是指复合河流生态系统在外力的作用下不是立即发生反应，而是经历过一段过渡过程，呈现时间的滞后效应。这种时间的滞后效应分为显在的和潜在的两种情况。这两种情况的认识和描述具有一定的不确定性或模糊性。

复合河流自然生命通过结构的完整性实现自然生命的功能，通过顺应和调控河流的结构要素，保证在复合河流自然生命限度内使河流保持稳定性。当前人类对河流的负面影响，其原因主要是忽视或不顾河流自然生命的健康规律，没有认识到河流自然生命的有限性和人类改造河流的有限性，更没有对河流被破坏的后果具有时滞性引起足够的重视。

二、复合河流自然生命功能的健全

复合河流自然生命功能健全，要求复合河流在维持生态环境蓄水、泄洪排沙、保持水质、保持生物多样性以及满足人类社会用水几方面能正常发挥作用（如图 4－6）。下面，将根据这几方面进行概括和阐释。

（一）保持基本需水量

水是河流自然生命的命脉，流动是河流自然生命的本质。要维持河流自然生命的存在，河道必须保持不干涸；而要维持河流自然生命的健康，则河流必须保持一个适宜的基流，包括适宜的流量和径流过程，这就是河流健康的生命需水量。“它实际上是最小生态需水量和最小环境需水量的合成。”❶生态需水量是系统达到某种生态水平或维持某

❶ 倪晋仁，催树彬，李天宏，金玲：《论河流生态需水量》，《水利学报》2002 年第 9 期。

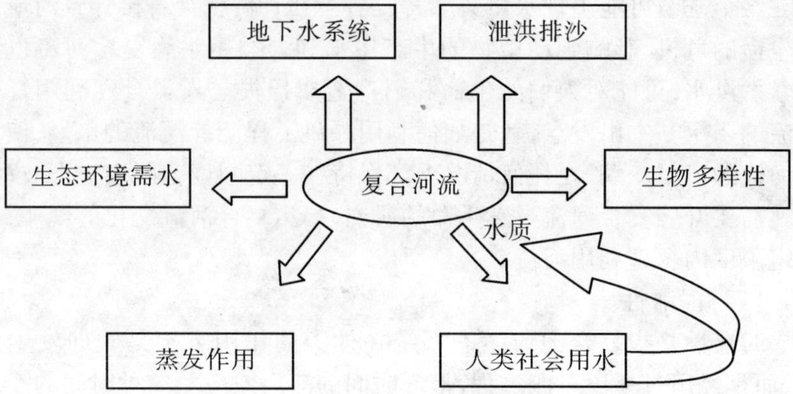

图 4－6　复合河流的功能

种生态系统平衡所需的水量，包括“生物体自身的需水量和生物体赖以生存的环境需水量，生态需水量实质上就是维持生态系统生物群落和栖息环境动态稳定所需的用水量”❶，而环境需水量是为保护和改善人类居住环境所需要的水量，包括“改善用水水质，协调生态环境，回补地下水，美化环境和休闲旅游需水”❷。保持河流健康的生命需水量，意味着河流自然生命能够同时满足系统内部各个要素能够稳定运转的基本水需求，而不仅仅是保证“存在”的需要。

由此可见，河流健康的生命需水量，是河流生态系统内部各要素存在的保障，是维持复合河流自然生命健康的前提和基本条件，它也是复合河流自然生命能够发挥其他功能的根本保障。

值得强调的是，河流生命需水量是一个动态的数据，世界上没有两条相同的河流，同一河流在不同河段、不同时期与之相互作用的系统要素也不尽相同。河流健康的生命需水量概念，只是为评价一条河流的健康状况提供了思考角度和衡量标准，而在具体实践中，还需要引入量化的方法进行实际考察。

---

❶ 刘晓燕：《黄河河流生命需水量浅析》，《自然资源学报》，2004 年第 4 期。

❷ 杨志峰，崔保山，刘静玲，王西琴，刘昌明：《生态环境需水量理论、方法与实践》，科学出版社 2004 年版，第 37 页。

(二)保持水质

水质反映了河流的洁净程度,是重要的河流水文要素之一。河流具有自净能力,这是河流能够保持水质的根本原因。健康的复合河流自然生命,其保持水质的功能主要体现在:在维持一定流量的前提下,河流通过河水的物理净化、化学净化和生物净化,可以稀释污染物浓度,降低污染物总量,从而使水体的洁净程度恢复到正常范围。另外,调节含沙量也是河流保持水质功能的内容之一,对于黄河等含沙量较高的河流,大流量水流排沙是最有效的方法。

对于健康的复合河流自然生命,其保持水质的能力应根据人类自身、生物群落和流域内草原、森林等系统要素的承受阈限来衡量。

(三)保持生物多样性

河流是地球上最庞大的淡水生态系统,"与海洋生态系统相比,淡水生态系统范围狭小、相互隔离较强、栖息其中的鱼类种群的分布范围较为有限,生态系统的稳定性较差,对环境的变迁或干扰表现出更高的脆弱性"[1]。因此,对于复合河流自然生命来讲,维持生物多样性,是标志其健康的主要功能。在研究河流自然生命健康时,往往选择河流中的鱼类作为标志物种。而随着人类社会生产生活需水量逐年增大,水污染日益严重,河流自然生命健康状况每况愈下。在北美,高达1/3的鱼类处于渐危或濒危状态[2]。

根据1995年联合国环境规划署(UNEP)发表的《全球生物多样性评估》,生物多样性是生物和它的组成的系统的总体多样性和变异性。生物多样性具体包括:遗传多样性、物种多样性、生态系统多样性和景观多样性,这也正是健康的复合河流自然生命发挥其维持生物多样性的功能所应达到的目标。

(四)满足人类合理需求

复合河流自然生命满足人类需求的功能是与维持生物多样性的功

---

❶ 谢平,陈宜瑜:《淡水生态系统中生物多样性面临的威胁》,《科学对社会的影响》,1995年第4期

❷ J. E. Williams, S. Coauthors. Fishes of North America Endangered. Threatened or of Special Coucen. Fisheries, 1989, 14(6): 2 ~ 20.

能相对应的,它把关注焦点由系统内的生物群落要素转向人类社会要素。主要包括满足人类社会日常生活用水、工农业生产用水、娱乐用水、协调生态环境用水等,不但要满足对水量的要求,还要满足对水质的要求。另外,满足人类需求的功能还表现在河流能够纳污排垢、抵御一定量级的洪水、保持作为航道的河段畅通等方面。总的看来,复合河流自然满足人类需求的功能,主要是满足人类经济活动需水的功能。必须指出的是,这里的"需要"是以合理为前提的,并且当这种需要与河流生命的生态需水量发生矛盾时,人类应尽量满足河流的要求。

(五)可调控性

复合河流自然生命的可调控性能力表现在两方面:一是排洪输沙能力,包括河道排洪能力和河槽排洪输沙能力;二是河流生态系统具有稳定性,能够抵御一定程度的干扰,维护生态平衡的能力。

从理论上讲,一条健康的河流应该能够安全排泄流域内可能产生的所有量级的洪水,具有河流的排洪能力,但在人类社会因素的作用下,复合河流应是能够安全排泄一定量级的洪水。

在这方面,黄河水利委员开展的黄河调水调沙实践,是主动调控人与河流关系、改善河流自然生命状态的较好典范。调水调沙就是根据黄河下游河道的输沙特性,充分发挥河道输沙能力和不同流量级的水流挟沙能力,利用干流骨干水库的调节库容,对水沙进行有效的控制和调节,使不协调的水沙过程尽可能协调,达到减轻河道淤积,甚至不淤积或冲刷的效果,塑造有利于下游河道输沙的水沙关系,尽可能地将更多的泥沙输送入海,使河床不再继续抬高,维持河槽的基本功能。

为此,从 2002 年到 2007 年,采用不同运用模式,黄河水利委员会在黄河下游连续开展了 7 次以小浪底水库为核心的大规模调水调沙,包括 3 次试验和 3 次生产运行,取得了显著效果。由于每次调水调沙的边界条件、目标都不同,采取的方式和历时也不同。调水调沙期间进入下游的总水量为 274.89 亿立方米,总沙量 1.985 亿吨。黄河下游主槽实现全线冲刷,累计冲刷 3.02 亿吨,有 4.80 亿吨泥沙输送入海。黄河下游河道主槽最小平滩流量由 2002 年汛前的 1800 立方米每秒提高到 3700 立方米每秒左右,"二级悬河"形势开始缓解,下游滩区"小水大漫滩”状况初步得到改善,水库和河床形态得到合理调整。调水调沙使得较大流量进入河口地区,自然保护区和湿地通过漫滩补给充足的淡水资源,生态环境质量明显提高,水生生物、迁徙鸟种类和种群数量大幅增加。黄河自然生命状态大为改善。三次调水调沙试验是迄今为止世界水利史上规模最大的原型河流试验,特别是2004年第三次试验中,通过多库联合调度、成功塑造人工异重流,在中外水利史上也是第一次,为多沙河流水库水沙联合调度积累了有益经验。黄河的调水调沙实践无疑为世界河流自然生命的调控开启了一扇新的大门,其影响是深远的。

第三节 建立维持河流自然生命健康的规范性实践意识

一、构建尊重河流自然生命的安全意识

所谓“安全”,无危为安,无损为全。河流自然生命的安全意识包括两个层面:一是河流之水的安全(包括量和质的要求)和河流生态系统的安全;二是河流自然生命相对其他生物的安全、相对人的安全,以及相对地球水圈系统的安全。确立安全意识就是要有危机意识和整体生态系统观点。

河流孕育了人类文明,但是人类在发展的过程中的所作所为,也伤害了河流,使得河流的自然生命时刻处于危机之中。一个时期以来,由于黄河自身存在着水少沙多、水沙关系不协调的问题,再加上经济社会大规模发展带来的伤害,使得黄河主河槽淤积、萎缩严重,“二级悬河”形势严峻,水资源供求矛盾尖锐,下游河道频繁断流,水污染日益加剧。折射出黄河自然生命出现了空前危机。

黄河水利委员会作为负责治理和管理黄河的流域机构和黄河自然生命的代言人,经过对国内外大江大河特别是黄河治理开发历程及其突出问题的反思,深刻认识到,不注意保护河流、对河流无节制索取的态度必然遭到河流的报复和惩罚,人类在开发河流资源的活动中,必须

为自己划定一条不可逾越的“红线”。正是基于这种深刻的危机意识和责任态度,黄河水利委员会提出了“维持黄河健康生命”的新理念。要求在黄河治理开发与管理的过程中,更多地关注黄河自然生命的生存,以不破坏河流生态环境为前提,维持河流基本的排洪、输沙和河道环境功能,尽最大努力维护好河流的自然生命。为此,几年来开展了一系列相应的实践活动,包括大规模调水调沙、建立水沙调控体系、实施黄河水量统一调度、建立水污染应急机制、利用桃汛洪水冲刷降低潼关高程、开展小北干流放淤试验、界定黄河粗泥沙集中来源区、加大“二级悬河”治理,等等,取得了较好的效果,黄河自然生命得到较大程度的改善和维护。同时,在 2005 年 10 月的“第二届黄河国际论坛”上,以《黄河宣言——维持河流健康生命》的形式,向全人类发出了“尊重河流、善待河流、保护河流”的强烈呼吁。这也是全世界河流代言人的共同宣言。应该说,尊重河流自然生命的安全意识正在逐步建立。

二、尊重河流自然生命生态过程的公正意识

所谓尊重河流自然生命生态过程的公正意识,就是在利用河流时,要确立当代人与未来人的“代际”公正意识;河流不仅是人的资源,也是其他生物的资源,由此要确立人与其他生物的“资源”公正意识;在河流保护或恢复过程中要确立不同利益集团的“环境”公正意识;在河流生命健康防护决策过程中,或在水利工程决策过程中,要确立不同群体的“参与”公正意识。

三、尊重河流自然生命的保护意识

(一)确立保持(conservationism)意识

要做到维持河流自然生命的健康,首先就要明确维持其健康的“生命需水量”概念。我们不应当根据某个群体的利益来利用这些环境和资源,而要根据人类的长远利益与河流生态系统中其他非人类生物的整体利益来明智地加以利用,并保持在河流的承载限度之内。这是一种弱化的人类中心主义观点。

（二）确立保存（preservation）意识

要维持河流自然生命健康，不仅仅要考虑利用河流的方式，而且也要考虑在哪些地方放弃利用的做法，即所谓河流生态系统的保存（preservationism）方法。首先，在河流上游作为其生态系统重要环境组成部分的原始森林、湿地和草原要尽量保留，甚至不被人利用。要做到这一点，就要把河流生态系统的利益与欲保留地区人们的生活利益统一考虑，给予他们适当的生态效益补偿。其次，任何河流生态系统都有其弱点，是它"盛水"的"最短的那块木板"，也就是河流生态系统的限制因子。对此，我们应当倍加关注，在那些地方采取的措施主要应当是保存或不去动她，保留住她。

（三）确立恢复（restoration）意识

河流承载着人类社会的辉煌，也烙上了人类滥用河流的痕迹。在那些源远流长的河流——曾经的文明诞生地——故道上，在那些维持河流自然生命健康的湖泊、湿地、草原和森林地区，仍然能够看到不少已经被人为干预、破坏的生态区域，有些地区生态已经破坏达到自然难以恢复（restoration）的程度。由于河流生态系统在自然界的特殊地位，如果不及时恢复这些破坏状况，不但会直接影响河流自然生命的健康，甚至可能危及其他生态系统的安全。因此，研究维持河流自然生命健康，不能仅仅停留在河流的利用和生态系统的保存方面，还应当积极主动地抓好河流生态系统健康状况的"诊断"，对那些已经出现生态恶化的地区，恢复措施应对症下药。通常，生态恢复的"目的是促使河流系统恢复到较为自然的状态。在这种状态下，河流系统具有可持续特征，并可提高生态系统价值和生物多样性"。生态恢复有两种类型：一是以挽救濒危物种群为特征的恢复工程；二是以抢救和重建生态环境为主要特征的恢复工程。无论是哪一种工程，都不能单纯地施以纯工程的做法，而是要运用联系、发展的观点看问题，因地制宜。整个恢复过程也不是一成不变的，可能分成几个阶段，每个阶段可能采取不同的方法。"自然最懂得自然"（nature knows best），自然将成为我们开展生态恢复工作的导师。

(四)确立防护(protection)意识

一旦恢复了某些地区脆弱的生态系统,我们依旧要跟踪其状况并加以防护,防护方法是在黄河维持健康生命基本水量的保持、保存、恢复和防护中的最后一个环节。确立防护意识首先要有居安思危的心态;其次要确立谨慎行事的原则;再次要确立风险预警原则。要确立一般的、常规的防护意识,也要确立应急的防护意识,搞好防护的战略和策略。

本章小结

河流自然生命的类型包括天然河流自然生命、复合河流自然生命和人工河流自然生命三种类型,复合河流自然生命是本章的主要研究对象。

河流自然生命是河流生态系统结构和功能的特性,复合河流自然生命主要包括结构完整和功能健全两部分。结构完整的特征体现在其结构组分的整体性、作用的有限性、作用结果的时滞性和涨落的稳定性四方面。而结构完整的外在体现就是功能的健全,包括能够维持河流自然生命的生命需水量、保持水质、维持生物多样性、满足人类需求和可调控性。

值得注意的是,在人类的社会和经济发展进程中,人类活动一定程度上成为影响河流生态系统结构和功能的不稳定因素。针对这一现状,确立包括构建尊重河流自然生命的安全意识、尊重河流自然生命生态过程的公正意识以及尊重河流自然生命的保护意识在内的保持河流自然生命健康的实践意识,具有必要性和迫切性。

第五章

河流自然生命的意义

河流自然生命有其健康的存在方式,透过这种存在方式的框架洞察地球生态世界,可以发现河流自然生命对地球的意义、对人类与非人类生物的意义以及对人与河流正当关系的意义。

第一节　河流自然生命对地球自然的意义

河流自然生命对地球的产生和发展有两方面的意义:一是本原的意义;二是建构的意义。

一、本原意义

河流自然生命在于其构成的质料——地球之水。地球上自从有了水才有了地球不同于宇宙其他星球的特殊本性,才使地球产生和演变为迄今为止唯一一个能够产生和维持生命的星球。这种关于地球的"水的本原说",早在古希腊时期的自然哲学家泰勒士就有精辟的阐释。泰勒士认为:“大地在水上漂浮停留在某处就如同木头及诸如此类的东西(这些东西自然地都不能停留在空中,而只能浮于水上)——似乎这同一道理不适用于浮着地的水而只能用于地自身。按自身的本性,水和土都不能停留在半空,都必须有停留之处。”❶据资料记载,泰勒士“是从埃及人那里知道水是万物的本原的”。泰勒士“之所以作出这一论断,可能是因为他看到了万物都要靠水分来滋养。热本身也来自它并依赖它而得以维持(万物的本原即是它们得以生成的东西)。由于这一点,再加上万物的种子本性都是潮湿的,所以,水就成了潮湿东西的自然本原”❷。

与泰勒士不同,恩陪多克勒坚持本原的多元论。他认为,万物的本原来自四个根,即火、气、土和水❸。这与中国古代《说卦》中解释的“天地如父母,生出来六个子女,分别代表殷周之际的人所认为是自然界中六种重要的自然现象”,其中包括水。“照这样的理解,包括天地在内的自然界成为一个血肉相连的大家庭。这种神话式的对于自然界的理解,是唯物主义自然观的胚胎”。在《管子·水地》篇中明确提出:“水者,地之血气,如筋脉之通流者也。”冯友兰先生解释说:“万物是从地生出来的。以人的身体作为比喻,水就是地的血气,河川就是地的筋脉。”《管子·水地》篇认为水无所不在,“无不满,无不居也,集于天地而藏于万物,产于金石,集于诸生”。《管子·水地》篇特别强调水的重要性。它认为“准”(水平仪)是用水作标准的,水也是万物之本原,因为水有生长万物的功能,所以又称为“水神”。❹

二、建构意义

地球之水不仅仅是河流之水,还包括海洋之水、冰川和冻原之水等。然而,河流之水与其他水具有共存性和协同性,它们共同在地质和

---

❶❷ 苗力田:《古希腊哲学》,中国人民大学出版社 1996 年版,第 18、21 页。

❸ 戴维·林德博格:《西方科学的起源》,刘晓峰译,中国对外翻译出版社 2001 年版,第 34 页。

❹ 冯友兰:《中国哲学史新编》,人民出版社 1999 版,第 85 ~ 86 页。

生物的长期进化过程中发挥作用。“水是自然界的动力”[1]。

水是地球表面构造的组成部分,地球的表面形状、水系的走向和陆地动植物区系的变化决不是孤立的,都与维持河流自然生命有着非常复杂的关系,并潜在着许多原因,其中亚里士多德的“四因说”是一种解释。亚里士多德认为,宇宙构成源于四种原因,即质料因、形式因、目的因和动力因。质料因是指事物是用什么构成的,形式因是指事物存在和变化的样式或存在形态,目的因是事物要达到的未来结果,动力因则是驱使质料沿着特定形式走向未来目的的动力。在这种学说里,整个宇宙以及宇宙中的万物都在朝向某种不断地变得比过去更为美好的事物而发展着。依照“四因说”的逻辑,解释河流自然生命问题的重点不在于阐释河流自然生命对地球的本原意义是什么,而在于说明她对地球构成方式的意义是什么。对于河流自然生命而言,它的质料因是水,形式因是流动,动力因是势能,目的因是作为自然界的组成部分,维持自身所在的地球系统的健康运转。

首先,河流之水是河流生命之水,它对地球自然界的生命建构起着“建筑材料”的作用。在大陆上遍布河流,无论是动物还是植物,或是人类,都离不开水的滋养,水是构成它们生命机体的重要组成部分,没有水就没有它们的生命,迄今为止,判断宇宙中是否有生命的标志之一就是看那个地方是否有水。另一方面,水也是构成地球水文循环不可或缺的重要质料。其循环路径主要表现为大气储库与海洋储库之间:水循环开始于大气储库中积雨云降雨,雨水渗入土地,有些水流入江河湖泊,有些水最后流入海洋。同时,水循环又开始相反的方向,也就是蒸发,一部分水实际上在降水过程中早就蒸发掉了;但是大部分水经过蒸发而形成的水汽,来自湿地,来自江河湖泊,来自植物的叶子,最主要的是来自海洋。蒸发的水汽集聚成云,这些云冷却时,又凝成雨水,水文循环这样反复地进行着。

其次,河流之水是运动的变化的,是地球表面物质运动变化的重要

---

[1] G·E·赫钦逊:《生物圈》,华北农业大学植物生理教研室译,科学出版社 1974 年版,第 41 页。

组成部分，这种运动和变化有其形式因。这种形式因主要表现为四个系统的相互依存和相互作用：即河流的源头生态系统、河道生态系统、河岸生态系统和河流与海洋交汇生态系统的依存和作用。

第三，在天然河流自然生命的支配下，河流的运动和变化不可能永远停留在河道里，河水的流动也不可能没有涨落期和平稳期。这主要的原因就是河流维持自然生命有其势能。这是河流变动的动力因。

河水流动的动力势能，从学理上看，是一个物理学概念，主要是指重力势能、弹性势能，对河流自然生命而言主要指重力势能，这与河流的地貌特点有关。河流多发源于高地，由高向低流动，在地球重力的作用下，源头和下游的地势落差产生了势能，使河水下落。物质世界遵循能量守恒的原则，不同形式能量之间相互转化，在河水下落的过程中，重力势能转化为动能，使河流或者急速运动或者平缓运动。

第四，河流自然生命不仅有运动变化而且还有生有灭，其根据源于河流的目的因。河流自然生命的目的是河流水系及其相关水生生物群落组成的生态系统的目的，连接着海洋生态系统、地下水生态系统、大气生态系统的目的，这些目的是地球水圈目的的组成部分。尽管这些目的具有多种多样性，但是其本质目的是循环流动。

河流自然生命的目的也在于流动。在《汉语大字典》中，“河”有“水道的通称”之意；“流”具有“水的移动”，“移动、运行”，“演变、变化”，“江河里的水流”等含义[1]，单从语义层面来分析，“流动”是河流最突出的属性。古希腊哲学家赫拉克利特说：“我们不能两次踏进同一条河流。”[2]尽管这句话反映的是哲学家朴素的辩证法思想，但它揭示了河流的目的，即“流动”。《论语》中有“子在川上曰：‘逝者如斯夫，不舍昼夜。’”的语句，也表达了同样的含义。李国英说：“河流生命的核心是水，命脉是流动。”由此看来，河流自然生命，靠水的流动构造

---

[1] 《汉语大字典(缩印本)，湖北辞书出版社，四川辞书出版社 1993 年版，第 664、685 页。

[2] 北京大学哲学系外国哲学史教研室：《西方哲学原著选读(上卷)》，商务印书馆 2004 年版，第 23 页。

河流形态，靠水的侵蚀、搬运、沉积作用，完成物质迁移和水循环的地球生态功能。地球地表形状、河流的分布和走向，都可以从河流自然生命的目的——流动的特征找到原因和根据。

地球大约出现在46亿年前，地球万物在不间断的地质和生物进化演变中诞生、消亡。尽管达尔文的进化论揭示的是生物物种“自然选择”、“适者生存”的规律，但它也适用于解释河流流动变化的规律。即地球上河流自然生命对于个体河流来说是有限的，而对于河流总体来说，是无限的。在一些地方的河流自然生命消亡了，在另一些地方又产生了，这种流动的变化经历了自然选择和适者生存的规律性过程。

从作为地球水体的水圈的层面上讲，河流广泛分布于地球表面的陆地上，连接内陆与海洋，连通湖泊、湿地等静态水体，为地球陆地表面覆盖了一张在自然规律支配下错综复杂、没有界线的流水之网。在连通网络的同时，河流也获得了自己的形式，同时，河流通过对地貌的改变，在水流的侵蚀、搬运、堆积作用下，发展了自身的形态，也获得了动力“势能”，建设性地参与和补充了地球刻画和塑造地质进化及生物进化的过程。从生态系统的层面考察，河流自然生命对地球生态系统的建构，是多重“身份”的统一体：它不但为河流水生物种提供生存保障，也滋养着流域内的生物的环境条件，更重要的是，河流自然生命还是人类社会赖以存在和发展的环境和资源。

河流自然生命维持自身及地球系统的健康运转的同时，也获得河流自然生命的目的——实现地球水圈和生物圈的水循环。这种水循环流动，是在地球运动变化过程中把有机世界和无机世界联系起来的纽带。因此，河流自然生命对地球的建构意义，其实质是对地球之水圈的意义，是对地球生命进化的意义。

第二节　河流自然生命对人的意义

一、价值观转变的意义

谈河流对人类生活和社会发展的意义，这没有什么新意，而要从确立河流自然生命的概念引发或推动了哪些人类生活和社会发展的价值转向,这则是个新问题。

河流自然生命的概念,蕴涵着对人类生活和社会发展的价值要求:提倡一些人类行为,反对一些人类行为,约束或限制一些人类行为。首先,河流是有其自然生命的。无论是天然河流还是复合河流,其生态系统呈现出来的结构整体性、作用的有限性、涨落的稳定性和作用结果的时滞性,反映了河流自然生命的价值特征。这种价值特征,既内在于河流自然生命的性质,也外在于人与河流、其他生物与河流的需求—满足关系。这种基于河流自然生命的价值观念是一种新的价值定位。这扩展了传统的只有人类有价值,或没有独立于人类价值的自然价值的观念。

地球自然界存在着物质和能量的有序流动,流动过程既有信息量不断增加的过程——熵减的过程,也有信息量不断减少的过程——熵增的过程。相对于地球上的生态稳态而言,这种自然物质和能量的流动,存在着对地球生态是有利的状态还是不利的状态,由此可以界定为所谓正价值和负价值。然而,现在在地球上没有人类干预的地方是几乎不存在的。现在的问题是:按照地球生态自然界定的价值,与按照对人类生活和社会发展的需求和满足而界定的价值,二者存在着尖锐的矛盾。根据"益于人类,促进生态"的双标尺度,作为衡量人与自然关系的合理性标准并类推到人与河流自然生命的关系,可以得到人类的非生存利益服从于河流自然生命的生存利益的原则,反之,人类生活和社会发展的生存利益高于河流自然生命的非生存利益的原则。当人类的生存利益与河流的生存利益相冲突时,则要具体问题具体分析,实事求是,如果参照标准是以有助于人与自然整体生态系统的完整、稳定和美丽,就是对的;否则,就是错的。

二、有助于确立价值观

确立河流自然生命价值观的基点,在于对河流的认识应当从资源观转向生态观。即在强调河流对于人类的利用价值外,还应当考虑到河流与人类相互依存的价值。由此,关于河流自然生命的以下三点认识有助于确立其价值观。

第一，河流自然生命的价值是多种多样的。既有经济价值，也有非经济价值；既有对生命或人类的有利的价值，也存在不利的价值；既有对地球生态稳态起波动性作用的价值，也有对地球生态稳态起稳定性作用的价值；既有显在价值，也有潜在价值。如游憩价值、宗教价值、哲学启示价值和支持生命价值等。

第二，河流生态系统是生态价值的主体，人类是其价值的代理人。我们发现而不是创造她的固有价值和内在价值。因为人类与其他河流类似都是地球的产物，而人类是后来者，人类的产生和发展来源于她的支持。今天她的价值的完善和健康，有赖于我们的建设性参与和协同。"益于人类，促进河流生命健康生态"，是人与河流生命生态系统协同进化的基本原则和价值尺度。特别要研究和论证黄河生态系统中的人类自然遗产、文化遗产的价值，研究相关湿地、森林和草原在黄河生态系统中的基础地位和作用。揭示这些维持黄河健康生命必不可少的组成部分的意义和固有价值，是保护好母亲河的重要任务之一。

第三，河流自然生命，她的价值具有珍贵、尊贵、宝贵和昂贵的性质。以黄河为例：黄河是中华民族的历史遗产，她使人感受到其生命的珍贵。这种珍贵体现为她是世界历史遗产，或为人类历史或为自然"历史创造的遗产，无法再造，因而已成为不容替代的珍品"❶。

黄河是中华民族的象征，受世人所仰慕，具有尊贵性。她也是世界历史遗产，是祖先的伟大实物遗存。不仅如此，她是活的，是生机勃勃奔流不息的，她造就我们伟大祖先的性格，也给我们做出了示范和榜样，其中充满灵性和神奇的魅力，令人神往。

黄河，作为世界历史遗产，是世界各族人民历史文化宝库中的精品，她非常宝贵。她是地球生命产生的见证，也是在二三百万年来，映射自然界持续稳定性和偶然波动性创造人类、考验人类和发展人类的力作。人类的祖辈传统和对大自然神秘的破解，无不建立在对这些极

❶ 北京大学哲学系外国哲学史教研室：《西方哲学原著选读（上卷）》，商务印书馆 2004 年版，第 23 页。

其宝贵的历史资料的考究之上。黄河生态系统的今天,是人类寻根探源并指导我们人类走向人与自然协同进化的钥匙。

我们保护和恢复母亲河,让这伟大的史诗一代一代地传递下去,我们不惜任何昂贵的代价。因为黄河,这地球的母亲河,是无价之宝。我们是地球母亲的代理人,我们这一代肩负着保护她的光荣的使命和重托。我们不惜任何代价,因为我们热爱她、尊重她。

第三节 对人与自然正当关系的意义

确立河流自然生命的概念,对调整人与自然的正当关系有两方面的意义。一是对确立新型人与河流关系的意义;二是对推动权利观念转变的意义。

一、确立与河流新型关系的意义

从河流自然生命的观点出发,有助于重新审视人与河流的关系,有助于确立河流自然生命观。

(一)有助于与河流正当关系的定位

"人是万物的尺度",千百年来,普罗泰戈拉的著名哲学命题成为人类发挥主观能动性的依据。人类以自己的利益和需求为尺度,对自然进行征服和改造。在经历了人类社会文化、经济、科学技术发展与生态危机的激烈碰撞后,人类开始变得更加理性,开始思考社会和子孙后代的可持续发展问题。

河流自然生命概念的确立是一个逐渐渗透的教育过程。在实现这个过程中,人们应该学习地球自然系统的生态智慧,特别是陆地和河水中动物的智慧,因为它们在利用水的同时,既实现了自我保护,也实现了对河流之水的保护。这是人类以往在改造自然过程中没有做到的。人类也利用河水,但人类在获得自我利益的同时,不是实现了对河水的保护,而是造成了对河水的污染和破坏。这是导致当代生态环境危机的根源之一。

哈贝马斯说:"我们不把自然当做可以用技术来支配的对象,而是把它作为能够(同我们)相互作用的一方。我们不把自然当做开采对象,而试图把它看做(生存)伙伴。……在人们的相互交往尚未摆脱统治之前,自然界的那种仍被束缚着的主观性就不会得到解放。只有当人们能够自由地进行交往,并且每个人都能在别人身上来认识自己的时候,人类方能把自然界当做另外一个主体来认识,不把自然界当做人类自身之外一种他物,而是把自己作为这个主体的他物来认识。"[1]人是自然的组成部分,河流也是自然的组成部分,人与河流的关系正如鱼和水的关系,鱼可以奋力跃出水面,终究还要落回水中。自然界是不断进化的整体,会淘汰不适合自然的物种,人既然承认自己是一个物种,就不能脱离或恣意改变河流自然生命的规律。河流自然生命与人类的生存一荣俱荣、一损俱损,这是我们重新审视人与河流关系的出发点。

(二)有助于确立河流生命观

河流自然生命概念的确立和张扬,展现了河流生命的地球视野和地球生命的河流视野,这种视野角度的转变及其整体观念,有助于确立河流生命观。

河流自然生命是保持河流生态系统的本质属性或者是本质关系,其内在要求是其结构要素的完整,其外在要求是其结构要素相互依存和相互作用过程中呈现出符合自然规律的整体功能。就地球上的某一种自然河流而言,在常规状态,该河流自然生命能够自然调控河流的运动和变化,使其保持在一定阈限范围之内的涨落。在反常状态,该河流自然生命逐渐减弱,甚至趋于死亡,这就为新的河流的诞生做好了物质和能量的准备。地球地表地貌的成型和变化,以及生物群落的变化,离不开个体河流的生生死死,正是个体河流自然生命的死,换来了地球上河流自然生命的生生不息。或许在地球上局部的河流生生死死是没有规律的,而在河流总的数量上却是符合随机统计规律的,具有一定的统计分布值。

尽管我们不能够确定某一种自然河流什么时候生,什么时候死,但

[1] 哈贝马斯:《作为"意识形态"的技术与科学》,李黎、郭官义译,上海学林出版社 1999 年版,第 45 页。

是，我们可以断定某种自然河流的生死决不是河流自身能够决定的，这是与地球的物理过程、生物过程和人类社会过程有关联的，“整体支配并决定部分”是决定某种自然河流生死的客观规律。

地球是宇宙中唯一具有生命的星球，从河流自然生命的视野看地球生命，能够为确立河流生命观提供另一角度的帮助。地球生命的产生离不开河流之水。尽管地球上动植物的分化、鸟类和爬行类的分化、有脊椎动物与无脊椎动物的分化、恒温动物与变温动物的分化、胎生动物与卵生动物的分化、有意识动物与无意识动物的分化、人类与非人类生物的分化，等等，地球一切生命的渐变和质变，还搞不清它们与河流自然生命的运动变化有什么关系，但是可以肯定地说，它们都与河流自然生命的变化有直接的或间接的、紧密的或松散的、表层的或深层的、连续的或非连续的，以及有序的或无序的等等关系。作出这样的论断，不仅仅是基于普遍联系的观点，而是根据“河流是地球有机体的器官”，“河流自然生命是地球生命的有机组成部分”❶的假设。把地球生命与河流自然生命的关系与人类同其器官的关系相类比——“人是一个小宇宙”。人体上布满的血管，不正像地球机体上遍布的江河湖海吗？

二、推动权利观念转变的意义

河流自然生命是地球自然生命的组分，理应有其独立持续存在下去的名分，这种名分的确立，是通过在人类社会承认河流自然生命的权利来实现人与河流的正当关系。然而，在传统法哲学观念中，自然存在物，无论是有生命的还是无生命的，都是作为人类的资源或环境纳入人类社会权利的范围，如目前我国确立的野生动物资源法、矿产资源法、水资源法以及在城市环境和乡村环境方面的污染防治法等，还没有一部考虑野生动物野性的任其生命独立自在的濒危野生动物不容侵犯法。尽管现有濒危物种保护法，但是这种保护法的哲学理论仅仅是根据它是人类的资源的概念，更没有对河流作为一个整体生态系统，基于

❶ 叶平:《回归自然——新世纪的生态伦理》，福建人民出版社 2004 年版，第 227 页。

其自然生命而确立的法律。其原因主要是人们顺应传统的习惯：只有人有权利，非人类存在物没有独立存在的权利。确立河流自然生命的概念有助于推动权利观念的转变。

(1)河流自然生命与地球上的一切生命包括人类息息相关，承认其自然存在和不任意被破坏的名分，需要明智的人类来代理。这里给予河流自然生命的名分，不是基于它是有理性的，也不是基于它是有机体，而是根据它在地球生态中的地位和作用。“可以通过援引监护人或受托管理人这个广为人知的法律概念来回答这一问题，婴儿或弱智者的利益就是由合法的监护人来代表的”❶。河流权利是一种潜在着的需要被代理的权利，人类就是河流权利名分的代理人。

(2)英美传统文化中的“天赋权利”的观念历来只适用于人类，认为人类拥有不可剥夺的权利，如生存权利和自由权利。现代环境伦理学的深入发展，伦理范围从人类扩展到整个自然界，可以符合逻辑地推出：不但人类、动物、植物，而且山川河流等整体自然生命也拥有持续存在的权利意义。

(3)美国环境伦理学创始者罗尔斯顿对自然界的生存权进行过这样的解释：“生存权，从生物学上讲，是指为了生存适应性配合的权利。适应性配合，需经上千年的维持生存过程。这种思想至少使人们想到，在某一生态位的物种，它们具有完善的权利。因此，人类允许物种的存在和进化，才是公正的。”❷尽管罗尔斯顿所说的是物种的权利，但河流自然生命作为自然界中的一种生命存在方式，也具有其存在的权利。

(4)美国生态学家B·康芒纳提出过四条著名的生态学定律，其中第三条是“自然界最懂得自然”，具有启发意义。自然是一个自组织系统，它的结构和系统运转规律都是经过亿万年进化而来的，并按照最有利于系统稳定的方式存在。所有地球自然界产生出来的，都要经过其整体系统自身的选择，以决定去留。人类如果违反这个系统整体的规

❶ 哈贝马斯：《作为“意识形态”的技术与科学》，第45页。

❷ 霍尔姆斯·罗尔斯顿：《哲学走向荒野》，刘耳、叶平译，吉林人民出版社2000年版，第407页。

律,极有可能破坏这个系统的整体稳态,从而,这种破坏力很可能反作用在人类自己身上。“如果说人靠科学和创造天才征服自然力,那么自然力也对人进行报复,按他利用自然力的程度使他服从一种真正的专制,而不管社会组织怎样”❶。地球自然界自在的权利,通过自然对人类的报复得到某种体现。河流自然生命作为地球自然界的组成部分,同样也具有这样的力量作用于人类。因此,确立河流自然生命的权利是人类趋利避害的必然选择,越早选择,人类进入与河流协调发展就越快。

本章小结

河流自然生命的提出不仅是建构一个全新的概念体系,探讨河流自然生命健康的规律,它还具有多层面的重要意义。

首先,河流自然生命对地球的产生和发展具有本源意义和建构意义:河流自然生命的构成原料,即地球之水,是使地球演变成为迄今为止唯一自然产生和维持生命的星球;水是自然界的动力,水的流动和生灭不但维持着河流自然生命自身和地球系统的健康运转,也实现了地球的水循环。

其次,河流自然生命对人类的意义在于扩展了传统的只有人类有价值的观念,人与河流的关系不仅仅是利用关系,而且更为基本的是人与河流相互依存的关系。

第三,河流自然生命概念的建立及其理论的目的,不是空谈而是试图应用于河流管理实践。河流自然生命、维持河流自然生命的基本水量以及河流自然生命的健康等核心概念的确立,有助于在河流管理的实践领域承认河流的内在价值,赋予河流生命有持续存在的名分和被人纳入河流生命伦理思考的资格。

---

❶ R·F·纳什:《大自然的权利》,杨通进译,青岛出版社1999年版,第151页。

第六章

河流文化生命的概念及其本质

自英国工业革命以来的很长时间里，随着生产力水平的不断提高，人们都把河流视为一种满足人类需求的资源，一种推动科技进步和社会发展的工具。然而，过度地使用河流工具价值的同时，也造成了河流的种种危机。近年来，一些有识之士越来越认识到河流是有生命的，探讨河流生命的概念，其中也包括河流的文化生命概念。那么，如何定义河流文化生命的概念？河流文化生命与河流文化之间存在着何种关系？河流文化生命的产生机制和本质是什么？这是本章探讨的重点。

第一节　河流文化生命的概念

河流文化生命作为河流生命的一种生命形式，是在漫长的历史发展过程中形成和产生的。而河流文化作为一种文化形式，被人们认知和接受却有着悠久的历史。然而，什么是河流文化生命？河流文化生命与河流文化二者的差别和联系是什么？河流文化生命的产生机制和表现形式又如何？如此问题都值得深入探究。

一、河流文化生命的定位

关于河流生命的概念，大致有两方面的定位。一方面，从科学理性角度出发，给出河流生命概念的定义；另一方面，从文化角度出发，给出河流生命概念的定义。综合考虑，关于河流文化生命的概念，本文更倾向于从文化角度给出河流文化生命的概念。

从科学理性角度，以余谋昌为代表。他认为："河流生命是指河流生态系统整体的生命。它作为天然地表水流，以一定的基本水量及其在固定的河道内，以稳定的、正常的水流动为特征。但是，基本水量的流动只是它的必要条件，作为完整的生命系统，除了基本水量及其流动这一重要因素外，还有其他也是重要的方面，例如河流及流域的动物、植物、微生物和各种环境因素，以及所有这些因素的相互作用，这是一个动态的有机的生命整体。"❶这一定义建立在现代科学的基础上，从生态系统的整体性角度，着重探讨河流生命概念的整体性、科学性。

从文化角度，以刘福森为代表。他认为："从情感的、人文的或文化的解释原则出发，才能得出'河流是有生命的'结论。"认为"我们不能到科学中去寻找'河流生命'，只有用我们的心去感受、体验，河流才会以一个'纯洁、善良、平和、美好、友善、关爱的女性形象'呈现在我们面前。我们只有破除科学理性（工具理性）的思维方式和功利主义的价值取向，才能把'河流生命'的概念确立起来"。因为"站在科学理性的立场上，我们看到的只能是流动的 H_2O 的分子式，只能是能够供给我们解渴、洗澡、灌溉的'有用物'，或洪水暴发后残害我们生命的灾害；而当我们用我们的心面对河流时，我们才会感受到用显微镜和其他仪器看不到的真正的河流生命"❷。

科学也是一种文化，是文化的组成部分，文化是科学的根和本。文

---

❶ 余谋昌：《关于河流生命伦理问题的讨论——答张博庭教授》，《水利发展研究》2005年第7期第26页。

❷ 刘福森，郭玲玲：《河流伦理的哲学基础》，《黄河报》2004年9月28日。

化有理性(科学)文化和非理性(非科学)文化之分。在指导人类行为和实践活动时,二者的原始动机都是为了满足人们的物质利益或精神需求。在一定意义上,精神方面的满足更具有意义。河流作为一个整体也是文化的组成部分,本文探讨河流文化生命的概念,自然倾向于从文化角度出发,关注其合理性。

刘福森认为,人类作为自然界的存在物种之一,为了维持生命的存在,首先要求得到物质需求的满足,向自然界索取所需物质资源,人的意识具有一种功利主义的价值取向。这样,人类就需要认知外部世界,获得认知外部世界的知识,而这种寻求认知外部世界知识的精神,也就是一种科学精神。然而,作为一种不同于一般生物的物种,“人是一种超越性的存在。这种超越性表现为:第一,超越现实,追求理想。人不仅关注现实,而且指向理想。第二,超越功利,追求崇高。人具有功利性追求,但是,在满足基本生存需要的条件下,人的精神追求又不止于功利性追求。一种崇高的境界,一种善良的愿望,一种热烈的情感,一种良心的自律,一种对美的渴望……都成为人们追求的目标。第三,超越有限,追求无限。人是有限的存在,但人类的追求却并没有被限制在有限的领域。他总是力图超越自身的有限性而走向无限。人是唯一能够抛开眼前的急迫问题而关注遥远的、终极问题的动物。第四,超越真实,寻觅虚幻。寻觅虚幻是人的超越性的一种经常的表现之一,是人的一种正常的精神需求。从人类诞生的那一刻起,人们就离不开对虚幻的寻求。虚幻的东西给人们带来的并非是对‘真实’的反叛与唾弃,也不是一种令人憎恶的‘虚无’崇拜,而是人类精神生活的一种美好的境界”❶。

确实如此,人类作为自然界中非同寻常的物种,具有人之所以为人的特性。古希腊亚里士多德按照灵魂的特性把生物分成了三类:第一类是只有营养灵魂的生物,这种生物的特征活动只包括营养、生长和再生的能力;第二类是不仅有营养灵魂,还有感觉灵魂的动物,这种有两种灵魂的动物,意味着它们的自然活动也包括感觉、希望和情感;最后

❶ 刘福森,郭玲玲:《河流伦理的哲学基础》,《黄河报》2004 年 9 月 28 日。

一类是有三种灵魂的生命,即营养、感觉和理性的动物,这就是人❶。亚里士多德强调,人作为自然界中特殊的存在物,区别于其他非人类存在物,最重要的原因在于人有思想,具有理性活动。笛卡儿把人的理性归为一种怀疑之性,持有普遍怀疑思想。他认为"现有的一切知识都是不可靠的,因为它们建立在不可靠的基础之上。为了重建知识,必须找到一个坚实可靠的基础……'不可靠'不一定等于'不真',而只是说,这些知识未经充分的考察,不能成为知识的基础……凡是不能通过怀疑的推敲的原则,都要被排除在知识的基础之外"❷。笛卡儿所说的怀疑是人之为人的理性特征。

黑格尔则认为人的理性是一种思辨和反思之性。他认为"意识阶段达到了抽象的普遍,如'力'、'规律'等,自我意识达到了外在的个别性,即彼岸的个人的权利和自由。理性是这两者的合题。黑格尔说:'当意识获得了个别的意识即是绝对的本质这样的思想时,意识便返回了它自身。'就是说,达到了理性知识的阶段。理性知识的发展经过了从外在到内在、从抽象到具体、从概念到实际的过程。黑格尔把理性的过程分为三个发展环节:观察理性,即实验科学的知识;道德理性,大致相当于快乐主义、幸福主义等以个人情感为道德基础的伦理观;自律理性,把普遍规律引入道德领域,这不是外在的自然规律,而是理性为自身设立的规律"❸。由此看来,黑格尔言之理性又可理解为人对客观世界的认识上的可建构性。

显然,人区别于其他自然界生物的显著特征在于人具有理性,具有意识,人是理性的存在物。人类对理性的追求,表现为一种精神的指向。同时,人类区别于其他物种,还在于人类具有情感、想象、直觉等活动,人类还是一种理想的存在物,具有希望、向往、追求等非理性特质,这也是一种人文精神的指向。可见,人类精神既有科学精神,又有人文精神。河流文化生命突出的是人文精神。

---

❶ 叶平:《回归自然》,福建人民出版社2004年版,第19页。

❷❸ 赵敦华:《西方哲学简史》,北京大学出版社2003年版,第9~304页。

二、河流文化生命概念的界定

河流是有生命的，她的自然生命是指河流作为地球水圈系统的重要组分的河流生态系统的属性和特征。河流文化生命是指河流自然生命作为客体，影响和塑造人类主体的精神和物质生活，形成“物我同一”的精神境界、审美情趣和道德规范的能力。这样界定的河流文化生命，其要点主要有三大方面：一是河流文化生命不是客体本身的生命，而是客体见诸主体的生命，而且不是仅仅停留在物质层面，更重要的是体现人的精神生活和物质生活的整体性层面，值得注意的是，这种体现不是强加于人的，而是在“物我同一”的精神境界，自我体会和自我实现的。二是河流文化生命是令人感动的，这种感动来源于对河流自然生命的尊重和热爱，也来源于对河流文化作品内在生命精神的文本解读和升华。这种升华对人与自然关系的行为产生指南针的作用。三是河流文化生命依据河流自然生命的规律暗示人类对河流行为的“应当”，凡是有助于河流自然生命生生不息、有助于人类社会的可持续的河流文化生命就是对的，否则就是错的。这是河流文化生命作为河流生命伦理的基本道德原则。由此，河流文化生命是一个新概念，她的主要特征表现为以下三个方面：

第一，河流文化生命是一种对人与河流和谐关系，进而成为人与自然和谐关系的追求和信仰。河流文化是人类文化中的一部分，河流文化生命体现了河流人文的主导精神，这种精神的核心是河流文化生命的追求和信仰。这种追求和信仰是人类河流文化系统的深层支点，是解释河流世界、理解人生长河的最高原则，对人们理解一切意义和价值的源泉以及认识人类的安身立命之本，有重要的指导意义。没有对河流文化生命的追求和信仰，人类就无法理解人与河流关系的过去、现在和未来。

第二，河流文化生命是一种河流文明的理想。理想是超越性的集中表现，它源于现实，又不满足于现实、又超越现实，它追求的是一种未来的、应当的存在。河流文化生命鼓舞人们保护河流、形成河流文化生命的伟大理想。

第三,河流文化生命呼唤对河流自然生命的道德。河流自然生命的道德,体现为河流信仰和理想所揭示的价值目标和行为原则,体现为对河流自然生命的精神自律。河流文化生命见诸河流生命伦理,激发对河流的热爱和尊重,自觉地形成道德自律。

三、河流文化与河流文化生命

河流文化作为一种人类的文化、文明类型,被人们认知已经经历了很长的历史时期,更容易被人们所理解和接受,人们把其称为“大河文明”。例如尼罗河文明、幼发拉底河和底格里斯河流域的两河文明、印度河文明、黄河文明……这些大河文明与人类文明息息相关,是人类文明的源泉和发祥地。

河流文化生命是说河流自然生命作为人类精神生活的根源和对象,积极地启示、影响和塑造人类精神生活、文化历史和文明类型的能力。也就是说,河流的文化生命中的河流不是作为纯粹自然现象,而是作为人类文明史的一部分所具有的生命。千万年来,河流深刻影响了人类的历史发展进程,塑造了各具特色的文明类型。河流与人类文明的相互作用,造就了河流的文化生命。

(一)河流文化生命与河流文化的差别

首先,河流文化生命是河流生命的一种生命形式,它与河流自然生命密不可分地共同构成了河流生命。河流文化是一种文化、文明类型,包含在众多文明类型当中,与其他文化形式共同组成了人类文化与人类文明。而河流文化生命则是对河流自然生命的文化概括和抽象反映,是维持河流文化的根和本,体现为对河流文化的选择性、自组织性和可持续性特征。

其次,河流本身是大自然的一部分,作为一种自然资源是客观存在的;河流文化是一种精神现象,是人类精神产物的存在方式,存在于人类精神产物的世界中;河流文化生命,是河流维持人类社会文明生生不息的能力,既存在于人类的精神世界,又存在于人类的精神产物世界。

(二)河流文化生命与河流文化的联系

河流文化生命与河流文化是密不可分,相互作用,相互关联的。河流文化生命具有的影响人类精神生活和人类文化与文明类型的能力，直接影响着河流文化的发展方向与发展形式；河流文化作为河流文化生命在人类文化中得以展现的一种文化类型，直接体现潜在的河流文化生命。河流文化生命是河流文化的根和本，河流文化是河流文化生命的表现。它们都融入人类文化与人类文明的长河之中。

四、河流文化生命的产生机制

“知、情、意、行”是河流文化生命产生的主要机制。人们对客观事物的认识首先从知识层面开始，并融入其自身的情感，随后会考虑到客观事物的目的、规律、方向等意志层面，最后将其意志付诸于行动。河流文化生命的产生机制即是如此。

知是指知识，可以分为科学知识和非科学知识，科学知识通过观察和试验获得，非科学知识通过经验等渠道获得。人们通过对河流的理性和非理性的认识，进行类比，形成了河流文化生命形式。

情是指情感，是物我同一的体现。在观察认识客观事物的同时，人们往往将其自身的情感融入其中，通过观察事物之间的类似性，用具体可感觉的事物帮助理解抽象的事物。例如李白的诗句“抽刀断水水更流，举杯浇愁愁更愁”，以水之长流喻愁之绵长深重。“关关雎鸠，在河之洲。窈窕淑女，君子好逑”，通过水鸟引起爱情。又如，刘禹锡的“九曲黄河万里沙，浪涛风簸自天涯；如今直上银河去，同到牵牛织女家”；陆游的“三万里河东入海，五千仞岳上摩天”；王之涣的“黄河远上白云间，一片孤城万仞山”，等等，都是借助河流抒发自己的情感。

意和行，分别是指意志和行为。通过对客观事物的初步认识，人们开始深入了解事物本身的目的、规律、方向等，这都属意志层面；随后，用意志来指导人们的行为。人们通过日常劳作观察，了解掌握了河流的一定规律，并利用这些规律为其农业生产服务，进行农业灌溉、筑坝屯田等活动；另外，由于对河流认识的有限性，无法解释一些与河流有关的现象，人们构想出了河神等形象，把河流神性化，并由此举行一些祭祀等活动。这都是河流文化生命的组成部分。

以上表明，河流文化生命通过知识、情感、意志和行为四种机制产生。

第二节　河流文化生命的主要表现形式

河流文化生命有诸多表现形式,我们从精神文化、物质文化和民俗这三个方面阐释河流文化生命的存在及其表现形式。

一、精神文化

精神文化主要是指意识和观念形态存在的文化形式。主要表现有语言与文字、文学与艺术、神话传说以及哲学与宗教方面。

(一)语言与文字

人类祖先憩息在河流附近,形成的河流文化一开始就具有朴素和直观的性质。如古人根据观察外界事物,用线条描绘其形状,产生了最初的象形文字。自然界的水,抽象为汉字中的“水”字和“水”部,这是汉字的重要构成部分。

据统计,东汉许慎《说文解字》中水部文字共有469个,占所收全部汉字的19.942%。例如,“河,河水出敦煌塞外昆仑山,发原注海。从水可声”;“海,天池也,以纳百川者”;“沆,大水也。从水亢声。一曰,大泽貌”;“洼,深池也”等等。《康熙字典》中,水部文字共有1655个(包括异体字,同一字不同写法),占全部收录汉字的28.42%。

从统计上看,水部文字在东汉约占总文字数的1/5,经过近2000年的发展,到康熙时期,水部文字已经占到全部汉字的1/4以上。

中国的很多文字是从河流、水文化生命中得来的,如果离开了河流和水,我们就缺少足够的词汇表达,缺少了交流思想的基础。但水成为水部,构成汉字,还只是河流和水的文化生命的基础的和初步的表现。

(二)文学与艺术

河流或是气势磅礴,或是娟秀俊美,或是千娇百媚,具有永恒的美学价值。每一条河流都有自己独特的历史文化,都激发了人类无穷无尽的想象力和自然情怀,产生了独特的河流文学与河流艺术。

中国古代的名诗佳句就有很多体现。李白的“君不见黄河之水天上来，奔流到海不复回”(《将进酒》)，通过描述黄河之水滚滚东去，永不复返的流势比喻人生的短暂，抒发人生抱负、莫负光阴的情感。王维的“大漠孤烟直，长河落日圆”(《使至塞上》)，描写黄河遥无边际，抒发自己受排挤出朝廷的难言的情感。陆游的“三万里河东入海，五千仞岳上摩天”(《秋夜将晓，出篱门迎凉有感》)，通过描写黄河的浩荡无边，感叹国家被侵的悲伤，盼望宋朝尽快恢复统一的心情。诗人们内心的难言情怀，在九曲江河的流转中得以尽情抒发和表达，意味深长，力透千古。

现代很多文艺作品也都描绘着河流之美，歌颂着人们对河流的热爱之情。优美动听的歌曲，如《黄河大合唱》、《哦，密西西比河》、《蓝色的多瑙河》、《老人河》等。影视作品如德国的《河流与潮汐——安迪高兹沃斯的艺术人生》(Andy Goldsworthy: Rivers And Tides—Working With Time)，把空间的河流和时间的河流融为一体，是人与河流、自然对话的美好的呈现；美国电影《大河恋》歌颂了河水的川流不息，借寓人生起落，充满人情哲理。绘画作品中，北宋的《清明上河图》，生动地描绘了汴河的繁华景象以及人与河流、自然的和谐之美；梵高的《隆河上的星月夜》借助河流、自然之美来抒发内心强烈的感情。

河流千姿百态，浩荡、湍急、柔美、神奇，成为历史文化的空间载体，艺术创作的永恒母题，想象力的起点和极致，是人们经久不衰的审美和情感抒发的源泉，形成了众多优秀的河流文学与艺术作品。

(三)神话与传说

很多神话传说都是由河流得到源起和发展的，河流孕育了难以计数的神话传说，神话传说也丰富着河流文化生命，使其更具生动性。古代的有关河流的神话传说占有很大比例，也很具有代表性。

四渎神源于中国古代对河流的崇拜，四渎指长江、黄河、淮河、济水，是中国民间信仰的河流神的代表。河流可供给人们生存资源，但也威胁人类生命，于是人们对河流产生敬畏之情，立庙祀之。从周朝开始，四渎神就作为河川神的代表，由君王祭祀。

河神为黄河水神，是中国古代崇拜较早、最具影响的自然神。由于地域等原因，仍具有多元性的特征。从殷王朝开始，国家就对河神极为重视，每岁祭祀。到春秋战国时，这种现象异常话跃。秦汉以后河神被抽象为河渎。

河伯是河神比较统一的称呼，其记载最初见于《楚辞》、《庄子》、《山海经》等书中，是中国南北地区普遍信仰的河神，流传极其广泛。

另外，黄河是中国的母亲河，孕育了许多传说故事。例如，甘肃酒泉，因“西汉酒泉胜迹”得名，与汉将霍去病犒赏三军的传说有关。传说霍去病率军打败匈奴，汉武帝赏他御酒一坛。霍去病认为功归于部下将士，可人多酒少，便把御酒倒入泉中，让将士们喝这泉里的水。奇怪的是，那坛酒倒入泉中，喷涌出的泉水便变成甘美香醇的好酒。从此，一眼普通的泉水成了有名的酒泉。

有关河流的神话传说，大都体现出劳动人民与河流、自然和谐相处的美景，生动地构成并丰富着河流的文化生命。

（四）哲学与宗教

在古代，中国和西方的哲人们，都对水进行过哲学思考。在追溯世界本原的问题时，泰勒斯（Thales）认为“水是世界的本原”，并给出两方面的理由加以论证，其一就是用经验证据说明水有滋养万物的作用❶。中国的管子提出，“水者何也？万物之本原也”（《管子·水地篇》）。老子提出“上善若水。水善利万物而不争，处众人之所恶，故几于道”。道与物的关系之一是从本原上生长万物，利万物，如同水滋润万物一样。

水（河流）给人以道德启示，警醒人生和道德实践。水的许多特点被抽象为不同层面的道德意义，这些都构成了人生道德修养的指针。庄子认为：“水静则明烛须眉，平中准，大匠取法焉。水静犹明，而况精神，圣人之心静乎！天地之鉴也，万物之镜也”（《天道》）。明镜止水成为后世宋明哲学道德修养的一个重要观念。孔子提出：“智者乐水，仁者乐山；智者动，仁者静。智者乐，仁者寿”。（《论语·雍者篇》）孔子最早以水比德君子。以水的某些特征象征君子应具有的仁、义、礼、智、

❶ 赵敦华：《西方哲学简史》，北京大学出版社 2003 年版，第 9、304 页。

勇、意志、善化、遍予而无私诸德[1]。管子认为:“夫水淖弱以清,而好洒人之恶,仁也”(《管子·水地篇》)。水柔弱而清澈,能涤除污秽的东西,这是仁的表现。[2]

宗教也是河流文化生命重要表现形式之一。有学者认为“在黄河文化中,最先叩响文明之门的,则是宗教”[3]。从两汉之际开始,佛教传入黄河流域,适应了黄河文化的需要,而黄河文化从佛教中吸取的是作为完备宗教的整体结构和意识核心。经历了1000多年,在黄河流域留下了辉煌的遗迹。道教从黄河源头之上的昆仑山,直到黄河入海处的泰山,皇帝生息于斯,神化于斯。黄河流域有历史悠久的原始宗教的肇痕。黄河流域也是儒教诞生、传播、发展的摇篮,伊斯兰教与中国民众水乳交融的通道,天主教、基督教留下古老遗迹的圣地。

印度的恒河,从喜马拉雅山的源头奔腾而下,蜿蜒流过千百英里的旷野平原,在注入孟加拉湾以前,倾倒出巨量的淤泥,形成一个三角洲。它还以多种方式消耗它的能量,影响到数百万人民。遥远的山区崎岖不平,无法筑路,它冲开山峡使交通成为可能。在城市附近,它既是排水道又是饮水的源泉。在平原上,它的洪水铺上了肥沃的土壤,没有这些沃土,庄稼就无法生长。但是,一条河流对一个民族的影响并不仅仅限于水和淤泥。虽然恒河只是亚洲第十五条大河,但是它在宗教上的意义可能使它成为世界上最重要的河流之一。有3亿5000万以上的印度人把恒河视做最神圣的河流:成群的香客到恒河中沐浴来洗清他们的罪过;另外有些人在喜马拉雅山上爬到呼吸艰难的高度,以求目睹那神圣的河源。

可见,河流给人类以丰富的想象,通过人们对河流的观察和认识产生了中国早期的哲学、道德观与宗教,丰富着人类的文化,这是河流文化生命的旺盛表现。如果离开河流,人类文化史也许会暗淡无光。随着科学的发展,人们对于水的认识的深化,构成了河流文化生命的一

---

[1] 张开城:《君子人格与“比德”》,《学术月刊》1995年第12期。

[2] 张连伟:《〈管子·水地〉与中国水文化》,《殷都学刊》2005年。

[3] 王志远:《黄河文化丛书·宗教卷》,宁夏人民出版社2001年版。

部分。

二、物质文化

物质文化是通过历史上创造的实物产品体现出来的那个时代的文化及其文化生命的活力。这种物质文化产品可分为三个方面:一是围绕河流修建的各种水利水电工程;二是人类在与河流打交道的过程中所发明和制造的各种器具装备;三是由河流和水引申出来的其他产品。河流的物质文化与精神文化一样源远流长。当人类的祖先用泥土做成陶罐去河里汲水时,也就标志着河流的物质文化产品产生了,从此,河流的文化生命中又增添了新的元素,河流生命也被赋予了更深的内涵。在河流历史博物馆中我们看到我们的祖先利用水的器皿和工具,大禹治水开发和建设的河道以及防洪水的堤防。无论在中国还是在国外,在古代社会,人们都学会在河边建造水车提水,利用水力推动水磨,碾米磨面;靠近河边的渔民制造出渔船在河上以打鱼为生;为了方便捉鱼,人们发明了鱼叉、渔网和钓鱼的各种用具。基于河流的承载能力,美国的富尔顿在19世纪发明了轮船,这艘船不仅可以在大江大河上航行,也可以在大海上航行。开辟了所谓航海时代。于是便有了郑和下西洋,有了哥伦布发现新大陆,有了麦哲伦的环球航行。

各种用水器具的发明产生,是人类利用河流的初级尝试。长期以来,人们为了满足供水、防洪、灌溉、发电、航运、渔业及旅游的需要,兴建了大量的水利水电工程,推动了经济的发展和社会的进步,并在维护河流生态方面发挥了积极作用。从而,河流生命的宽度得到极大的拓展,许多河流因此生机勃发。李冰父子修建的都江堰,是全世界至今为止,年代最久、唯一留存、以无坝引水为特征的宏大水利工程,2000多年来一直滋润着成都平原,成为人类与河流关系和谐的典范;阿斯旺大坝不仅是埃及人的自豪和骄傲,也是尼罗河物质文化生命的一个载体;从春秋时期开始形成的黄河下游大堤,不仅承载着中国人的荣辱忧患,而且其本身已经融化为黄河生命的重要组成部分。

人类在与河流打交道中,不断拓展和延伸着河流文化生命的物化内涵。黄河流域在新石器时代已广泛使用了陶器,从而使得陶器艺术较充分地发展起来。黄河的壮观形象深刻地影响着艺术创作。从甘肃马家窑文化遗址发现的几只不同旋涡纹的彩陶壶可以看出黄河对人们生活所产生的巨大影响。陶壶上彩绘的水流旋涡,线条流畅生动,是人们提着陶壶去黄河边灌水时熟见的景象。水也成为推动人类科学发现和技术发明的重要物质。著名的阿基米德破解"王冠之迷"的实验,发现了水是有浮力的,它的浮力与物质的容重和侵入水的深度密切相关。瓦特改进蒸汽机成功地引发并开展了第一次英国工业革命,这种利用水的物态变化做功的动力机——蒸汽机,成为这次革命的重要标志。事实上,这场英国工业革命不是这样简单,围绕着利用水的技术革新,首先在采掘业经历了一系列的蒸汽机的技术改革。早在 16 世纪末英国的采掘业就比较发达,纽可门发明了利用大气压力抽取矿井水的"大气机";为了提高工作效率,塞维利发明了用锅炉把水变成蒸汽的"蒸汽机模型"。瓦特的蒸汽机是在蒸汽机模型的基础上改进完成的。

通过这些利用水和河流的设施、装备、器具以及古迹、遗址、文化景观,河流的文化内涵得以延伸和拓展,河流的文化生命也更加的厚重多彩。

三、民俗民风

民俗民风是包含着精神和物质文化的人们的生活样式和生活情调。河流文化生命往往以民俗民风的形式反映出民族本土文化的深厚根基。

在韩国有一个地方叫"半壶桥"。说的是在那里居住的人的生活用水来自一条小河,每天人们都到桥边打水,可是他们在装满壶水后却再倒回半壶,以半壶水、半壶水的容量打回家来使用,蔚然成风。

很多岁时节令与河流有关。每逢端午节,很多地区都举行盛大的龙舟竞渡。健壮彪悍的男子装扮龙舟,荡漾中流,往来游歌。河中的小船首尾相接,格外显眼。龙舟奋力抢夺"赏标",得者为胜,岸上助威呐喊声不断,欢乐异常。又如,六月六,宋代时称"天贶节"。人们认为这一天的水具有魔力。此日之水很易洗净器物,且能使器物更明亮。陕西石楼、浮山等地的孩童、老人此日还要到河中沐浴,俗称"洗百病"。

中元节是夏历七月十五,一些地区的放灯特别具有地方特色。放灯时,附近乡人皆聚于黄河桥畔,无数盏灯火在黄河中漂流摇曳,宛若一条长龙上的点点银光,颇为壮观。

民俗民风如一道亮丽的风景线,丰富着河流文化生命的内涵,使其更加绚丽多彩。如果离开河流,民俗民风就会暗淡无光,有些甚至会消失。

第三节 河流自然生命与河流文化生命的关系

河流的自然生命与文化生命的关系,归根结底属于物质和精神、客观与主观、存在与意识的关系。

一、依存关系

河流自然生命作为人类精神生活和意识的对象,是河流文化生命的本体基础。它影响着人类历史和文明产生,是河流文化生命存在和不断丰富的前提。河流的文化生命因自然生命兴而兴,因自然生命衰而衰。黑河中游的黑水国,因农业用水长期过度开发,河流断绝,成为被沙漠湮没的历史碎片;新疆塔里木河下游,因孔雀河断绝、罗布泊枯竭,导致了楼兰国的神秘消失;古代丝绸之路的必经之地,新疆雅尔湖畔的交河古城,因两河交汇绕城而得名,曾有1000多年之久的辉煌历史,亦因两河的衰亡成为一座死城,载体不复存在,相应的文化当然也就成为历史遗踪。这些历史的事实都说明,如果河流自然生命本体遭到损坏或消亡,河流文化生命也会随之受到损坏乃至消亡。

二、承继关系

河流的文化生命是河流自然生命的延续。河流文化作为人类文明史的一部分,以其特有的方式记载并传承着人类的历史与文明。由河流自然本体衍发而成的语言和文字、哲学和道德、文艺作品和民俗民风都是对人类历史演进的见证,对科技发展水平的衡量,或对民族情感的维系。河流文化光辉灿烂,是一个国家、一个民族发展乃至整个人类的精神财富，充实和丰富着人类文明的演进与发展。河流文化在整个人类文明史与发展史中代代相传、永续流传，是对河流自然生命本体的延续。

三、互补关系

河流的文化生命与自然生命相互依存。河流文化由河流自然本体衍生、发展，同时河流文化也影响着河流自然生命的健康和发展。最初的文字是对自然事物的朴素的反映，人们通过对自然河流的观察产生了与水有关的文字，如最初的象形文字“水”。随着人们对河流认识的不断加深，水成为偏旁而产生了更多和水有关的文字，如“沆”、“洼”、“涅”等。与水、河流有关的文字在汉字的总数中占有相当大的比例。随后，文字越来越抽象，成为人类独立的精神世界的组成部分。由于生产力的发展、人类思维能力的提高，人类的精神生活愈加丰富，产生了与河流有关的诗歌、绘画等等河流文化形式。河流文化源于自然河流，再现自然河流，同时又高于、独立于河流自然本体而存在，属于自由的精神世界。河流文化超越了自然河流本身的局限，其文化生命的意义更加丰富与壮大。河流文化生命的内涵，也将随着人类生产力的不断提高、认识能力的不断增强，展示越来越丰富多彩的内容。

第四节 河流文化生命的本质

探究河流文化生命的本质问题，我们不能到科学中去寻找，只有用我们的心去感受、体验，河流才会以一个“纯洁、善良、平和、美好、友善、关爱的女性形象”呈现在我们面前。

一、河流文化生命的哲学基础

河流文化生命是一种信仰，其哲学基础和传统可以追溯到我国古代的“天人合一”思想。“天人合一”的哲学思维始于中国远古时期追求“天人相通”的宗教仪式。西周时期提出的“以德配天”的思想，可以看成是以后“天人合一”思想的萌芽。《周易》中有明确的天人协调的思想,认为“乾称父,坤称母”。应该说较明确地提出“天人合一”思想的是孟子。孟子认为,“尽其心者,知其性也;知其性,则知天矣”;“夫君子所过者化,所存者神,上下于天地同流,岂曰小补之哉”;“万物皆备于我矣。反身而诚,乐莫大焉”。在孟子看来,人与天地万物是一个整体,人的品性都秉受于天,是天之所赋。

以老子、庄子为代表道家追求自然无为的人生境界,反对利欲观念和人为因素对天性和本性的扼杀。老子提出“人法地,地法天,天法道,道法自然”,即主张天、地、人都统一于象征着自然无为的“道”。庄子进一步继承和发展了老子的思想,他认为“天地与我并生,而万物与我为一”,“与天地精神相往来”就是一种最高的“天人合一”的境界。

汉代儒学成为显学,董仲舒在先秦儒家“天人合一”思想的基础上,掺杂阴阳五行学说,提出了新的“天人感应”学说。他认为天是有意志的神秘之天,是万事万物的始祖;强调人与自然、河流的和谐相处,正确处理人与自然、人与河流的整体统一关系。这种统一观贯穿于中国古代思想史的全过程,是中华民族传统文化的主流观念。李培超在《环境伦理》一书中认为:尽管“天人合一”所探讨的并不完全是人与环境的关系问题,但其中所蕴含的一些深邃哲理仍然可以为环境伦理的萌生提供重要的精神支持❶。张互助在《中国古代山水绿色文化》一书中认为:“竖立在‘天人合一’坚实基础上的中国古代山水绿色文化大厦,高大挺拔,闪烁着无比灿烂的光辉,它是人们精神寄托和精神追求的载体与表现形式,是人与自然关系和谐的美好象征。”❷

笔者认为,“天人合一”是确立河流文化生命的哲学基础。首先,它揭示了河流文化生命的核心是万物整体思想和万物有序思想。河流与人类一样有持续存在下去的价值和权利。其次,它暗示河流文化生命的根和本是“道”,映衬人与河流的伦理尺度和基本行为准则。“人与河流合一”其含义在于:既不能遵循人类“征服”主义,也不能简单地顺应河流的自然,而是根据人与河流相互依存、相互作用的“道”来

❶ 李培超:《环境伦理》,作家出版社 1998 年版,第 112 ~ 124 页。
❷ 张互助:《中国古代山水绿色文化》,河南大学出版社 2001 年版,第 165 ~ 171 页。

行事。

二、确立河流母亲的信仰

"乾称父，坤称母"的思想把大地比做母亲，那么河流也就是母亲河，即河流文化生命的本质表现为确立河流母亲的信仰。

传统文化把河流赋予母性化的形象，认为女性（至少是母亲）比男性更接近河流和自然，更容易与其和谐相处。那么，为什么把河流比做母亲？为什么不能把河流比做男性呢？让我们从以下几方面展开：

第一，从社会属性角度看，女性（母亲）给予人类以生命，担负着人类社会繁衍与维系社会稳定的角色。同样河流也供养着世间的万事万物的生存，提供世间万物的基本生存条件，维系着整个水生态系统的完整与稳定。

从生理上很难说明女性比男性更接近河流和自然。然而从社会属性角度就很容易得到证明。在生理上，虽然女性生育、哺乳、抚养着婴儿，但是离开男人同样无法产生生命，有时男人也一样抚养、照顾着婴儿的成长。"但从社会属性来看，女性的社会角色更多表现在繁衍后代、维系社会中人与人的关系上。而男人的社会属性则集中表现在分离性和自主或自律性。"❶在人际交往、日常交流等活动中，不可否认，与生俱来的气质和特征，使得女性更容易维系人与人之间的和谐关系。无论是在家庭中还是在社会中，女性往往是解决矛盾与问题的关键角色，维系着家庭和社会的稳定关系。然而，男人更多地充当了社会、家庭中矛盾与问题的制造者，但又不擅长解决这些矛盾和问题。由此，女性在维系人与人之间和谐关系方面的重要作用尤为突出。

河流供养万物的生存，为其提供生存的基本条件。在整个水生态系统中，乃至整个自然生态圈系统，河流（至少可以说是水资源）维系着整个生态系统的稳定与完整。如果没有了河流、失去了水资源的载体，所有生物、湿地、森林、植被等都会在地球上消失，更谈不上生物圈的完整性。河流充当着维系大自然中万物间相互关联的纽带。

---

❶ Catherine M. Roach. Mother/ Nature. Indiana University Press, 2003:39 ~ 133.

显然，在社会属性层面上，女性与河流的关系要比男性更密切、更亲近。

第二，性别上的差异表明，女性比男性更温和、善良，对河流、对自然更友好；男性比女性更好斗，更具破坏性。这种差别要么是与生俱来的，要么是社会化的。Catherine M. Roach 认为："根据考古学和古人类学对人类史前史的描述，在古代的欧洲社会，人与自然和谐相处——当时是和平的，平等的，信奉女神的母系氏族社会。然而4000～6000年前，侵略者从北部或是亚洲打着'文明'的旗号逐渐侵入，带来了战争、等级制度和对自然的控制……这是一种人与自然和谐相处的神话的磨灭、对自然的破坏，应该归于男性或是父系等级制度。"[1]由于女性的温柔、善良、随和、关爱的性格，使得在女性占主导地位的母系氏族社会，人们崇拜河流，尊敬河流，与河流、自然相处得和谐融洽。然而，在男性占主导地位的社会中，由于男性征服一切的性格所致，河流也在劫难逃地成了他们"征服"的对象，从而造成了现在河流的种种危机。

早在1974年，Francoise D'Eaubonne 创造了"生态女性主义"这个词，认为"地球的破坏源于男性天生的对利益的追求"[2]。Mary Daly 在《对自然的野蛮掠夺》一书中，认为"人类对地球的罪行表现在阶级性的掠夺……而女性却不断地在为保护我们人类自身和保护整个地球而斗争"[3]。也就是说，男性，至少是工业化西方世界中的男性中的精英们，比女性与自然更疏远。通常来看，他们也对生态进行着掠夺性的破坏，从而导致了污染、物种消失、对河流资源的过分使用和"征服性"的开发。这都严重地危害了河流生命的健康，也危害了河流文化生命的健康。

第三，女性为治愈河流、自然的危机，维护河流生命的健康做出了积极的努力与贡献。女性积极地团结在一起，创造着河流生命的健康和世界的美丽。这暗示着女性主观上认为她们自己有那种领导维护河

---

[1] Catherine M. Roach. Mother/ Nature. Indiana University Press, 2003:39～133.

[2] Francoise D'Eaubonne. Women, Culture, Nature. Indiana University Press, 1997.

[3] Mary Daly. Rape of the Wild. Indiana University Press, 1989:Ⅸ. ⅩⅣ.

流生命健康和全球环境运动保护的特性。事实也表明，当今社会的环境运动大多都是由女性发起和倡导的。女性不断地在为河流健康和自然环境的和谐美丽而奋斗着❶。

世界各国妇女组织参与河流保护、环境保护行动非常活跃。在美国，河流保护的很多功绩都来自非政府的妇女团体，例如，著名的“妇女环境与发展”组织长期开展环保教育，保护河流也是她们的工作内容之一，并且她们的工作使政府对环境给予了更多的关注和资助。孟加拉国的一群女学者和社会活动者于1993年还成立了水资源共享妇女组织（Women for Water Sharing），后来演变成“水资源共享人民倡议”（People's Initiative for Water Sharing），为该国的河流保护做出了很多贡献❷。在德国，妇女参与环保的越来越多，并且加入到环保技术工作中。德国妇女建立环保组织和网络，收集妇女建议提交政府，举办论坛，唤醒公民环保意识……世界各国的妇女都在为保护河流、保护环境、保护自然积极地努力着，她们的贡献也是有目共睹的。

在我国，纳西族女性牛红卫——美国大自然保护协会中国项目部首席代表，作为环保杰出人士，被美国《商业周刊》评选为2003年“亚洲之星”。她带着美国大自然保护协会提供的基金，在云南筹备和规划实施了云南大河流域项目，为河流、自然保护做出了杰出贡献。又如，台湾的余范英，多年从事台湾河流保护工作，是台湾河流运动的启蒙者。余范英坚持推动河流的长期可持续发展理念，积极促进污水处理等河流问题的解决，成为2005年诺贝尔和平奖中国区候选人之一。

从以上的阐述不难看出，女性比男性更容易接近河流。女性从本质上和河流更相似。所以，河流文化生命的本质表现为确立河流母亲的信仰。

---

❶ Karen J. Warren. Ecofeminism: Women, Culture, Nature. Indiana University Press, 1997: 32.

❷ Hasna J. Moudud:《跨国界流域管理：人民观点》，见《第二届黄河国际论坛论文集——维持河流健康生命》。

本章小结

河流文化生命从文化角度来界定更加合理、科学。河流文化生命，是指河流自然生命作为客体，影响和塑造人类主体的精神和物质生活，形成“物我同一”的精神境界、审美情趣和道德规范的能力，是人类文明史的一部分。它通过知、情、意、行四种机制产生，表现形式主要体现为语言与文字，哲学、道德与宗教，文学与艺术，神话与传说，民俗民风五大方面。河流文化生命与河流文化之间密切关联，又存在差别，不可把二者割裂看待。同时，河流文化生命的本质也是重要研究的问题，表现为确立河流母亲的信仰。

第七章

河流文化生命发展的社会规律

河流作为一种自然现象，具有自然生态的一面；河流作为人类文化的一部分也具有文化生态的一面。文化生态不是孤立存在的，它是随着人类社会的发展而不断的变化的。探究河流文化生命与人类社会发展之间相互依存、相互作用的关系，揭示河流文化生命发展的社会规律，是本章的主要内容。

第一节　河流文化生命孕育人类早期文明

河流先与人类存在于地球上，供养生命，使地球充满了生机。在人类出现后，河流对人类生活乃至人类文明的形成也有着不解之缘。河流孕育了一个国家、一个民族、一种精神、乃至一种文明[1]。河流在人类文明史上起着无法比拟的作用。这种作用的源头和根，在人类历史

[1] Clark, Annette McFadyen. Koyukuk River Culture. Coyote Press, 1974: 31

上是以潜在的形式存在的。我们今天用河流文化生命的框架去认识和理解河流与人类文明的关系，我们发现，那时潜在的河流文化生命以其显在的蓬勃旺盛的文化生命力潜移默化地渗透在人类早期的生产和生活活动中，成为世界文明的源流——尼罗河孕育了光辉灿烂的古埃及文明；幼发拉底河和底格里斯河的兴旺与枯竭直接影响着古巴比伦文明的兴衰；印度河和恒河造就了印度文明；黄河萌生滋润了具有深厚底蕴及悠久历史的中华文明。

一、尼罗河文明

希罗多德称“古代埃及是尼罗河的赠礼”（宋豫秦，pp20）。这句话一语道出了尼罗河与埃及文明两者的密切关系。

尼罗河由南向北倾泻而下。它发源于乌干达，经苏丹、埃及注入地中海，全长 6671 公里，尼罗河河谷宽 3 ~ 16 公里。在非洲广阔干旱的土地上，尼罗河成了唯一的水源。

由于尼罗河定期泛滥，河水灌溉了两岸的土地，还给地面铺上了一层肥沃的淤泥，便于农作物生长。埃及位于非洲的东北部，终年雨量稀少。尼罗河就为古埃及人的生存、繁衍，以及农业生产提供了良好的条件。河水退却后，埃及人开沟筑坝，兴修水利，在肥沃的土地上辛勤地耕耘，代代繁衍生息。20 世纪 70 年代以来，陆续发现了一些属于公元前 15000 至前 10000 年旧石器文化遗址，从已发现的野生大麦以及石磨、石臼等农具遗物和遗存看，当时已处于新石器时代的边缘，有了农业的萌芽。

尼罗河不仅养育了埃及人民，而且也孕育了埃及文化，马克思说：“计算尼罗河水的涨落期的需要，产生了埃及的天文学”，古埃及的科学文化知识正是在利用和改造尼罗河的生产实践中产生，慢慢发展，不断丰富的。古埃及的金字塔和狮身人面像建筑雄伟壮观，是人类建筑史上的奇迹之一，至今仍给人们留下了许多不解之谜；古埃及人相信人死后会死而复生，故将尸体浸以盐水等防腐剂，填以香料，然后用麻布裹紧，这样尸体就可以保存很久的时间，这就是埃及著名的“木乃伊”。

二、幼发拉底河和底格里斯河文明

幼发拉底河和底格里斯河都发源于土耳其亚美尼亚的崇山峻岭中，蜿蜒东南流，注入波斯湾。巴比伦古城遗址坐落在幼发拉底河和底格里斯河之间美索不达米亚平原上。强大的古巴比伦帝国出现在3800年前，直至公元前后城市毁灭，这里素有“两河文明”的美称。

由于两河流域的定期泛滥，苏美尔人建造了大量的水利工程，不仅防洪，而且利于灌溉，使两河沿岸因河水泛滥而积淀成适于农耕的肥沃土壤。随着人工灌溉农业的发展、长途贸易的进行和农牧业的分工，这里的社会文明得到发展。

古巴比伦人曾经创下了一系列的世界历史的奇迹和重要的文化成果。创立了世界上第一部成文词典——《乌尔纳姆法典》；汉谟拉比制定法典是古巴比伦王国最大的贡献之一；筑造了世界七大奇迹中的城墙和空中花园，又是世界建筑史上光辉的一笔；这里是脍炙人口的阿拉伯著作《一千零一夜》的诞生地；《吉尔伽美什》史诗是两河流域最有名的英雄史诗，也是世界上最早的史诗；这里诞生了世界上最古老文字——楔形文字，人类历史上最早的学校、最早的两院制议会、最早的历史学家、最早的减税措施、最早的药典、最早的农历、最早的宇宙进化论和宇宙论、最早使用60进位和10进位……两河流域文明对世界文明做出了巨大的贡献。

但是两河流域自然环境也给文明的发展带来了严重的限制，降雨量稀少、气温高，加之人们的过度开垦，造成了土壤的盐碱化，生态环境恶化，一度辉煌的古巴比伦文明也埋葬于沙漠之下，一个古代人类文明发源地变为废墟。

三、印度河文明

古代印度文明发祥于喜马拉雅山的万年冰雪融汇而成的印度河和恒河流域。印度的名称就起源于印度河。在干旱、高温、少雨的地区，印度河每年的泛滥成了人们赖以生存的希望。恒河是印度人民心中的圣河。恒河流域降雨量丰沛、土壤肥沃，适宜种植水稻。从而，农业发达，人口密集。印度河和恒河提供给人们日常生活、劳作所必需的水源，在人们心中它们圣洁、神秘。

古印度人创作了不朽的史诗《摩诃婆国多》和《罗摩衍那》，其中《摩诃婆国多》是世界上最长的史诗；公元前 6 世纪，佛教产生，阿育王时期得到广泛传播，先后传入中国、朝鲜、日本；古代印度人发明了包括“0”在内的 10 个数字符号，后经阿拉伯人传入欧洲，即今天的阿拉伯数字，还发明了目前世界上通用的计数法；在哲学上创立了“因明学”，相当于今天的逻辑学……

然而到了公元前 18 世纪，印度河文明开始没落。由于印度河改道，统治阶级大兴土木，过度砍伐森林，造成可用耕地减少，印度河流域的经济衰落，文明中心逐渐转向恒河流域。公元前 14 世纪雅利安人到达了印度北部，从礼教、语言和文化方面全面取代原生文明，并经过近千年发展形成一个新的印度文明——吠陀文明，其踪迹一直保留到今日（见表 7－1）。

表 7－1　古印度历史的发展阶段

公元前 4000 年	从西北来的诸部落开始定居于印度河流域，并开始建立农业村社
公元前 2500 年	达罗毗荼人开创了印度河文明
公元前 2000 年	印度－雅利安人入侵印度，印度河文明达到辉煌，开创恒河文明
公元前 1750 年	印度河文明突然失落，文明重心转向恒河流域
公元前 1000～前 500 年	种姓制度和印度教牢固确立

四、黄河文明

黄河是中华民族的母亲河，经过亘古不息的流淌，孕育出世界最古老、最灿烂的文明。黄河干流全长 5464 公里，成“几”字形向东注入渤海，流域面积达 75 万多平方公里。在黄河的上游，黄河之水从蓝天和白云间流下，碧波荡漾，清澈见底，自古就有李白的名句“黄河之水天上来”。中游段流经广大的黄土高原地区，许多支流挟带大量泥沙汇入，为世界上含沙量最多的河流。河水呈黄色，因而得名“黄河”。

古代黄河流域的气候比现在暖和湿润，水土资源丰富，是农业的生产基地，同时又兼渔猎之便，具有多种生态因子。历史上，黄河虽经历七次大的改道，黄水泛滥，祸及百姓，但在同黄河泛滥的搏斗中，生活在黄河流域的人们积累了经验、教训，灵魂也受到铸造。黄河的气势正是中华民族的精神。

黄河文明是中华文明的核心。黄河流域是中华民族的摇篮，也是世界古文明发祥地之一。从黄河上游的蓝田人——我国最早的直立人，到黄河下游的大汶口文化、龙山文化遗存，证明黄河全流域是中华史前文明的重要发祥地；从炎黄、蚩尤的传说到二里头文化所发掘出的夏文明，从夏商周以至北宋历代大小王朝建都于此，说明黄河流域在相当长的时期内是中华民族政治、经济文化中心；五千多年前，黄河中下游地区出现了仰韶文化，又称彩陶文化；汉代的造纸术，唐代的火药，隋代的印刷术，宋代的活字印刷术、指南针，并称世界上著名的“四大发明”……

然而，由于人们过度开发，以及自然条件本身的某些变化等原因，唐宋之后，中华文明的重心由黄河流域转向了长江流域。尽管如此，黄河文明的重要地位也持续了相当长的历史时期，这也是世界上任何一条大河所不能比拟的。

由此可见，古代四大文明都属于大河流域的农业文明，都产生于大河流域。在古代，大河磅礴的自然力量也是难以驾驭的，河流的性格决定了她身畔民族的命运：尼罗河水定期泛滥，不仅使古埃及获得农业生产的良好条件，而且也成为世界上最早进入文明社会的地区之一；古巴比伦曾辉煌一时，但由于无节制地垦殖，致使两河流域的沙漠化、盐碱化日益严重，古巴比伦文明最终从地球表面上消失；古印度文明诞生于印度河和恒河流域，在文学、哲学和自然科学等方面对人类文明做出了独创性的贡献；黄河流域孕育了中华民族、孕育了光辉灿烂的中华文明，也为世界文明做出了巨大的贡献。

河流文化生命是人类文明的起源，孕育了不同的民族文化，这对世界文化的形成、发展与传播都起到了重要的作用，促成了世界文化的多样性与多元性。河流文化也随之长久不衰，愈加绚丽多彩。但也应吸取古巴比伦的教训，对河流的利用与开垦要采取持续性的方针。否则，人类文明的发展就要受到威胁，甚至中断。

第二节　人类社会发展积淀河流文化生命

人类沿河而居，对河流的认识，以及对水的利用已有很悠久的历史。河流在人们心目中最初始的认识是一种资源，能供给人们所需，维持人类生命的自然资源。但是由于人类社会的发展和进步，决定了人们认识和开发利用河流的程度与结果，同时也不断地积淀着河流文化生命。

一、采集—狩猎社会对河流的神性膜拜

在原始社会阶段，社会生产力水平低下，人们利用自然物进行生产活动，依靠自然力生存。石制工具是人们日常劳作的主要工具，进行原始的捕猎，来维持生存。人们对河流、自然界无法正确认识，更不可能提出河流文化生命的概念。但是，从今天我们建构的河流文化生命概念，考察那个时期人们对河流的总体认识和观念，可以发现：在当时，人们处于“逐水草而居”的原始生活状态，认为河流是可以供给生命的资源，根本无从想象河流活动的规律以及河流的开发利用。河流文化生命的观念此时仅仅表现为人们对河流神性的膜拜，即人们把河流、自然界看成神圣不可侵犯的事物，当做神来崇拜，面对洪水等自然灾害无能为力，只能是逃荒或等待死亡，根本无法应对。到了原始社会末期，生产力有了一定的提高，原始的农业出现，人们开始学会引水灌溉，初步地利用水资源进行农业生产。面对洪水，开始使用一些简单的方法进行防止洪涝灾害。对河流的主要态度基本上还是崇拜，祈祷河流、祈求自然不要发生灾害，顺利地进行农业生产，维持生计。

在简单使用水资源进行生产劳动的过程中，原始的文化也相伴而生，在人们实践活动中不断地丰富，人们与河流的关系处于被动地适应、顺从、盲目膜拜的阶段。

二、农业社会对河流的敬畏与仇视

人类农业文明主要起源于江河流域，如中国的黄河、长江流域。古埃及起源于尼罗河，古巴比伦起源于底格里斯河和幼发拉底河流域，古印度则发源于恒河流域。这些大江、大河为早期人类的发展提供了水源、肥沃的土壤和鱼类食物。《表土与人类文明》这一名著的作者弗·卡特和汤姆·戴尔认为："蓝色尼罗河挟带着淤泥与主要来自白色尼罗河流经的丛林和沼泽地的腐殖质，每年都要给埃及留下一层薄薄的沉积层"；"这一层层薄薄的新土层就是埃及漫长而富有生命力的文明之秘密所在"。

在农业社会阶段，土地的开发和利用进入了新的阶段，主要表现在农耕的工具，不仅限于石器，青铜器、铁器开始广泛使用，利用马和牛这些畜力代替人力，这种所谓"牛拉犁"的传统农业的生产方式使社会生产力普遍提高，粮食生产增加较快，人口开始增长。在这个阶段，人与自然的主要矛盾是人与河流之间的矛盾，主要表现是：人口增多。而要求土地增多，而要保证土地增多，就必须去开发远离河流的土地，但只靠老天的雨水有很大的局限性。因此，河流的利用成为制约农业收成的重要影响因素。无论是在中国还是在国外，兴修水利是与"牛拉犁"同等重要的农业技术。公元3世纪古罗马著名的建筑学家维特鲁威的《建筑十书》是人类建筑史上第一部经典著作，这本书里讲述了兴修水利的技术有两个方面：一是"输水道"输水的方法，即"利用石筑沟渠；利用铅管；利用陶管"以及建造水道的方法❶。二是扬水机、水车、螺旋式扬水装置的制造方法❷。可以说，所谓农业革命本质上是农业生产方式的革命，其主要特征就是"牛拉犁"技术和"兴修水利"技术。人们借助这些技术得到大自然的恩惠，对大自然充满了感激和敬畏。另一方面，山洪暴发，河水泛滥成灾，瞬间夺走了他们的亲人和财产，又使他们对河流产生无比的仇恨。在敬畏与仇视的情感交织中，人们没有能

---

❶ 维特鲁威：《建筑十书》，高履泰译，中国建筑工业出版社1986年版，第190页。

❷ 维特鲁威：《建筑十书》，高履泰译，第233～236页。

力改变河流,更没有能力阻止洪水的发生和危害,只有乞求河神、水神、河伯等神化事物,经常进行朝拜和祭祀活动,来为自己的生存和土地的丰收祈祷。这种对河流既敬畏又仇视的态度,支配着人与河流的关系。人们在灾害发生时客观地为减少灾害,为保护农业生产的顺利进行着不懈的努力。

在农业社会,历史上还有一种情况是人类过度开发利用或误用自然资源,包括土地、森林、湿地等资源,导致河流萎缩,地下水急剧下降,自然灾害不断发生,出现不适宜人类生存的迹象。如早期的古埃及文明、古巴比伦文明和古印度文明与古中国文明不同,他们的文明都神秘地消失了。这三个古老文明消失的原因尽管众说纷纭,但是,一个共性的事实是客观存在的:这就是现在这些早期文明地已经沦落为沙漠地带。直接或间接的原因就是那些地方的森林、草原被破坏,水土流失严重,粮食产量下降,经济萧条,外族入侵,最终不适合人们居住。

早在3700多年以前,苏摩尔人曾以盛产粮食而闻名于世。然而,他们在肥沃土地上由于灌溉不当而逐渐使其变成盐碱地和涝洼地,从而使他们居住的城市最终变为废墟。约2400年以前,希腊的埃堤卡山区的居民,由于过度放牧和乱砍森林而导致森林大面积减少,水土流失严重,哲学家柏拉图对此表示了深切的忧虑(John McCormick,1989)。早在公元1世纪,在罗马的科拉米勒(Columella)和普利尼(Pliny)居住的前辈曾警告说:盲目地开垦荒地会导致土质下降,庄稼减产(John McCormick,1989),河流洪水泛滥和时有断流。

总体来看,这一时期人与河流的关系已经不是顺从的关系,对河流的利用和改造出现了一些好的结果也不乏对河流的误用,局部地区出现大自然的报复。这个阶段尽管人们开始修建灌溉设施,制造供水设备,筑坝防洪,但是人类抵御自然灾害的能力仍然非常微弱。人们对河流文化生命的认识总体上处于敬畏与仇视交织的情感阶段。

三、工业社会对河流的肆意伤害

工业社会时期,河流文化生命的神性化逐渐衰落,人性化和人的主体性逐渐张扬。人们开始肆意地开发和利用河流,其物性的一面凸显。

近代工业革命发生在英国,这场革命的主角是蒸汽动力机。蒸汽动力机是利用水的气态动能运转机械、传递能量的设备。这场工业革命的起点之一是矿井排水问题,这场革命的结果是在英国曼彻斯特建造起第一座工厂,工厂就建造在河边,工厂生产过程中排泄的废水、废渣直接就可以排到河里。“工厂经常建设在河流或湖泊旁只不过是便于排走废物”(B. J. 内贝尔),河流成了人类工业活动的“下水道”。

尽管贤人智士很早就对森林滥砍乱伐与河流洪水泛滥和断流等环境问题引发城市供水紧张的情况发出警告,但是直到英国第一次工业革命前后,那些问题也没有引起公众的重视。据资料记载,在17世纪,英国环境问题主要是以煤和木材为燃料引发的大气污染问题,而对于森林破坏与河流的关系则不问不闻。如1661年博学家伊夫林(John Evelyn)气愤地声称,英格兰上空是“地狱般阴暗的天空”, 是“地狱的边缘”。他还谴责说,烟气污染使伦敦城“就像火神施展法术的地方”,“不像一个产生理性法规的文明城市”❶。

19世纪,吞食森林的巨兽闯锯❷在林区普及,森林急剧缩减,局部生态环境恶化。1876年恩格斯列举美索不达米亚、希腊、小亚西亚人和阿尔卑斯山的意大利人滥伐森林遭致大自然“报复”的事实,提醒当时的社会要尊重自然辩证法:在改造大自然的同时,不要忘记人与自然的同一和统一❸。

19世纪,在美国,一些有识之士开始对当时占统治地位的“森林资源无限论”提出质疑。1801年,A. 米肖克(Andre Michaux)和他的儿子在环游了美国森林以后指出:“森林的消失令人恐慌”;1849年美国联邦专利委员会成员也惊呼原木短缺;1864年,博学家玛什(Geore Perkins Marsh)发表《人与自然》专著,专门有一章描述和讨论地球上的森

❶ John McCormick. The Global Environmental Movement, Belhaven Press, 1986, See: Introduction.

❷ 闯锯是一次可锯切1米直径原木的高效锯机。它是由10根可调间距的钢锯条镶嵌在庞大的矩形金属框架内构成,并由蒸汽机强大动力通过曲柄连杆机构带动,使闯锯完成高速往复直线锯切原木的工作。

❸ 恩格斯:《自然辩证法》,人民出版社1971年版,第158~161页。

林植被与水循环和水生态的关系。指出人类破坏森林导致河流干涸的最主要原因是人类对一切都持有的无所谓态度,要改变现状,必须探索益于人与自然理解的教育。

在西方,启蒙主义的兴起,倡导人性与理性;强调人的权利,要求把人从神的束缚中解放出来;强调科学地认识客观世界。这种思想唤醒了人们的理性,积极地促使人们对自然、对河流的认识与开发,也促使人们消除了对河流、对自然的盲目崇拜与敬畏,强调人的权利。然而,启蒙主义思想在一定程度上也驱使人们过度地关注人类自身的利益,忽视河流的自然利益,"征服"自然逐渐成为这个阶段人与自然关系的主要特点。陈维达认为:"在文明史的过程中,人类最主要的史迹之一就是'征服'。为征服所作的努力,征服一个民族、征服一座山头、征服一条河流。"

该时期人类对河流、自然的控制使其发生不利于人类生存的现象,酿成全球生态危机。在我国,作为最大的内陆河——塔里木河曾经创造了"丝绸之路"、"楼兰古城"、"龟兹文化"等令后世叹为观止的古代绿洲文明。然而,伴随人口增加,垦殖业扩大,以及引水规模无序增长,这一极端干旱区的生命之河处于急剧的衰退之中。河西走廊曾经被誉为中国西北的"绿飘带",石羊河、黑河、疏勒河三大水系纵横其间,使这里成为西部旱区中得天独厚的绿洲群,成功阻挡着沙漠的东进。但由于长期以来对水资源开发过度,加快了三河下游地区荒漠化过程,"绿色走廊"正在蜕变为"风沙走廊"。尼罗河也在劫难逃,断流现象频频发生,河口三角洲大幅度蚀退,滨海区一些建筑受到严重损毁,已被列为污染最严重的河流之一。尼罗河的污染源主要是两岸工厂排放的废物、未经处理的生活污水、含有大量化肥和农药残留物的农业废水等。

世界上河流生态危机的例子不胜枚举。人们在对河流开发利用,取得巨大成就的同时,也有失误,"对于每一次这样的胜利自然都报复了我们",随着人类活动的急剧扩张和经济社会对自然干预的一步步深化,在掘墓式地开发河流,达到经济膨胀的同时,人们肆意地伤害着河流文化生命的健康,与河流的关系也遭遇空前危机。

四、后工业社会对河流的尊敬与保护

后工业社会是相对工业社会之后而言的社会发展阶段❶。在这个社会阶段，机械工业、电力工业、化工工业、电子工业飞速发展，工业化过程的“三废”成为主要问题；工业化导致城市化。城市化过程使人口更加集中在城市生活，伴随着城市的“热岛效应”以及城市汽车尾气、城市的噪音和粉尘污染（污染物进入河流生态系统的点源和扩散见图7－1）；这个阶段，人们的福利增长较快，人们的生活开始追求高质量的生存，以维护自身的环境权利为目的的环境保护运动全世界在悄然兴起。确立保护环境的观念进而确立保护母亲河的意识，已经成为人类的共识。

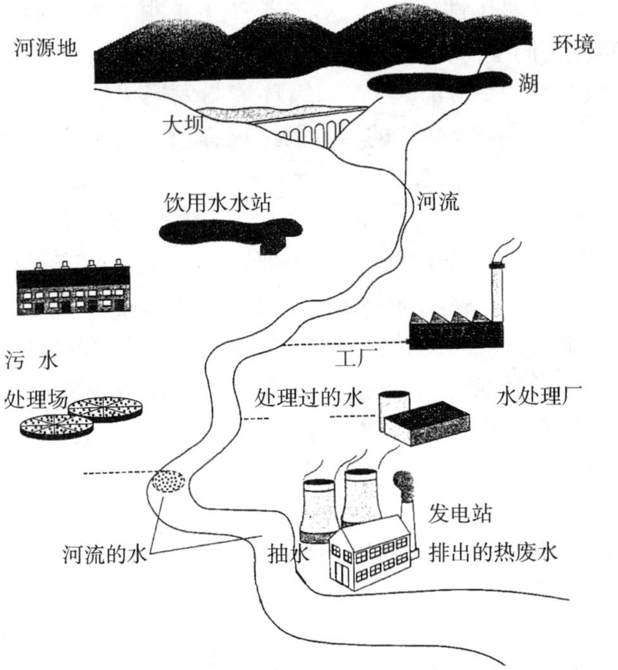

图7－1　污染物进入河流生态系统的点源和扩散（Newson，1992，figure7.7）

❶ ［美］丹尼尔·贝尔：《后工业社会的来临》，商务印书馆1984年版。

首先,1962 年美国生物学家卡逊发表《寂静的春天》,提出“在人对环境的所有袭击中,最令人震惊的是空气、土地、河流以及大海受到了危险的、甚至致命物质的污染。这种污染在很大程度上是难以恢复的”❶,并列举了大量的事实,向世人展现了一幅被化学剂毒害了的死寂世界的图景,吹响了环境革命的号角。1970 年 6 月 5 日,在美国白宫门前有 30 多万人集会,声张环境权利;1972 年由贝切伊组建的罗马俱乐部发表第一篇世界环境报告——米都斯的《增长的极限》,最早提出了可持续发展问题;1980 年,联合国大会首次使用了“可持续发展”的概念,引起长达十年的以悲观论与乐观论的争论为标志的关于人类未来的大讨论。库玛(Har Darshan Kumar)在 2002 年指出了水(即河流)对人类生活的重要性,认为“水是环境的生命线。由于水量和水质的改变带来的其实用性的改变,对人类产生了很大的影响。很大程度上,水影响着人们生活的方方面面”❷。1972 年至 1992 年联合国环境规划署组织召开了 20 届世界首脑级环境与发展大会,从“只有一个地球”的共识到“可持续发展”的“21 世纪议程”,人类环境问题成为世界性的政治问题。

其次,城市环境污染的治理走过了两个阶段的过程:一是由生产的“管末治理”到生产的全过程管理,主要特征是企业改变了把环境问题视为“企业外部性问题”,企业在生产产品的同时也开始对污染物处理。企业污水处理厂纷纷建立;国家支持生态工业示范园区,发展循环经济模式。二是从企业的全过程管理到全社会的环境保护的公众参与。垃圾的处理和废物的回收再用,以及废水的回用开始成为城市循环经济的新亮点。

第三,环境哲学、环境伦理学和社会生态学等新兴学科相继创立,被人遗忘的历史上著名的环境伦理学者的学说重新被挖掘出来,成为

---

❶ 雷切尔·卡逊(Rachel Carson):《寂静的春天》,吕瑞兰、李长生译,吉林人民出版社 1999 年版。

❷ Har Darshan Kuma. ENVIRONMENTAL TECHNOLOGY AND BIOSPHERE MANAGEMENT. Men and Nature. Science Publishers. Inc, 2002

河流保护运动的理论基础,黄河水利委员会倡导河流生命的伦理,得到国内外学者的响应。如阿尔伯特·史怀泽(Albert Schweitzer)早在1919年第一次阐述了"敬畏生命"的概念,提出"善是保持生命、促进生命,使可发展的生命实现最高价值。恶则是毁灭生命、伤害生命,压制生命的发展。这是必然的、普遍的、绝对的伦理原则"❶。这为后工业社会尊重与保护河流文化生命奠定了思想基础。20世纪30年代美国近代生态伦理学之父奥尔多·利奥波德(Aldo Leopold)提出:"水伦理道德调整的对象扩展到自然环境将是伦理道德观念演变的必然结果……是由保护生态的必然性决定的。"❷

凯瑟琳. M. 罗斯(Catherine M. Roach)2003年从宗教、心理学、性别的三维角度,站在女性的视角,提出"在人与自然的关系中,自然需要得到尊重……自然像母亲一样孕育着人类及自然万物,同时自然也需要人类母性般的呵护"❸。Volkhard Wetzel在2005年提出:"为了保护剩下的宝贵资源,与河流、近海水域管理有关的工程活动应以生态保护为导向,以尽量减少甚至要努力防止对环境的不良影响。"❹

2004年10月黄河水利委员会以"河流生命伦理"为主题,邀请国内高等院校的专家和学者参加学术研讨,确立河流生命的研究课题。中国科学院、中国工程院两院院士潘家铮(2003年)评价这个课题立得好、立得及时,并论证道:"人类和水打交道的历史,大致可分为三个阶段。首先是'无能为力'和'力不从心'的阶段,面对滔滔洪水或赤地千里的大灾难,只能逃荒或死亡。随着生产力和科技的发展,人们兴修水利工程,要管住水、利用水,进入到'改革自然'的阶段。人们修堤筑坝建库、修渠道、开运河、建电厂,发挥防洪、灌溉、供水、通航、发电等效

---

❶ 阿尔伯特·史怀泽:《敬畏生命》,陈泽环译,上海社会科学出版社2003年版第76页。

❷ J. Baird Callicott. Companion to A Sand County Almanac: Interpretive and Critical Essays. University of Wisconsin Press, 1987: 72

❸ Catherine M. Roach. Mother/ Nature. Indiana University Press, 2003:39～133

❹ Volkhard Wetzel:《基于生态保护的河流与近海水域的管理》,见《第二届黄河国际论坛论文集——维持河流健康生命》。

益，这阶段还没有结束。但在取得巨大成绩的同时，也有失误，受大自然的报复，甚至留下不可弥补的遗憾。第三阶段应该是，人们在总结正反经验的基础上，对水进行更科学、合理的治理开发利用，做到可持续发展，做到与大自然协调共处。”

陈维达认为：“进入新世纪，人类对待河流的反思必然成为思维的主流，人们不仅不再陶醉于对河流征服、侵占的胜利，而且面对现实，正在逐步改变以往的做法，提出‘人与自然和谐相处’、提出‘退耕还湖’、提出‘维持河流生命的基本水量’等诸多高瞻远瞩的命题。正像对待任何一个生命体一样，以平等、公正的态度来善待那些滋养、哺育了人类的河流。”

事实上，近几年来，我国水利管理观念正在经历一场革命性的变革。如我国扎龙湿地由于乌裕尔河终年断流引发扎龙大火灾，提起为保护丹顶鹤的生境而开展的生态供水问题；内蒙古保护胡杨林也迫切提出需要生态供水的问题；黄河连年断流，提出河流生命健康问题，其核心就是珍视河流生命，综合权衡资源水、生态水和环境水。这些在水利实践上提出的重大的理论和实践问题，将引发并推动水利工程观念的革命：传统的水利工程观是人类中心主义的狭义的资源观。现代水利工程观是大生态观，必将引发水利意识的一系列转变。其核心变革是水利工程意识，由单纯的经济意识转向经济、社会和环境协调的可持续意识。

第三节　河流文化生命扩展了社会调控范围

河流文化生命概念的提出，不仅仅是观念上的，同时在社会上还引起了一系列的政治、经济、文化的变革。这些变革，无论是经济手段，政治法律手段、还是文化手段，都有助于保持河流的完整性，维持河流文化生命乃至河流生命的健康，走可持续发展战略。

一、河流文化生命与社会政治变革

河流文化生命健康与社会政治之间密切相关，河流文化生命概念的提出,必将引起社会政治的变革。这场变革在水权、洪水治理以及用水冲突的解决等方面将引起一系列的转变。

在奴隶社会,对河流基本上还处于崇拜阶段,已有一些水利技术和水利工程。巴比伦的《汉谟拉比法典》是人类社会历史上第一部法典,里面已涉及到关于用水纠纷的法规条款,清晰地记录了当时在巴比伦人的统治下,整个流域得到普遍的灌溉,形成了一个巨大宽广的灌溉网,那些灌溉工程的建造不论是在智力还是在体力上都是了不起的成就。❶

在农业社会时期,相关法律制度为服务于农业生产而定。水权制度的基本特点是:①水的所有权是公有;②取水权制度的终极目的是"均平"用水,"不患寡而患不均";③取水权制度是以国家正式制度为主导,附之以乡规民约等非正式制度;④水使用权取得的原则是:有限度的渠岸权利原则,有限度的先占原则和工役补偿原则。❷传统水利是在封建社会的中央集权制度、小农经济结构和封建土地私有制前提下产生并发展起来的一种特定的水利形态。这种水利形态具有保守性、封闭性和排他性。❸

工业社会时期,在"人类中心主义"思想的指导下,相关河流开发利用的法规政策都体现为"征服",为人类利益服务,满足人类生产和生活需要。鼓励对河流、自然资源的开发利用,同时造成了对河流的严重破坏。

后工业社会以来,政治法规有所转变,开始注重对河流资源的保护。1942 年,国民政府颁布了中国近代第一部《水利法》,从而使水利事业走向法制的轨道,保护水资源,减少水利纠纷。《水利法》是我国第一部建立在近代水利科学基础上的国家级法规。特别是水权部分,既具有时代特点,又承继了传统,借鉴了西方水权,第一次明确提出了

---

❶ V. Carter, T. Dale. TOPSOIL AND CIVILIZATION. University of Oklahoma Press, 1987: 32.

❷ 常云昆:《黄河断流与黄河水权制度研究》,中国社会科学出版社 2001 年版。

❸ 李勤:《试论民国时期水利事业从传统到现代的转变》,《三峡大学学报》2005 年第 9 期。

水权的概念。新中国成立后,我国《中华人民共和国水法》第三条也明确规定:水资源属于国家所有。在水资源使用方面,规定开发利用水资源,应当首先满足城乡居民生活用水,并兼顾农业、工业、生态环境用水以及航运的需要等。

现在,世界各国的水利政策都强调保护河流资源。在洪水灾害、用水纠纷、水短缺等问题的处理上,都强调可持续的科学发展观,强调水资源的合理利用与保护❶。孟加拉国水利委员会坚持走可持续发展战略。阿德赖河和巴拉河是孟加拉国的两大主要河流,对其"水土资源的综合开发,寻求阿德赖河和阿拉河流域的潜在发展机会……干旱季节的水资源保护和雨季的洪水有效控制为该流域地区的农业发展提供保证,同时,又能保证河流不断流……通过对河流、堤防以及工程设施的综合开发,发展渔业、畜牧业、蔬菜、水果、林业等"❷。英国河流修复中心于20世纪90年代中期成立,旨在为河流的生态修复提供咨询和服务。其制定的"生物多样性计划"体现可持续的洪泛区保护与生物多样性保护。荷兰的河流修复从流域的开发和保护两个角度出发,在水的管理方面,强调人、水与自然的协调;在防洪方面,强调给水更多的空间,实现"安全与自然"的双重目标。❸

河流文化生命概念的提出,引起了全球水利政策与法律的一系列变革。世界上很多国家都在努力试图建立相对健全的法规政策,对河流进行统一的规划和管理,把维护"河流文化生命健康"、"维持河流健康生命"理念融入到相应政治制度中。❹

联合国教科文组织提出了维护河流健康的流域生态管理建议,即从地貌学入手,采取生物措施吸附土壤中的有毒物质,实施土壤的生态

---

❶ Sadowski - Smith, Claudia. The Fence and the River: Culture and Politics at the U. S. - Mexico Border. Duke University Press, March 2002:185 ~ 187.

❷ Md. Abdul Ghani:《维持河流健康生命——孟加拉国阿德赖河和巴拉河流域水资源保护与管理》,见《第二届黄河国际论坛论文集——维持河流健康生命》。

❸ 刘恒、涂敏:《对国外河流健康问题的初步认识》,《中国水利》2005 年第4 期。

❹ Emel, Jacque L. Groundwater Rights: Dfinition and Transfer. Natural Resources Journal, 1987(27).

恢复；促进水循环，增加土壤中的有机质含量；构造近河的植被缓冲区，控制非点源污染物进入水体。实施必要的保护措施，促进水土的交互作用，如建设人工湿地，保护植物群落，减少来自土壤和地表的营养物等具体措施。

我国政府倡导建立节水型社会，其本质特征是建立以水权、水市场理论为基础的水资源管理体制，促进经济、资源、环境协调发展。提出衡量人与河流、自然和谐有两个重要指标，即两个承载能力：一是资源承载能力，二是环境承载能力。资源承载能力主要包括水资源、土地资源、能源资源；环境承载能力主要包括水环境、大气环境和生态。在这两个承载能力中，水资源都是重要因素。我国黄河水利委员会教授级高级工程师尚宏琦的研究结果认为，国际上典型河流的开发治理可分为五个发展阶段和三种治理模式。同时，也体现出人类社会关于河流管理政治制度的转变，以及对待河流文化生命的态度（见表 7－2）。

表 7－2　河流的治理与水利的发展阶段划分

阶段划分	河流（流域）治理	水利的发展	对待河流文化生命的态度
第一阶段	原始水利用和低级预防	原始水利阶段	膜拜河流
第二阶段	河流初级开发与治理	初级水利阶段	敬畏河流
第三阶段	工程建设与经济增长影响	工程水利阶段	征服河流
第四阶段	环境保护和综合治理	资源水利阶段	尊敬、保护河流
第五阶段	流域生态环境恢复与可持续发展	生态水利阶段	维持河流生命健康

注：对洪水治理政策大致经历了三种治理模式：防洪中心型→水资源利用型→生态保护型。

澳大利亚健康河流委员会认为维持河流健康，应该遵循生态环境、经济、社会协调和可持续发展管理原则；量和质统一管理原则，包括植被和土地利用的协调；正确认识水文、生态、社会、经济和组织机构以及它们之间的动态联系；加强土地利用与其他人类活动的管理。

河流文化生命概念，以及“维持河流健康生命”理念的提出，在各国政治中必将引起一系列的变革，对促进河流的科学管理具有重要的促进作用。

二、河流文化生命与社会经济变革

河流文化生命的健康和社会经济之间相互作用和影响。在以往的社会经济体制模式下，人们偏重从物质利益角度认识河流，仅把河流看做是取之不尽、用之不竭的自然资源，以及排放污水的垃圾站，认为河流自身根本没有价值可言，仅仅是满足人类发展生产和生存需求的、可利用的工具而已。这导致河流文化生命健康遭到严重损害，也造成了严重的经济损失。致使人们开始反思自身行为，思考河流与人类文化之间相互依存的关系，倡导保护河流与保护人类文明的统一性❶。尤其是河流文化生命概念的提出，积极地影响社会经济生产方式，以及人们的生活方式的变革。在维持河流文化生命健康和社会经济发展相统一的理念指导下，提出河流文化生命和社会经济的共同的可持续发展观。

河流作为一种自然资源，是社会经济发展的必需条件。地球上的河流水资源，以及可供生产、生活使用的淡水资源并不丰富。但是由于科技发展状况、地理状况等诸多条件的限制，到目前为止，海水、深层地下水、冰雪固态淡水等还很少被直接利用。比较容易被开发利用的是与人类生活生产关系最为密切的河流、湖泊和浅层地下淡水资源，只占淡水总储量的0.34%，还不到全球水总储量的万分之一❷。尽管如此，在以往经济发展模式管理下，人们对河流资源和淡水资源的开发并不合理，并且全球用水量逐年大幅度增加（见表7－3）。尤其是进入到工业社会时期以来，为了提高社会生产力，人们肆意地开发利用河流。全球用水量超出了河流所能承载的程度。该时期河流与经济的破坏性关系尤为突出，河流文化生命在此时期也遭受到了严重的伤害。

另外，由于人们把河流当做是污水等垃圾的排放站，造成了河流污

---

❶ Tom Funk, Westport. Maine Rivers: Our Mission is to Protect, Restore, and Enhance Maine's River System. Viking Press, 1982: 267～269.

❷ Kneese Allen. Natural Resource Economics. University of Maryland Press, 1995: 76.

染，严重损害河流生命的健康，并且也制约着社会经济的发展，造成了直接或间接的经济损失。而这种经济损失是由于河流水质的下降，河流资源使用价值的降低导致的。例如，1986 年 11 月 1 日，瑞士巴富尔市桑多斯化学公司仓库起火，装有 1250 吨剧毒农药的钢罐爆炸，硫、磷、汞等毒物进入下水道，排入莱茵河。剧毒物质构成 70 公里长的微红色飘带向下游流去，流经地区鱼类死亡，沿河自来水厂全部关闭。8 天后，钢罐塞子在水的压力下脱落，几十吨含有汞的物质流入莱茵河，造成又一次污染。11 月 21 日，德国巴登市的苯胺和苏打化学公司冷却系统故障，2 吨农药流入莱茵河，使河水含毒量超标准 200 倍。[1]

表 7－3　世界各年用水量和耗水量　（单位：亿立方米）

用水类型	1900 年	1940 年	1950 年	1960 年	1970 年	1985 年	2000 年
城市用水	20	40	60	80	120	350	440
工业用水	30	120	190	310	510	1100	1900
农业用水	350	660	860	1500	1900	2400	3400
合计	400	820	1110	1890	2530	3850	5740

诸如以上的事件以及河流的种种危机，严重损害了河流文化生命的健康，导致一些人类文化的消失，严重影响了人类文明的发展。由此，人们不得不反思自己的行为，并探索科学的经济发展观。河流文化生命概念的提出，在人们的生产方式、生活方式、服务方式等方面都积极地影响人类社会经济的发展，引起了社会经济的变革。

首先，河流文化生命概念的提出，改变了人们在生产、生活中的用水观念，倡导节约用水。河流文化生命概念的提出，使得人们能够正确地了解河流，认识到了河流文化生命的丰富价值。它改变了人们在经济上利用河流的传统观念，即单方面向河流索取价值，对河流不承担任何责任和义务。倡导人们的节水意识，促进人们尊重河流、保护河流，在开发利用河流过程中对河流造成的伤害，采取一定的补偿措施。

其次，河流文化生命概念的提出，改变了社会经济的生产方式。鼓

[1] Mark Cioc. Rhine. University of Washington Press, 2002:42.

励节水生产,鼓励合理利用河流资源,提倡水资源的循环利用,减少浪费。

农业生产中,为了达到节水高产的目的,倡导水稻节水灌溉技术,可减少稻田耗水量和用水矛盾,消除水污染,以及减少平原地区洪涝灾害的发生。据统计,每公顷平均产量:早稻可增加10.5%,节水52.5立方米,节水幅度30.2%;晚稻可增产9.7%,节水33.3立方米,节水幅度23.2%。例如,太子河水90%用于下游水稻灌溉,总面积10万公顷,灌溉用水10亿立方米。然而多年来,该流域水稻灌溉用水浪费十分严重。渠道输水系统跑水、漏水及渗水严重,使渠系输水率在0.5~0.6之间,沿用老方法大水漫灌、串灌,河水的利用率仅为40%。按水稻的产量计算,每公顷水稻的正常需水量为4200~4500立方米,而该流域的每公顷水稻用水量为15000立方米,更高达19500~22500立方米。显然,传统的灌溉方法造成了太子河流域水资源的严重浪费。然而,采用节水灌溉,按水稻每公顷只需4200~4500立方米的水量计算,太子河流域每年灌溉可节水4.2亿~4.5亿立方米。

循环经济是可持续发展的战略选择,构筑水资源保护和开发利用新模式是创立"循环型社会"的重要任务,完成这一任务的主要保证措施是节水减污、污水处理、水环境修复和污水、污泥的资源化与能源化。我国城市生活污水占污水总量的70%以上,经净化处理后的城市污水是重要的再生水资源,数量巨大,可作为绿化用水、工业冷却水、环境保护用水、地面冲洗水和农田灌溉水等。水污染治理既是保护供水水质的重要出路,也是协调人类社会经济发展与水资源开发利用的必然要求。同时,修复河水、湖水水质是增加淡水供应的重要来源。综合治理水污染的方案应将污染源合理排放、水污染治理工程和水环境自净有机组合。

第三,河流文化生命概念的提出,积极地促进了生活方式的变革。人们的节水意识增强,在生活中也倡导利用中水。

近年来,随着城市化的发展,城市人口膨胀,生活用水量不断增加,70%以上的生活污水未经处理直接排入河流等水体中,造成了严重污染,水质恶化。自来水管线的漏损率高,跑、冒、滴、漏现象普遍,加上供水设施不足等现状，很多城市都面临缺水问题。为此，人们开始反思自己的用水理念及用水政策。河流文化生命概念的提出，能够积极地增强人们的节水意识，同时能促进生活用水方式的有效性变革。现在，已有很多城市不断开发节水器具、设备，推广中水道设施，采用净化水技术，以达到节水目的。

(1)节水型器具、设备的推广应用。节水型器具主要是指龙头阀门和卫生洁具、淋浴器三种设备。将老式阀门改为脚踏式混合阀，既能克服漏水、常流水现象，又可节约用水量15%～30%。

(2)建设中水道设施。中水指上水和下水之间的一切可以利用的水，中水经处理后，达到一定的水质标准，可在一定范围内使用，如厕所冲洗，绿地、树木浇灌，道路清洁，车辆冲洗等。

(3)净化水技术的推广，主要应用于游泳场所。现在大的游泳场已经普遍采用这项技术，节水效果显著。❶

河流文化生命健康与经济发展相互之间是密切关联的，欲达到经济的长期持续发展，维持河流文化生命健康是至关重要的，河流文化生命概念的提出又积极地促进了社会经济在生产方式、人们的生活方式等方面的变革。

三、河流文化生命与社会文化变革

河流文化生命的认识也必将触动人类社会文化的变革。这场变革经历了人与人、人与社会以及人与自然伦理关系的一系列转变。社会文化集中体现在伦理观念上，而河流文化生命概念的提出深化了伦理学范畴。

在原始社会，河流成为人类认识的对象，具有直观性、思辨性和猜测性。人们崇拜河流，顺应河流自然，把河流看做是神圣不可侵犯的神秘事物来膜拜，成为原始社会占主流的文化观念。

在农业社会，特别是古罗马时期，河流在人们心目中的形象成为灾

❶ 高秀娟、李林、景彦良：《太原市城市生活用水节水现状分析》，《陕西科技》2000年增刊。

害和衣食的化身，利用河流、敬畏河流成为占主流的文化观念。经常举行祭祀河神、何伯、水神的活动，来祈祷风调雨顺年的丰收年。

在工业社会，随着社会生产力的不断发展以及城市的兴起，河流成为人类“征服”的对象，人类中心主义伦理观念成为占主流的文化观念。人类利益是衡量和对待其他一切自然物的唯一尺度。一切活动其最终目的都是为了维护人类利益，满足人类的需求，其他实物根本无价值与权利可言，仅是人们利用和征服的工具而已。这种传统的人与自然关系伦理学的局限性，不但伤害了自然界其他事物的利益，而其也没有维护好人类自身利益，伤害了人类子孙后代的利益。在传统伦理学的指导下，人们对环境的破坏严重，环境危机频频发生。

20 世纪 60 年代以来，环境伦理学的产生与发展，使得河流作为大自然的组成部分，开始得到人们的尊敬和保护，成为主流的文化观念。环境伦理学要求人们尊重自然，赋予非人类自然物以价值和权利，建立人与自然的和谐相处关系，用道德规范来约束人们对自然界万事万物的行为。“环境伦理学强调超越狭隘的人类中心主义视野的必然性，它把人类的道德视野扩展到了自然的领域，这样，我们可以重新审视和评价近代以来人类文明的发展模式，其结果必然会要求我们思维方式有一个根本性变革”❶。同时，环境伦理学为河流伦理学的产生和发展提供了理论基础。

然而，河流文化生命概念，以及河流生命伦理的提出，使得人们开始更加关注河流健康，倡导“维持河流健康生命”的理念，引起了人类社会的文化变革，成为占主流的文化观念（见图 7 - 2）。

河流文化生命的概念属于河流伦理，是河流伦理探讨的重要概念和组成部分。河流文化生命概念的提出，以及河流伦理的创立进一步深化了伦理学的范畴，把人类的道德关怀扩展到了河流。在现实河流危机逼迫的情况下，人们开始反思对河流的行为，试图唤醒潜藏心底深处的自我意识，建构一种人类与河流和谐相处的新的道德行为规范和

❶ 余谋昌、王耀先：《环境伦理学》，高等教育出版社 2004 年版。

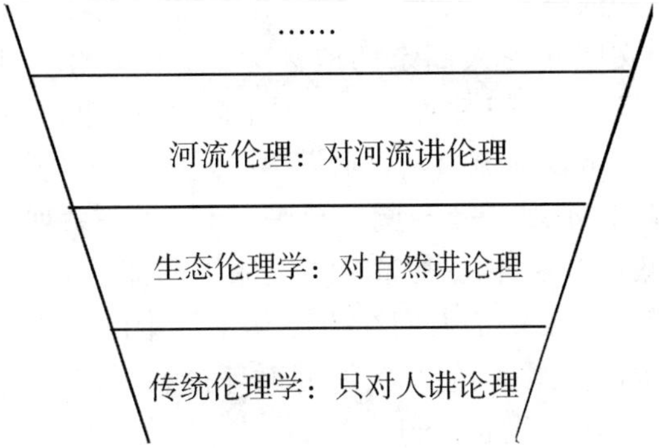

图7－2　伦理学发展过程

生活方式[1]。由此，世界上各种保护河流的组织不断建立，会议和论坛等不断召开，逐渐建立起了河流生命伦理。河流生命的概念是河流伦理的核心概念，由河流自然生命和河流文化生命组成。河流文化生命强调河流具有对人们精神生活，以及人类文化和文明类型产生积极影响的能力。河流与人类文明相互作用，塑造着人类文明的类型和发展的方向，作为人类文明史的一部分具有生命的意义。河流文化生命的概念赋予了河流以文化意义上的价值和道德关怀，把伦理学进一步扩展到了河流领域。

河流文化生命概念的提出要求人们认清自身在自然界中的地位，要求人们尊重和爱护河流，把道德关怀和道义的力量纳入到人与河流关系的调整中，把保护河流的意识融入到自身的行动中，使之能化为人们生活的信念和行动的准则。这有利于唤醒人们保护河流的良知，从根本上解决现存的河流危机问题。河流文化生命概念的提出发展了人类社会伦理，转变了人们的思维方式，引起了社会文化的变革。

本章小结

河流与人类社会的关系具有悠久的历史。河流先于人类存在于地

[1] Pat Middleton. Great River Road. Heritage Press, 1996: 57

球，人类出现后，河流不仅养育了人类生存，也孕育了人类文明，光辉灿烂的四大古国文明又被人们亲切地称为“大河文明”。随着人类社会的不断进步与发展，人们对河流的认识不断加深，也积淀着河流文化生命，由崇拜河流、敬畏河流、伤害河流，发展到尊敬保护河流。河流文化生命概念的提出，扩展了社会调控范围，引起了一系列的变革：①在政治领域，水利政策和法律法规都规定把保护河流生态平衡作为目标之一；②在经济领域，改变了人们在生产和生活中的用水理念，提倡节约用水；改变了生产方式，提倡水资源的循环再利用；改变了生活方式，提倡利用中水和节水型设备，推广净水技术；③在文化领域，确立了河流生命伦理学，确立人与河流的和谐相处关系。

第八章

河流文化生命的意义

河流文化生命涓涓流淌，生生不息，对人类文明的产生与发展具有重要的意义。但河流文化生命本身的意义又是如何？本文将从本体论、价值论、方法论三个方面展开论述。

第一节　河流文化生命的本体论意义

从本体论层面探究河流文化生命，能够更深层次认知什么是河流文化生命，以及河流文化生命的存在方式。对人类社会的发展具有重要意义。它有助于提升人们认识河流的意识，有助于保护河流文化生命的健康与可持续发展。

一、河流文化生命与"三个世界"理论

从本体论角度，作为一种文化形式存在的河流，被各民族所认识和提升，形成一种河流的文化生命——这种河流文化生命按照卡尔·波

普尔的“三个世界理论”是属于精神世界(世界二)和精神产物世界(世界三)的。

卡尔·波普尔(Karl Popper)从科学哲学的角度认为,在所有存在的宇宙客体中,存在相互联系、相互作用的三个世界:“第一,物理客体或物质状态的世界;第二,意识状态或精神状态的世界,或关于活动的行为意向的世界;第三,思想的客观内容的世界,尤其是科学思想、诗的思想以及艺术作品的世界。”❶在卡尔·波普尔“世界三”理论的思想中,“世界”被分成三部分,物理世界为“第一世界”(或称之为世界一),包括物理上的对象及状态组成的世界,也包括人的肉体。精神世界为“第二世界”(世界二)包括心理素质、意识状态、主观经验等,它并不限于人类,而且还包括动物界。“第三世界”(世界三)指客观知识世界,它是人类精神活动的产物,是体现于客观物质中的精神内容或知识内容,构成此世界的“成员”很广:“尤其突出的成员是理论体系,但同样重要的成员还有问题和问题境况。而且我将论证,这个世界最重要的成员是批判性辩论,并可类似于物理状态或意识状态而称之为讨论的状态或批判辩论的状态;当然还有期刊、书籍和图书馆的内容。”❷并且三个世界间是平行的关系,相互关联作用的,“世界至少包括三个在本体论上泾渭分明的世界;或者如我所说,存在着三个世界”❸。如图8-1所示。

河流文化生命属于精神的世界(世界二)和精神产物的世界(世界三)。人们对河流的认识,经验,意识,情感,属于精神世界,影响着人类的行为与活动。在人类的发展历程中,能为人类认识河流和规范人们对河流的行为,起到一种导向作用。属于关于活动的行为意向的世界,即第二世界(世界二)。同时,人们通过对河流的认识与思考,通过人类精神活动,反映在客观物质世界中的、关于河流的、人类精神的产物,如语言、文字、图片、诗歌、艺术作品、理论体系、实践活动等形式,都

❶ 卡尔·波普尔:《客观知识》,舒炜光译,上海译文出版社2001年版第114~164页。

❷❸ 崔诚亮:《波普尔第三世界理论及其当代意义》,《和田师范专科学校学报》(汉文综合版)2005年第7期。

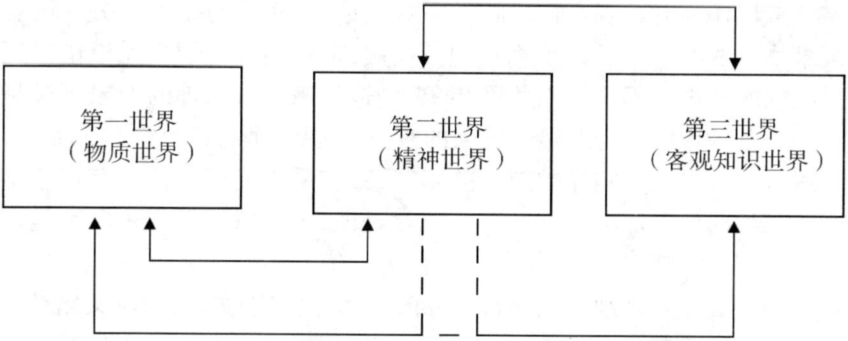

图 8－1　波普尔“三个世界”理论的内部关系

属于第三世界（世界三）。

二、河流文化生命是实存与意识的统一

河流作为一种自然资源属于实存，是客观的、物质的现象。河流文化属于人类意识，是主观的、精神的现象。而河流文化生命是实存与意识的统一。

实存与意识二者本身就是辩证统一的。实存是客观的、物质的，决定意识。意识是主观的、精神的，是对实存的反映。而这种反映不是超自然的东西，是自然界长期发展的产物，而且是社会的产物。如果脱离了客观物质世界，就不会形成反映，也就无意识可言。意识是客观与主观形式的统一。

意识是对实存的反映，首先采取感觉形式，感觉是意识的初级阶段，是对外界事物的直接反映。如果我们站在河流面前，我们首先看到的是淡蓝色的河水、听到的是潺潺的流水声，触到的是清凉流动的河水，这些都是河流作为自然实存现象刺激感官后产生的种种感觉，对这些感觉进行综合就形成了人们对河流的印象。意识对实存的反映，还采取思维的形式。思维反映的是同类事物的本质特征。河流在思维中的反映是一般特征的共同本质，是对河流种种感觉的抽象和概括。河流文化生命概念是对河流种种感官的抽象和概括，它是河流生命的一种生命形式，影响着人类文化与文明的类型和发展的方向。

意识作为对客观事物反映的主观现象,有正确与错误之分。同客观事物一致的反映形成正确意识。反之,形成错误意识。无论错误还是正确的意识都不是人们凭空想象、创造出来的。河神的形象不过是人们把各种现象综合后塑造出来的东西,虽然就河神的外形特征而言,可以看到很多自然实存的现象的影子,其实是人们把这些实存现象整合成河神的形象加上名词而已。也就是说,凡是意识里的东西都是对客观实存的反映,其材料都来源于客观实存。

河流资源是客观存在的自然界的一部分,属于实存;河流文化是对河流资源的反映与升华,属于意识;河流文化生命是建立在人们对河流的情感的基础上,对自然河流资源的尊重与保护,体现在河流文化中,即河流文化生命是实存与意识的统一。

第二节　河流文化生命的价值论意义

价值是伦理学的一个重要概念。传统的伦理学认为只有人类具有价值,值得尊重。自然价值论(Theory of Nature Value)由美国学者霍尔姆斯·罗尔斯顿(Holmes Rolston Ⅲ)创立,并进行了深入、系统的研究。罗尔斯顿强调"自然界的价值是生态伦理学的具有导向作用的、关键的、基本的、核心的范畴"[1]。河流文化生命作为自然界中存在的一种生命形式也具有价值,并且这种价值是具有多样性的。从价值论层面研究河流文化生命,对河流文化延续人类文明,鼓舞人类精神,保护河流生命健康具有重要意义。

一、鉴史价值

河流生命的鉴史价值指的是河流与人类文明史发展的关系。河流好似一部流淌的史书,记载并见证着人类历史的发展。河流生命绵延流淌,一脉相承,与当地的自然环境、人类文明息息相关,河流的兴衰见证着人类文明史的兴衰。河流与人类文明史的关系研究在很大程度上

---

[1] 罗尔斯顿:《环境伦理学》,杨通进译,中国社会科学出版社2000年版。

有利于人类重新审视自身的行为，重构人类与河流和谐相处的关系。

伊洛河流域位于黄土高原的东南部边缘，大多处于北亚热带与温暖带的过渡区，属于生态过渡带，其自然环境良好，年降水量600～700毫米，雨热同期，足以满足两季作物生长的需要。历史上，这里的生态系统应当具有南北物种齐集、生物多样性增加、种群密度加大的特点。由此，伊洛河流域诞生了同样构成中华民族文明的伊洛河文明。就考古学发现，伊洛河流域的早期新石器文化是裴里岗文化，舞阳贾湖等遗址出土的彩陶、装饰品、骨笛、刻符龟甲等，体现了文化社会发展水准的跃进。仰韶文化由裴里岗文化发展而来，仰韶文化遗址发现的160平方米的大房子、蚌塑龙虎图案，以及受艺术家青睐的"鹳鱼石附图"、"双鸟戏龟图"等，表明该文化正在朝着文明时代的大门迈进。随后的王湾三期类型文化，将伊洛河流域带入了"英雄时代"。各地龙山时代文化遗址所包含的文化因素虽尚处于萌芽阶段，但足以带动社会发生质变，使伊洛河流域步入文明时代的前夜。伊洛河流域的二里头文化时期使伊洛河流域的社会性质发生了质的飞跃，跨入了文明时代。二里头遗址发现的重要遗存有宫殿遗址、大型墓葬、冶铜作坊、祭祀址等，其中宫殿遗址连同其附属建筑共同构成了大型建筑群体，不仅开创了我国高台建筑的先河，而且显示了王权的确立❶。

对于河流鉴史价值的研究与探讨有助于促进中国文明的起源研究，同时鉴古思今，对于维持河流健康生命也具有重要意义。

二、审美价值

我们认为河流蜿蜒流淌的地貌具有价值，是因为河流文化生命展现了一种优美。每张河流的图片、每个河流的纪录片都展现着河流文化生命的审美价值。无论是波澜起伏，还是涓涓静流，河流文化生命都给人以灵感与启示，吸引人们去欣赏它的美，感受它的美，体味它美。

河流文化生命呈现给人们的变化多端的自然景观，隽美的自然生

❶　韩玉玲：《伊洛河文明的人地关系初探》，见《环境考古研究》，科学出版社2000年版。

态系统,生色鲜明,具有强烈的美感和个性化气质,又充满着神秘感,激发了众多文人骚客丰富的想象力与灵感。艺术家们运用自己的才华与智慧,超越河流本身,描绘出理想中的河流之美,表达自己的思想,从某种意义上说,这仍然是河流文化生命本身的杰作,是其展现的美的力量。

纯自然的河流是有限的,经过人工改造后的河流景观,更多地加入了人类的思想,带有人文气息浓烈的河流文化生命之美。无论是小桥流水,还是气势磅礴的人类建筑,都在一定程度上达到了人类文明与河流景观的和谐统一,展现了人类文明与河流文化生命的和谐之美。然而,由于人类对河流的过度开发与改造,一些学者也在感叹:经过人类改造后的河流,不再蜿蜒,只剩下千篇一律的笔直地貌,使得河流文化生命之美不再丰富多彩,逐渐趋于统一化,不断失去其原有的神秘感。Mark Cioc 曾指出,“在雨果生活的年代,莱茵河是一条充满浪漫色彩的河流——具有自己的个性,自由、神秘、独特、不可预知、随性、沉思、神奇、变化多端……由于工程师们按他们的想象重新改造了莱茵河,使得莱茵河逐渐失去了它的吸引力,成了欧洲工业化的代表”[1]。

天然的河流和经过人工改造后的河流,其文化生命都向人们展现着其自身的美;人们感受着、欣赏着、体验着河流文化生命之美,使得河流文化生命的审美价值得以充分的体现。当然,人们在享受着河流文化生命审美价值的同时,更应该珍惜它,保持其可持续性。

三、消遣价值

河流文化生命的消遣价值说明的是人们对河流的一种享受,从单纯的利用河流,转变成愉快地欣赏河流。在游乐场,河流成为人们展示自身技能、获得快乐的场地;在公园的小船上,河流成为人们静思、放松、排解压力的空间;在端午节赛龙舟的竞技赛中,河流成为传承中华民族传统文化的领地。无论是何种方式,河流都成为人们获得快乐与休闲的载体,人们感受着河流文化生命带给他们的愉悦与享受。这使

[1] Mark Cioc. Rhine. University of Washington Press, 2002:42.

得河流文化生命的消遣价值得以凸显。

然而，人们在开发河流消遣价值的同时，更关注经济利益，也会造成对河流文化生命的破坏。过度的开发，会超出河流文化生命的最大承载力，超出其可承受的熵的维度。在河流里建设一个游乐项目，可能会造成河流内部生态系统与河流周边生态系统的破坏，造成珍稀物种的减少甚至灭绝。而野外河流游乐区的建设，更应该重视与保护河流的生态环境，以免造成对河流文化生命更大的破坏。

河流文化生命的消遣价值体现在人们的娱乐与运动中，在对其开发利用的同时，对其尊重与保护更值得人们关注。

四、宗教价值

河流文化生命是宗教的源泉，它能给我们以深刻的思考。当人们面对洪水、海啸、怒涛等无法解释的现象时，人们会产生对河流的敬畏和谦卑之感。在感官经验的影响下，人们受到河流现象表象的引发，开始思考、挖掘深藏在这些表象背后的东西，努力寻求这些河流现象所指向的真实，寻求这些现象所体现的普遍归路。在用科学知识无法回答的情况下，人们对这些现象产生敬畏感，运用、发挥人类自身的智慧与联想，把一些河流现象神性化，用来崇拜、信仰，指导人们的行为。这样河流文化生命的宗教价值就得以形成和产生，并不断发展与传播。

生与死是宗教探讨的永恒主题，而二者又是自然赋予我们的。人们把河流的文化生命神性化，当做一种象征物，通过祈祷和崇敬，希望能够满足愿望，实现幸福，以及达到人类生命的永生[1]。中国古代人们把河流尊为河神，用来朝拜、举行祭祀活动，希望河神能够赋予人们风调雨顺的意念，进行农业生产；能够满足人们实现健康，远离苦难的愿望。在国外，巴干达人认为世界上万物都属于上帝。“神灵也与一定的现象如土地、水等相联系。维多利亚湖称做那鲁拜，意思是众神的座位，是众神聚集在一起设计人间的地方……人们认为有些井中有自己的神灵居住在井边，人们不允许在井中洗东西，否则就会激怒神灵。这

[1] River Religion. William Studebaker. Caxon Press，2005：43.

样资源就会保持清洁,不会受到污染。”❶

人们把河流的象征意义与自身的智慧相结合,逐渐认识、理解、感知到河流文化生命的宗教价值。这种价值不仅丰富着宗教的发展,同时也丰富着光辉灿烂的人类文明。

五、伦理学价值

河流文化生命是自主存在的,是生存的主体,追求自己的生存与发展。这是“善”,是具有伦理学价值的。同时,它又给人类文明增添色彩,孕育并促进着人类文明的产生与发展。

河流文化生命的伦理学价值体现在它的创造性上,它孕育、产生了人类文明。世界上四大文明古国的文明是人类文明的起源,也是当时最为灿烂辉煌的人类文明,而它们无不是由大河文明创造而来,因此四大文明古国的文明又被称之为大河文明。人类文明与河流文化生命相关的经典文化作品不胜枚举,如《汉谟拉比法典》、《说文解字》、《水经注》、《管子·水地篇》、《山海经》……同时,河流文化生命为人类文明提供了发展的土壤,为人类文明发展创造了条件,是人类文明发展的基础。河流文化生命的生生不息,使得人类文明不断进化与发展。这也表明了河流文化生命的存在与发展是符合客观发展规律的,是合理的、有意义的。也就是说,它是“好”的,是“善”的❷。

此外,河流文化生命给人以道德警示,规范人们的行为与生产实践活动。警醒人生和道德实践。人们感受着河流文化生命,进行深刻思考,运用自己的智慧和情感得出很多思想、原则与规范,用以指导人们的行为。中国传统文化中老子的“涤除玄鉴”静心法,庄子提出的“明镜止水”静心法,孔子的“智者乐水,仁者乐山;智者动,仁者静。智者乐,仁者寿”……可以说,在中国古代中,河流被普遍化为一个无所不

❶ Kabatabazi Patricia:《乌干达那鲁拜湖流域巴干达人的宗教和文化对水资源管理的影响案例研究》,见《第二届黄河国际论坛论文集——维持河流健康生命》。

❷ Aldo Leopold. Round River: From the Journals of Aldo Leopold. Oxford University Press, 1953.

包的伦理学概念之源。这是河流文化生命旺盛的表现，也说明了河流文化生命伦理学价值的重要作用。

六、哲学价值

河流文化生命也是中外哲学的源头，给人以智慧。水是建立人与河流之间关系最为关键的介质。水引发了无数中外哲人的思考与追问。

在对世界本原问题的争论中，泰勒斯把“水”作为世界的本原，并说明水有滋养万物的作用❶。管子也提出了相似的观点，“水者何也？万物之本原也，诸生之宗室也，美恶、贤不肖、愚俊之所产也”。（《管子·水地篇》）对世界本原的追问是哲学的基本问题，也是人类最深刻、最核心、最基础的哲学思考。

水、河流引发了哲人们对世界、对宇宙等事物的思考与探讨，也表明了人们对未知事物的哲学追问与执着追求。“河出图，洛出书”的提出，以及孔子的“凤鸟不至，河不出图，吾已矣乎”（《子罕》第9章）思想，成为中华民族最早的宇宙图景。

河流文化生命的哲学价值从古今中外哲人们的思想中得以凸显，同时也说明河流文化生命哲学价值的丰富性。

第三节　河流文化生命的方法论意义

河流是客观存在的自然客体，既有自然的一面，又有为人和人为的一面。人作为精神主体，对河流的认识直接影响着人类与河流间的主客体的关系。建立并正确认识河流文化生命的概念，能更好地实现和提高人类与河流、与自然的统一，促进河流文化生命的可持续发展❷。

---

❶ Panchenko, D V Thales and the Origin of Theoretical Reasoning. The Johns Hopkins University Press, 1993: 387 ~414.

❷ ORTH D J, MAUGHAN O E. Evaluation of the incremental methodology for recommending instream flows for fishes. Trans Am Fish Soc, 1982, 111(40):413 ~445.

而这种统一和可持续发展需要有正确的方法论原则来约束和指导人们的行为。

第一,河流自然生命与河流文化生命相统一的原则。河流自然生命与河流文化生命二者密不可分。河流自然生命是河流文化生命的基础和前提,如果没有河流维持其自然生命的基本条件,河流文化生命也就不复存在了。河流自然生命是一个完整的系统,是维持其自身河流资源存在的前提条件。如果忽视了河流自然生命的健康,就忽视了河流生命维持其自身存在与发展的意义,也就忽视了河流文化生命的健康。河流自然生命的健康危机说明了人类对河流资源的开发已经超出了河流自身的承载力。对河流自然生命的破坏,也威胁着河流文化生命的健康。可见,要保持河流生命健康,要保持河流文化生命的健康发展,就必须坚持河流自然生命与河流文化生命相统一的原则,不可割裂二者相互作用的关系。

第二,河流自然生命的整体性与河流文化生命的可持续性相统一的原则。河流自然生命的整体性是河流文化生命可持续发展的基础和前提条件。河流不仅仅是指其干流与支流,还涉及到源头、湿地、草原、森林,以及周边的生态景观系统等,这都构成了完整的系统,具有整体性。河流自然生命的整体性要求河流生态系统的整体性。在一定弹性域限范围内,河流自然生命具有波动性。但这种波动性一旦超出河流自然生命可承受的域限范围,就会产生河流危机。河水干涸,河流生态系统多样性消失,河水污染严重,洪水泛滥频繁,河流内部物种(如鱼类)的减少或消失,河流附近湿地的减少、草原植被的破坏、森林砍伐严重……这些都是河流自然生命整体性遭到破坏的表现[1]。河流自然生命整体性破坏会导致河流自然资源的枯竭,甚至消失,致使河流文化生命存在的基础和前提条件丧失,从而严重影响河流文化生命的健康和可持续发展。河流自然生命的整体性与河流文化生命的可持续性二者密不可分,要想实现河流文化生命的可持续性发展,必须保证河流自

---

❶ Daily G C. Nature's Services: Societal Dependence on Natural Ecosystems. Island Press, 1997.

然生命的整体性。

李培超在其《环境伦理》一书中提出,"中华文明以黄河流域为轴心,而随着华夏民族的融合与壮大,生活居住的环境不断向外拓展,到春秋战国时期,就已经基本上形成了一个较为稳定的生存空间环境。中华民族的聚居地呈现出自然环境完整、生物物种丰富,气候类型变化明显等众多有利于文明发展的基本因素。整个中华文明系统对环境的变化具有很强的反馈机制。这是保持文明长盛不衰的重要条件。"❶黄河流域构成了一个完整、稳定的生态环境系统,这使得黄河文明成为中华文明的核心,使得中华文明灿烂辉煌、悠远流传。黄河生态环境系统的整体性对中华民族文明的可持续发展起到了重要的维护作用。由此,坚持河流自然生命的整体性与河流文化生命的可持续性相统一原则是非常必要,并具有重要意义的。

第三,对河流自然生命价值开发的合理性与河流文化生命的多样性相统一原则。河流自然生命具有很高的、多种多样的、不可或缺的价值,不仅仅包含经济价值,还吸引着人们对其开发利用,以满足自身的需求。但对河流自然生命价值的开发和利用必须是合理的,所谓合理,就是指人类的行为必须有助于河流自然生命的完整、健康与和谐,这就是合理的,正确的,这是河流伦理学中最高意义的善❷。反之,就是错误的。这种善也是保持河流文化生命价值多样性的前提和基础。对河流自然生命价值的合理开发能保证并增强河流影响人类精神生活的能力,激发人们的灵感,从而丰富河流文化生命的价值。反之,如果人们过度地、不合理地开发河流的自然生命价值,会损害河流自然生命的健康,同时会减弱河流影响人类文化与历史文明的发展与丰富,即损害了河流文化生命的多样性。

❶ 李培超:《环境伦理》,作家出版社 1998 年版,第 112 ~ 124 页。

❷ Whipple W Jr, et al. A Proposed Approach to Coordination of Water Resources Development and Environmental Regulations. Journal of the American Water Association, 1999, 35(4).

本章小结

本章从三个角度探讨了河流文化生命的意义。首先,从本体论来看,河流文化生命存在于波普尔世界三理论中的精神世界和精神产物世界,表现为实存与意识的统一。其次,从价值论来看,河流文化生命主要具有鉴史价值、审美价值、消遣价值、宗教价值、伦理学价值和哲学价值。再次,从方法论来看,要建立人与河流的和谐关系,需要坚持:①河流自然生命与河流文化生命相统一的原则;②河流自然生命的整体性与河流文化生命的可持续性相统一的原则;③对河流自然生命价值开发的合理性与河流文化生命的多样性相统一的原则。

结 论

河流生命概念的提出，具有重大的现实意义和历史意义，是人类走向 21 世纪时代发展的必然趋势。

这场环境革命的种种迹象表明，21 世纪是人类生态大调整的世纪。河流生命概念的提出就是调整人与河流关系的重要手段。其终极目的，不仅仅是追究对河流的利用方式，利用的合理不合理，更重要的是要确立人与河流相互依存的观念，自觉地内化为一种人与河流关系的伦理，提升为河流生命道德义务和责任，推进人与河流的协同进化。

河流生命概念的提出，也反映了河流决策者在思想理论上的两个转变：一是从眼前利益转变到长远利益；二是从单纯强调人类利益转向人与河流相协调的人与自然整体利益。这也表明我国水利工程实践已经走到理论的前面，向理论界特别是环境伦理学学术界提出了研究的课题。这是我国第一次由自然科学家发起，主动与人文社会科学界共同探索新兴交叉学科的有意义的尝试。

河流生命研究包括它的自然生命和文化生命研究，其主要问题集中在:有河流生命的概念和没有这个概念究竟有什么区别?沿着这个思路,就是要确证新的生命定位与传统的生命定位在性质和特征上有什么不同,探究河流自然生命和河流文化生命的本质属性。有没有它们存在和发展的规律?针对这些问题,开展了河流自然生命和文化生命的一系列理论研究,并把河流自然生命与河流文化生命这两个方面作为研究生的学位论文的研究课题,得出如下结论:

(1)河流生命研究是河流自然科学研究与人文社会科学研究相交叉的一个新领域。这个新领域的研究最终是要建立一门河流生命学,其核心就是要论证并建构一种河流生命的伦理信念、道德态度和人与河流关系的道德原则、行为规范。由此丰富、发展甚至是重构河流科学的基本理论基础和实践规范。所以,这项研究预示着河流科学哲学观念的一场革命。

(2)河流生命的研究主张。河流既不能简单地理解成无机物的总和,也不能直接归结为一般的生物生命形态。所以,关于河流生命的研究,不能简单地直接应用水文学、地质学、气象学以及生物学、生态学和环境科学的理论和方法。实质上,河流是生命与非生命物质或环境的有机统一体,是地球上孕育和产生生命的淡水生态系统,也是人类繁衍生息和社会发展不可分割的自然基础、人类文化祖辈传流源远流长的重要精神根源和心灵家园。因此,河流生命的研究不仅仅需要自然科学提供的经验事实,更需要哲学、人文社会科学提供的人文关怀和思想认识工具,没有这种多学科、跨学科的交叉和融合就不可能建立这门河流生命学。这种河流生命研究的多学科本性,突破了传统的人类中心论和非人类中心论的逻辑和方法,提倡并坚持人与自然协同进化论作为我们开展这项研究的认识论和方法论。

(3)河流在广义上是地球上江、河、湖、川的总称,作为地球水圈的子系统,与地球岩石圈、生物圈和大气圈相互依存、相互作用,是连接海洋储库和大气储库的物质循环和能量流动的一个重要中介桥梁,是保持陆地上生物多样性、环境多样性和人类文化多样性的可持续发展的最活跃的“序参量”。

(4)河流产生生物,也产生人类文化,河流是有生命的,河流生命是地球生命的重要组成部分，是地球水圈的活动，它的目的是保持地球生命生生不息和河流生态系统在物质、能量输入和输出的基本稳定。因此，河流生命的概念，不能用传统的生物生命定义加以理解和诠释，而是要扩展生命的概念，从生物个体、物种、群落的生命观念，扩展到生态系统，乃至地球的生态景观、生物圈的生命观念。

(5)河流生命实体系统的结构和功能。河流生命实体系统的构成要素，包括两个主要方面：一是河流实体系统的内部构成要素，包括河源、河水、河道、河岸、水中生物和相关的陆地上的动植物和人类因素；二是保持河流流动的外部构成要素，包括地下水、冰川水、雨水以及地理要素、地质要素等。

河流生命实体系统的功能是由河源、干流、各级支流、连通湿地和湖泊以及河口尾闾组成的流动水系实现的。由于大陆板块的构造运动，均表现为上中游断裂发育，地势高峻，峡谷众多，下游为冲积平原，因而呈阶梯形的地貌特征；从源头的高山融雪或汩汩涌泉孕育而出的河流，一路汇集地表径流和地下径流不断壮大，或缓，或急，或清，或浊，川流不息，一直流到河口(通向海域或以内陆湖和湖泊、湿地为终点)，经过漫长的水流作用而形成稳定的地貌形态和贯通的水文通道。流水是塑造地球表面最有效的营力，它创造了无数壮丽的自然景观(当然，除了干旱区和冰冻区以外)，每条河流沿陆坡向下流动时，都有支流汇入，因而逐渐形成河流生态系统。

河流生命实体系统使水在大气、陆地和海洋之间循环，连接起地球的各生命系统。地球上纵横交错、奔流不息的河川，源源不断地输送着宝贵的淡水，滋润着流域内的各种生命，就像人体内的血管把氧气和营养通过血液输送到身体的各个部分。奔腾的江河如大地的动脉，众多的潺潺小溪则如遍布大地的毛细血管。河流生命实体系统具有栖息地功能、通道功能、源汇功能、过滤和屏障功能等多种功能。河流是自然界物质循环和能量流动的重要通道，在生物圈的物质循环中起着主要作用，没有河流的纽带作用，各种生态系统无法沟通。

(6)河流自然生命的根和本是水，命脉是流动，发展是人与自然的协同进化。河流生态系统有天然河流生态系统、复合河流生态系统和人工河流生态系统三种类型，其中复合河流生态系统与人类的关系最为密切，人类与河流自然生命的矛盾关系主要反映在复合河流上。而要维持河流尤其是复合河流自然生命健康，必须维持其结构的完整性和功能的健全。结构完整的特征包括其结构组分的整体性、作用的有限性、作用结果的时滞性和涨落的稳定性四方面，它的功能健全包括能够维持河流自然生命的生命需水量、保持水质、维持生物多样性、满足人类需求和可调控性。

(7)河流生态系统是河流生命存在状态的主体，人类是河流生命伦理关怀的道德代理人，能够自觉地依据“两个有益于”的原则，即“益于河流自然生命的发展”与“益于人类的发展”原则，促进和维护河流自然生命生生不息。河流自然生命的发展特征主要表现在：源发自然性与建构自然性统一、多样性与整体性统一、稳定性与波动性统一、内在目的性与外在工具性统一。

(8)河流自然生命的实体系统有其存在和演变规律。河流自然生命是以系统的方式存在，其要素、结构和环境等参数的综合效应，保证了河流生态系统的正常功能。河流生命实体系统中河流永远处于无休止的运动过程中，河流的运动状态决定河流的结构状态，河流的结构状态反过来也对河流的运动有一定的反作用，河流生命实体系统的演变是结构与运动的内在矛盾运动。

(9)河流文化生命是指把河流自然生命作为客体，影响和塑造人类主体的精神和物质生活，形成的“物我同一”的精神境界、审美情趣和道德规范的能力。这种能力不是强加于人的，而是在“物我同一”的精神境界，自我体会和自我实现的。这种能力是令人感动的，对人与自然关系的行为产生指南针的作用，这种能力也暗示人类对河流行为的“应当”，主要特征表现为对河流文化生命的信仰、理想和道德三个方面。河流文化生命产生于“知、情、意、行”四种机制。其主要表现形式渗透在精神文化（语言与文字，哲学、道德与宗教，文学与艺术，神话与传说），物质文化（把水作为工作物质的机器、设备和装备等）以及民俗民风（生活方式和生活习惯）之中。河流文化生命的本质是确立河流母亲的信仰。

(10)河流文化生命与人类社会文明相互依存、相互影响。河流文化生命孕育了光辉灿烂的人类文明,产生四大文明古国的尼罗河文明、幼发拉底河和底格里斯河文明、印度河文明、黄河文明是人类文明的源头。人类社会文明的不断进步与发展,也影响着河流文化生命的健康与发展方向。河流文化生命概念的提出,扩展了人类社会政治、经济、文化的调控范围,引起了一系列人与河流关系的变革,同时这些变革又对"维持河流健康生命"起着积极的作用。

(11)河流文化生命概念它所反映的对象,是能够使河流文化源远流长的精神本质,是支配并决定河流文化根和本的东西。其本体论在于波普尔的"三个世界"中的精神世界(世界二)和精神产物世界(世界三),是实存与意识的统一;其价值论意义具有多样性和丰富性,体现为鉴史价值、审美价值、消遣价值、宗教价值、伦理学价值和哲学价值;其方法论意义反映了河流生命认识的"三原则",即河流生命认识主要基于河流自然生命与河流文化生命相统一的原则、河流自然生命的整体性与河流文化生命的可持续性相统一的原则、对河流自然生命价值开发的合理性与河流文化生命的多样性相统一的原则。

(12)河流的自然生命与文化生命的关系,归根结底属于物质和精神、客观与主观、存在与意识的关系。①河流自然生命作为人类精神生活和意识的对象,是河流文化生命的本体基础。它影响着人类历史和文明产生,是河流文化生命存在和不断丰富的前提。河流的文化生命因自然生命兴而兴,因自然生命衰而衰。②河流的文化生命是河流自然生命的延续。河流文化作为人类文明史的一部分,以其特有的方式记载并传承着人类的历史与文明。由人类对河流自然本体的认识和改造积累并形成的河流精神文化、物质文化和民俗民风"根"和"本",都是对人类历史演进的见证,对科技发展水平的衡量,或对民族情感的维系。河流文化光辉灿烂,河流文化生命源远流长,是一个国家、一个民族发展乃至整个人类的精神财富,也是河流自然生命本体在人类中的延续。③河流的文化生命与自然生命相互依存。河流文化由河流自然本体衍生、发展,同时河流文化也影响着河流自然生命的健康和发展,成为人类独立的精神世界的组成部分。河流文化源于自然河流,再现自然河流,同时又高于、独立于河流自然本体而存在,属于自由的精神世界。河流文化超越了自然河流本身的局限,其文化生命的意义更加丰富与壮大。河流文化生命的内涵,也将随着人类生产力的不断提高、认识能力的不断增强,展示越来越丰富多彩的内容。

后 记

本书是水利部黄河水利委员会委托的课题——河流生命研究的成果。它凝聚了课题组成员在河流自然科学与河流哲学社会科学相交叉的综合研究优势,历经黄河典型河段和沿岸具有代表性的生态景观和人文景观的考察和感受,经过多次小型讨论会在学术观点上的碰撞和整合,进而将"河流自然生命的概念"和"河流文化生命的概念"作为我指导的硕士研究生魏晓宇和王盼攻读硕士学位的论文选题,进行了比较系统的深入研究。在研究过程中,我们遇到的难题主要有两大方面:一是此项研究的定位和界定问题;二是此项研究能够总结出哪些规律性的问题。

第一,关于此项研究的定位和界定问题,涉及宏观和微观两个层面。从宏观上看,此项研究的定位和界定取决于研究的目标和朝向目标所选择的方法的理论。此项研究的目标事关本课题研究的方向,是一个战略问题。我们考虑到把目标定在"河流生命伦理学",显然是一个目标,但觉得这只偏重了哲学社会科学方面却忽视了自然科学方面的建构;如果把目标定在“河流生命论”，又觉得缺少历史的联系，而且给人感觉是某种学说，或论说，本书的名称可以这样说，但作为一个学术领域将来发展成一门学科，就显得目光不远；我们最后选择了“河流生命学”作为此项研究的目标，理由有三：①可以包容前述两个目标；②可以产生新的知识，潜在着对新问题提供解答的前景；③可以扩大视野。从政治、经济、文化、历史，也可以从生物圈科学、水圈科学、地质学、水文学、系统生态学、景观生态学、人类生态学、河流管理学等方面开展研究。此项研究的目标确定后，就需要选择朝向这个目标的方法。方法有多种选择，关键是我们根据什么理论去选择？我在《生态伦理学》(1994年)专著中提出并确证的“人与自然协同进化论”(在十年后的《回归自然：新世纪的生态伦理》(2004年)中进一步系统化)可以作为我们选择方法的方法论。但是，我们并不是全盘否定人类中心论或非人类中心论，而是在吸取人类中心论与非人类中心论合理因素的基础上，应用“人与自然协同进化论”。由此推出并确证了“协同的整体论”、“进化的价值论”和“像河流那样思考”，作为思想线索的理论基础。

此项研究的定位和界定的微观方面是针对河流自然生命和文化生命的定义问题展开的。首先我们考察河流自然生命的定义问题。河流自然生命的概念与传统的生命不同，传统的生命主要是指生物生命，而且主要是把个体生物的生命看做是实在的。河流自然生命是在生态系统层面，把河流生物群落与环境的整合视为生命的功能单位。河流自然生命与传统的生命在概念的定义上不可比，差异在于它们各自定义所依据的“范式”或“游戏规则”的不同。由此，在定义河流自然生命时，必须首先阐释河流自然生命的定位和界定。

所谓河流自然生命的定位就是确定河流自然生命概念的“初始条件”，或“坐标的原点”，或“参照系”，或“出发点”。其实质就是要回答河流自然生命概念成立的基础、评价的标准和实现的最终目的问题。我们选择了三种具有代表性的理论观点，即“生物圈生命活动论”、“系统有机结构要素的整合论”和“有机系统演化的自组织理论”。明确了河流自然生命是“有机耦合体”或“超级有机体”，基本上是生物圈的活动，是河流生态系统与其环境不断地进行物质和能量的交换，维持或增加(减少[1])系统有序性的活动。其系统的结构,符合发生论、教阶论和边界条件论解释,系统的运行或演化是有目的的,符合耗散结构论、协同学和超循环论。所以,河流自然生命定位的基点主要有两个方面:①它是生物圈生命的重要组成部分。②它是生物群落与水环境协同进化的属性。

河流自然生命的界定,是基于整体论而不是还原论,这与我们已往下定义专门挖掘被定义事物的本质属性完全不同,而是寻找能够代表事物性质的宏观特征。我们采纳了黄河水利委员会李国英主任的定义,即"河流自然生命的核心是水,命脉是流动,形成、发展与演变是一个自然过程,有其自身的发展规律,对外界行为有着巨大的反作用和规范性"。这个定义有很大的启发性,抓住了河流生命形态的根本性质,让人们一下子就能够在生物圈中识别出河流生命而不是别的什么事物。但另一方面,拿来直接使用也有一定的问题。如河流自然生命的"核心是水",是什么意思?在语境上,生命是没有核心的,心脏与大脑哪个是核心?在语用上,生命与核心不搭配,生命与根搭配,通常人们说"命根子"。所以,在语意上用"根和本"诠释"核心"就会清楚明白了水对于河流自然生命的意思。再如河流自然生命的"形成、发展与演变是一个自然过程,有其自身的发展规律,对外界行为有着巨大的反作用和规范性"。这一点,就河流的形成而言,确实河流是在人类在地球上产生之前就已经产生或形成了,人之前有河,这是一个事实。但是从目前人类与地球自然关系来看,脱离自然的人与脱离人的自然一样,是不可能的,而且正如维尔纳斯基所断言的那样,"人类成为地质因素"。事实上,河流的未来取决于人类现实的抉择。维尔纳斯基说,"生物圈进入智慧圈发展阶段"。因此,河流生命的发展要考虑人类,问题是怎样考虑?

我们认为按照"人与自然协同进化的伦理"来考虑,把这种理论用在河流生命的发展上是顺理成章的。这样河流生命的界定就是:河流

---

[1] 这里主要考虑河流生命的周期,河流有出生、幼年、青年、壮年、老年、死亡等周期,从出生到壮年都保持逐渐增加有序性,从老年致死亡都逐渐减少有序性。

生命的根是水——从“地球的水”、“生命的水”和“人体生命的水”枚举论证;命脉是流动——从“流动的水的总量一定”、“流动的循环性质”和“循环的目的性”加以阐释;发展是人与自然协同进化——从“河流生命的发展成为伦理问题”开始,阐释河流生态系统是河流生命的主体,理智健全的人是其代理人,构建“人—河流生态系统—社会—代理人”四维结构关系的河流生命道德关怀共同体,目的是通过代理人给予河流自然生命以名分,决策时将河流自然生命纳入考虑,给予一定的道德地位及其重要性的顺序。

根据河流自然生命的定位和界定,河流自然生命的特征概括,不可能选择单一的范畴,必须选择成对的范畴。即把人与自然协同进化的伦理作为贯穿始终的理论,河流自然生命的特征,也就必然是既考虑自然又考虑人类的相互依存和相互作用的特征,如源发自然性与人类建构性的统一等。

此项研究的微观定位和界定问题的另一个方面,就是河流文化生命的定义问题。事实上,河流文化在历史上早已有之,但是河流文化生命确是一个新概念,它新就新在要追究河流文化经久不衰的源泉,或探询保持河流文化不断发展的根和本。这种源泉、根和本是客体(河流自然生命)见诸(河流文化)、主体,体现物我同一的精神境界,自我体会、自我实现的,不是强加的,它是令人感动的,这种感动来源于对河流自然生命的尊重和热爱,也来源于对河流文化作品内在支点的文本解读和升华,形成人与河流和谐关系的信仰和态度,以及追求河流文明的理想和指导人与河流关系的道德规范。由此可以把河流文化生命界定为支撑河流文化生生不息的信仰和态度、理想和道德。其产生的机制在于“知、情、意、行”。这里的情感的作用是至关重要的。正如利奥波德在阐释人与大地之间建立伦理关系的充要条件时所说的那样,“大地伦理学的发展,是人类智力上的发展,也是人类感情方面的新进展”。“如果我们没有对大地的热爱、尊敬和赞扬,以及没有对大地价值的高度重视,伦理学和大地之间的关系就不可能存在。”[1]

---

[1] 叶平:《关于利奥波德及其“大地伦理”研究》,《道德与文明》,1992 年第 6 期。

第二,关于此项研究能够总结出哪些规律性的问题,关于这个问题的思考渗透在河流自然生命和河流文化生命的总体思考过程中。我们在研究河流自然生命,认识到保持河流的自然生命与保持河流健康生命是两个层次,前一个层次可以以维持河流不断流为标志,但河流的功能并不健全。类比人的生存状态与健康状态,生存状态只能是活着,健康状态才是发挥各种功能的基本状态。那么,在河流自然生命的健康状态,它的存在和演变的规律是怎么样的呢?“普遍寓于特殊当中”,自然界的普遍规律可以应用到特殊领域,发现特殊领域的规律。把系统存在规律应用于河流生态系统,用“构成要素、结构、功能和环境”这四个核心概念与“依存和作用、层次和结构、稳态和涨落”等辅助概念,能够描述河流健康生命的存在方式,得出河流生态系统存在的规律;把结构适应运动的自然界普遍规律应用于河流生态系统的结构与运动关系的考察,发现河流生态系统中河流的运动状态决定其结构状态,河流生态系统的结构又对河流运动产生反作用,河流生态系统的演变动力来源于其结构与河流运动的矛盾。

河流文化生命发展是在人类社会中的发展,必然有其社会规律。从历史的过程来看,早期的人类河流文明来源于人与河流相互依存关系的直觉,这种直觉是一种精神信仰,也是河流文化生命的最初表现形式,它支持和鼓舞人们早期的生活方式和思想情操,形成早期的河流文明。随着人类社会的发展,人们对河流文化的“根和本”的认识也发生了一系列的变化,原始社会对河流的膜拜、农业社会对河流的敬畏与仇视、工业社会对河流的肆意伤害、后工业社会对河流的尊敬和保护。在人们福利不断提高、环境保护不断增强的今天,河流文化生命的张扬,成为人与河流关系的新的里程碑,将推动人与自然和谐关系的发展,引发其社会支持系统——政治、经济和文化的相应变革。

河流自然生命和河流文化生命的研究,目的是建构河流生命学。因此,可以说,本书是河流生命学的基础性成果之一。从河流生命学的框架考察人与河流的关系,重整人与河流关系的资料,必将打开一片无比广阔的新天地。

本书的撰写过程:叶平拿出总体逻辑框架和基本观点,在此基础上,撰写绪论的第三节、第四节、第五节;第一章的第一节的第二、三条目;第二节、第四节;前言、结论、后记。黄河水利委员会柴建国撰写第二章、第三章。王盼、叶平合作撰写了绪论的第一节,第一章中第一节下的第一条目、第三节,第四章、第五章;魏晓宇、叶平撰写绪论的第二节,第六章、第七章、第八章。

本书参考了国内外学者的相关研究成果和资料,在此表示诚挚的敬意和衷心的感谢!

感谢黄河水利委员会侯全亮研究员和李肖强同志对本课题研究的大力支持和帮助!

叶　平

2007 年 9 月 1 日

于哈尔滨工业大学

参考文献

[1] C. 莱伊尔. 地质学原理. 徐韦曼,译. 北京:科学出版社,1959.
[2] [美]G. E. 赫钦逊,等. 生物圈. 华北农业大学植物生理教研组,译. 北京:科学出版社,1974.
[3] 哲学研究编辑部. 自然辩证法文集. 长春:吉林人民出版社,1979.
[4] 北京大学,南京大学,等. 地貌学. 北京:人民教育出版社,1978.
[5] [奥]埃尔温·薛定谔. 生命是什么. 上海:上海人民出版社,1978.
[6] [美]卢纳·B·利奥波德,肯尼思·S·戴维斯. 水. 北京:科学出版社,1981.
[7] [苏联] 维尔纳茨基. 活物质. 余谋昌,译. 北京:商务印书馆,1989.
[8] 叶平. 生态伦理学. 哈尔滨:东北林业大学出版社,1994.
[9] 刘国城,等. 生物圈科学引论. 哈尔滨:东北林业大学出版社,1994.
[10] [德]M·艾根,P·舒斯特尔. 超循环论. 上海:上海译文出版社,1999.
[11] [奥]路德维希· 冯贝塔郎菲. 生命问题:现代生物学思想评价. 北京:商务印书馆,1999.
[12] 叶平. 道法自然:生态智慧与理念. 北京:中国环境科学出版社,2001.
[13] 肖显静. 科学经验方法. 北京:科学出版社,2002.
[14] 李建珊,等. 科学方法概览. 北京:科学出版社,2002.
[15] 徐长山,王德胜. 科学研究艺术. 北京:解放军出版社,2003.
[16] 叶平. 回归自然:新世纪的生态伦理. 福州:福建人民出版社,2004.
[17] 叶平,武高辉,等. 科学技术与可持续发展. 北京:高等教育出版社,2004.
[18] 叶平. 生态哲学视野下的荒野. 哲学研究,2004(10).
[19] 叶平. 科学技术与可持续发展:21 世纪科技发展的重大战略问题. 自然辩证法研究,2004(12).
[20] 王辉. 科学研究方法论. 上海:上海财经大学出版社,2004.
[21] 叶平,卢志茂. 生物多样性保护的伦理问题. 自然辩证法研究,2005(8).
[22] [美]庞思奋. 哲学之树. 翟鹏宵,译. 桂林:广西师范大学出版社,2005.
[23] [美]克里夫·吉福德. 最新不列颠世界地理百科全书. 袁淑娟,等,译. 济南:明天出版社,2005.
[24] 叶平. 环境的哲学与伦理. 北京:中国社会科学出版社,2006.

[25] 叶平. 生态哲学视野中的循环经济. 中国人民大学学报,2006(3).
[26] 叶平. 生态哲学的内在逻辑:自然(界)权利的本质. 哲学研究,2006(1).
[27] 叶平,刘晓丽. 科学认识与方法论. 北京:中国环境科学出版社,2006.
[28] 李国英. 我们该怎样"维持黄河健康生命". 光明日报,2004.2.6.
[29] 李国英. 维持河流健康生命——以黄河为例//第二届黄河国际论坛论文集——维持河流健康生命第一册. 郑州:黄河水利出版社,2005.
[30] 孟祥文, 李希宁, 孙丽娟. 浅论黄河健康生命的基本特征//第二届黄河国际论坛论文集——维持河流健康生命第一册. 郑州:黄河水利出版社,2005.
[31] 郎毛, 胡述范. 浅论黄河健康生命的基本特征//第二届黄河国际论坛论文集——维持河流健康生命第一册. 郑州:黄河水利出版社,2005.
[32] 侯起秀, 程迎春在. 对河流生命及其特征的初步认识. 水利研究,2005(3).
[33] 余谋昌. 关于河流生命伦理问题的讨论——答张博庭教授. 水利发展研究,2005(3).
[34] 侯全亮, 李肖强. 河流生命危机与河流伦理构建. 中国水利,2005(2).
[35] 蔡守秋. 尊重黄河生命　倡导河流伦理　促进黄河流域可持续发展. 河南社会科学,2005(1).
[36] 郝伏勤. 黄河下游河道湿地浅析. 人民黄河,2005(4).
[37] 董哲仁. 河流形态多样性与生物群落多样性. 水利学报,2003(11).
[38] 赵坤云,沈华中. 美国洪泛区管理. 郑州:黄河水利出版社,2002.
[39] 吴春华, 张宏安. 黄河健康生命理论体系框架//第二届黄河国际论坛论文集——维持河流健康生命第一册. 郑州:黄河水利出版社,2005.
[40] 吴阿娜. 河流健康状况的表征及其评价. 水科学发展. 2005,16(4).
[41] 赵彦伟, 杨志峰. 河流健康概念、评价方法与方向. 地理科学,2005(1).
[42] 刘晓燕. 黄河健康生命理论体系框架//第二届黄河国际论坛论文集——维持河流健康生命第一册. 郑州:黄河水利出版社,2005.
[43] 杨松林,彭立新. 浅论黄河健康生命的基本特征//第二届黄河国际论坛论文集——维持河流健康生命第一册. 郑州:黄河水利出版社,2005.
[44] 徐建华, 杜军, 崔庆,等. 维持黄河健康生命的黄河水文问题//第二届黄河国际论坛论文集——维持河流健康生命第一册. 郑州:黄河水利出版社,2005.

[45] 屠新武，朱英明，乔金龙，等. 黄河健康生命的本质特征及治理方略//第二届黄河国际论坛论文集——维持河流健康生命第一册. 郑州：黄河水利出版社，2005.
[46] 刘恒，涂敏. 对国外河流健康问题的初步认识. 中国水利，2005(4).
[47] 杨明. 论自然权利及其生态效应. 道德与文明，2001(3).
[48] 肖毅. 走出人类生存困境——自然权利的哲学反思. 湖南工程学院学报，2004，14(4).
[49] 侯全亮. 河流伦理——维持黄河健康生命的人文基础. 中国水利，2005(1).
[50] 董哲仁. 河流健康的内涵. 中国水利，2004(5).
[51] Har Darshan Kumar. Environmental Technology and Biosphere Management. Science Publishers, 2002.
[52] J R Karr, E W Chu. Sustaining living rivers. Hydrobiologia, 2000(4).
[53] J R Karr. Ecological integrity and ecological health are not same. National Academy Press, 1996.
[54] D J Rapport. Evaluating landscape health: integrating social goals and biophysical process. J Envir. Man, 1998.
[55] D J Rapport, G Bohn, D Buckingham. Ecosystem health: the concept, the ISEH, and the important tasks ahead. Ecosystemhealth, 1999(5).
[56] G J Scrimgeour, D Wicklum. Aquatic ecosystem health and integrity: problem and potential solution. Journal of North American Benthlogical Society, 1996.
[57] Schofield, Davies. Measuring the Health of our Rivers. The Australian Water Association, 1996.
[58] J R Karr. Defining and Measuring River Health. Freshwater Biology, 1999(6).
[59] J Simpson, R Norris, L Barmuta. National River Health Program AusRivAS. 1999.
[60] J L Meyer. Stream health: incorporating the human dimension to advance stream ecology. Journal of the North American Benthological Society, 1997(16).
[61] P G Fairweather. State of environmental indicators of 'river health': exploring the metaphor. Freshwater Biology, 1999(41).
[62] A. R. Ladson, L. J. White. Measuring stream condition. John Wiley&Sons,

2000:265~285.

[63] ASCE. River Restoration Subcommittee on Urban Stream Restoration. Journal of Hydraulic Engineering, 2003(1).

[64] National Research Council. Restoration of Aquatic Ecosystems. National Academy Press, 1992.

[65] Gleick. Water in crisis: path to sustainable water use. Ecological Applications, 1998,8(3).

[66] Gleick. The Changing Water Paradigm: A Look at Twenty-first Century Water Resource Development. Water International,2000,25(2).

[67] Falkenmark. Coping with water scarcity under rapid population growth. Conference of SADC Minsters,2000.

[68] 阿尔伯特·史怀泽. 敬畏生命. 陈泽环,译. 上海:上海社会科学出版社,1992.

[69] 利奥波德. 沙乡年鉴. 侯文蕙. 长春:吉林人民出版社,1997.

[70] 纳什. 大自然的权利. 杨通进,译. 青岛:青岛出版社,1999.

[71] P Taylor. Respect for Nature. Princeton University Press,1986.

[72] Donald Worster. The Wealth Of Nature. Oxford university Press,1993.

[73] Sandra Postel, Brian Richter. 河流生命——为人类和自然管理水. 武会先,王万战,宋学东,译. 郑州:黄河水利出版社,2005.

[74] 维尔纳茨基. 活物质. 余谋昌,译. 北京:商务印书馆,1989.

[75] 赵坤云,沈华中. 美国洪泛区管理. 郑州:黄河水利出版社,2002.

[76] Mark Cioc. The Rhine. University of Washington Press,2004.

[77] Mitsch, S E. Jorgensen. Ecological Engineering and Ecosystem Restoration. John Wiley&Sons, 2004.

[78] 苗力田. 古希腊哲学. 北京:中国人民大学出版社,1995.

[79] H Stephen, J Penelop. Scientists on Gaia. The MIT Press,1993.

[80] 恩格斯. 反杜林论. 北京:人民出版社,1993.

[81] 夏军,孙扬波. 关于维持黄河健康生命的理念、实践与方法的讨论//第二届黄河国际论坛论文集——维持河流健康生命第一册. 郑州:黄河水利出版社,2005.

[82] H Stephen, J Penelop. Scientists on Gaia. The MIT Press,1993.

[83] 中国社会科学院语言研究所词典编辑室. 现代汉语词典. 3. 北京:商务印书馆,1991.

[84]《系统科学大辞典》编委会. 系统科学大辞典. 昆明:云南科技出版社,1993.
[85] J·M·安德森, 蒋志学, 温世生. 环境生态学——生物圈生态系统和人. 沈阳:辽宁大学出版社,1987.
[86] 汤奇成, 熊怡. 中国河流水文. 北京:科学出版社,1998.
[87] 曲格平. 文明的衰败与启迪. 中国环境管理干部学院学报,2003,13(4).
[88] 祁继英, 阮晓红. 大坝对河流生态系统的环境影响分析. 海河大学学报(自然科学版),2005,33(1):37.
[89] 水利部国际合作与科技司. 河流自然功能的利用及保护研究. 北京:中国水利水电出版社,2005.
[90] Mccullyp. Silenced River. ZedBooks,1996.
[91] 刘晓燕. 黄河河流生命需水量浅析. 自然资源学报,2004,19(4).
[92] 倪晋仁, 催树彬, 李天宏,等. 论河流生态需水量. 水利学报,2002(9).
[93] 杨志峰, 崔保山, 刘静玲,等. 生态环境需水量理论、方法与实践. 北京:科学出版社,2004.
[94] 谢平, 陈宜瑜. 淡水生态系统中生物多样性面临的威胁. 科学对社会的影响,1995(4).
[95] J E Williams, S Coauthors. Fishes of North America Endangered,Threatened or of Special Coucen. Fisheries,1989,14(6).
[96] 钦佩,左平,何祯祥. 海滨系统生态学. 北京:化学工业出版社,2004.
[97] 戴维·林德博格. 西方科学的起源. 刘晓峰,译. 北京:中国对外翻译出版社,2001.
[98] 冯友兰. 中国哲学史新编. 北京:人民出版社,1999.
[99] G·E·赫钦逊. 生物圈. 华北农业大学植物生理教研室,译. 北京:科学出版社,1974.
[100] 罗素. 西方哲学史. 上卷. 何兆武, 李约瑟,译. 北京:商务印书社,1986.
[101] 汉语大字典(缩印本). 武汉:湖北辞书出版社,成都:四川辞书出版社,1993.
[102] 北京大学哲学系外国哲学史教研室. 西方哲学原著选读. 上卷. 北京:商务印书馆,2004.
[103] 钟雷. 论语. 哈尔滨:哈尔滨出版社,2004.
[104] 哈贝马斯. 作为"意识形态"的技术与科学. 李黎,郭官义,译. 上海:学林出版社,1999.

[105] 霍尔姆斯·罗尔斯顿.哲学走向荒野. 刘耳、叶平,译.长春:吉林人民出版社,2000:407.
[106] R·F·纳什.大自然的权利.杨通进,译.青岛:青岛出版社,1999.
[107] 霍尔姆斯·罗尔斯顿.环境伦理学:自然界的价值和对自然界的义务.叶平,摘译.北京:中国社会科学院出版社,1994.
[108] 中共中央马克思恩格斯列宁斯大林著作编译局.马克思恩格斯选集第3卷.北京:人民出版社,1972.
[109] 李国英.以河为镜可以正发展.中国水利,2004.
[110] 侯全亮, 李肖强.河流空前危机与河流伦理构建.黄河报,2005.9.29.
[111] 徐嵩龄.黄河伦理学与未来黄河管理.黄河报,2004.9.28.
[112] 余谋昌.建立河流生命伦理观.人民日报.2004.12.21.第十四版.
[113] 杨斌华.弘扬人文关怀 激励生态叙事——关于河流生命研究的思考.黄河报,2004.11.3.
[114] 陈维达.人与河流基本关系之我见.中国水利,2003(12).
[115] 薛选世.多种手段并举维持黄河健康生命//第二届黄河国际论坛论文集——维持河流健康生命.郑州:黄河水利出版社,2005.
[116] 杨松林, 彭立新.浅论黄河健康生命的基本特征.黄河报,2004.5.7.
[117] 任永堂.人类文化的绿色革命.哈尔滨:黑龙江人民出版社,2000.
[118] 曲格平.从斯德哥尔摩到约翰内斯堡的发展道路.中国环境报,2002.11.15.
[119] 张真宇, 胡述范.走向和解——一种新的河流伦理观.中国水利.2003(08).
[120] Charles M Cooper, F Douglas Shields.小流域管理策略//第二届黄河国际论坛论文集——维持河流健康生命·第二册.郑州:黄河水利出版社,2005.
[121] Bruno Schädler.防洪与河流生态保护之间的协同——瑞士15年经验介绍//第二届黄河国际论坛论文集——维持河流健康生命.郑州:黄河水利出版社,2005.
[122] Jon Barnett.黄河流域中与人为因素有关的10个关键问题//第二届黄河国际论坛论文集——维持河流健康生命.郑州:黄河水利出版社,2005.
[123] 雷切尔·卡逊(Rachel Carson).寂静的春天.吕瑞兰,李长生,译.长春:吉林人民出版社,1999.

[124] Har Darshan Kuma. Environmental Technology and Biosphere Management. Men and Nature. Science Publishers. Inc, 2002.
[125] Mark Cioc. Rhine. University of Washington Press, 2002.
[126] Volkhard Wezel. 基于生态保护的河流与近海水域的管理//第二届黄河国际论坛论文集——维持河流健康生命. 郑州:黄河水利出版社,2005.
[127] Hasna J. Moudud. 跨国界流域管理:人民观点//第二届黄河国际论坛论文集——维持河流健康生命. 郑州:黄河水利出版社,2005.
[128] 刘福森, 郭玲玲. 河流伦理的哲学基础. 黄河报,2004.9.28.
[129] 赵敦华. 西方哲学简史. 北京:北京大学出版社,2003.
[130] 张开城. 君子人格与"比德". 学术月刊,1995(12).
[131] 张连伟. 管子·水地与中国水文化. 殷都学刊,2005.
[132] 王志远. 黄河文化丛书·宗教卷. 银川:宁夏人民出版社,2001.
[133] 李培超. 环境伦理. 北京:作家出版社,1998.
[134] 张互助. 中国古代山水绿色文化. 开封:河南大学出版社,2001.
[135] Catherine M Roach. Mother/ Nature. Indiana University Press, 2003.
[136] D'Eaubonne. Women, Culture, Nature. Indiana University Press, 1997.
[137] Daly. Rape of the Wild. Indiana University Press, 1989:Ⅸ. ⅨⅤ.
[138] Karen J Warren. Ecofeminism: Women, Culture, Nature. Indiana University Press, 1997.
[139] Clark, Annette McFadyen. Koyukuk River Culture. Coyote Press, 1974.
[140] Gleick. Water in Crisis: Paths to sustainable water use. Ecological Applications,1998(3).
[141] Charlene Spretnak. The Resurgence of the Real: Body, Nature, and Place in a Hypermodern World. AddisonWesley Publishing Company, Inc., 1997.
[142] 威廉·莱斯. 自然的控制. 岳长龄, 李建华,译. 重庆:重庆出版社,1993.
[143] 阿尔伯特·史怀泽. 敬畏生命. 陈泽环,译. 上海:上海社会科学出版社,2003.
[144] J Baird Callicott. Companion to A Sand County Almanac: Interpretive and Critical Essays. University of Wisconsin Press, 1987.
[145] V Carter, T Dale. Topsoil and Civilization. University of Oklahoma Press,

1987.
[146] 常云昆. 黄河断流与黄河水权制度研究. 北京：中国社会科学出版社,2001.
[147] 李勤. 试论民国时期水利事业从传统到现代的转变. 三峡大学学报,2005(9).
[148] Sadowski - Smith, Claudia. The Fence and the River: Culture and Politics at the U. S. - Mexico Border. Duke University Press, 2002. 3.
[149] Md. Abdul Ghani. 维持河流健康生命——孟加拉国阿德赖河和巴拉河流域水资源保护与管理//第二届黄河国际论坛论文集——维持河流健康生命. 郑州：黄河水利出版社,2005.
[150] 刘恒, 涂敏. 对国外河流健康问题的初步认识. 中国水利,2005(4).
[151] Emel, Jacque L. Groundwater Rights: Dfinition and Transfer. Natural Resources Journal, 1987(27).
[152] Tom Funk, Westport. Maine Rivers: Our Mission is to Protect, Restore, and Enhance Maine's River System. Viking Press, 1982.
[153] Kneese Allen. Natural Resource Economics. University of Maryland Press, 1995.
[154] 高秀娟, 李林, 景彦良. 太原市城市生活用水节水现状分析. 陕西科技(增刊),2000.
[155] 余谋昌, 王耀先. 环境论理学. 北京：高等教育出版社,2004.
[156] Pat Middleton. Great River Road. Heritage Press, 1996.
[157] 卡尔 · 波普尔. 客观知识. 舒炜光,译. 上海：上海译文出版社,2001.
[158] 崔诚亮. 波普尔第三世界理论及其当代意义. 和田师范专科学校学报(汉文综合版),2005,7(25).
[159] 霍尔姆斯 · 罗尔斯顿. 环境伦理学. 杨通进,译. 北京：中国社会科学出版社,2000.
[160] 韩玉玲. 伊洛河文明的人地关系初探. 环境考古研究. 北京：科学出版社,2000.
[161] River Religion. William Studebaker. Caxon Press. 2005.
[162] Kabatabazi Patricia. 乌干达那鲁拜湖流域巴干达人的宗教和文化对水资源管理的影响案例研究//第二届黄河国际论坛论文集——维持河流健康生命. 郑州：黄河水利出版社,2005.
[163] Aldo Leopold. Round River: From the Journals of Aldo Leopold. Oxford

University Press, 1953.

[164] Panchenko, D V. Thales and the Origin of Theoretical Reasoning. The Johns Hopkins University Press, 1993.

[165] Orth D J, Maughan O E. Evaluation of the incremental methodology for recommending instream flows for fishes. Trans Am Fish Soc, 1982, 111 (40).

[166] Daily G C. Nature's Services: Societal Dependence on Natural Ecosystems. Island Press, 1997.

[167] Whipple W Jr, et al. A Proposed Approach to Coordination of Water Resources Development and Environmental Regulations. Journal of the American Water Association, 1999, 35(4).

[168] [美]艾兰.水之道与德之端.上海:上海人民出版社,2002.